中国地质调查成果 CGS 2023-014
海南省海洋地质资源与环境重点实验室成果
海南省地质调查院成果
海南省自然科学基金成果（编号：423RC556）

海南岛西南部沿海地区区域地质研究

魏昌欣　周进波　梁定勇　吕嫦艳　黄武轩
麦发海　吕昭英　胡在龙　袁勤敏　林义华
王　超　梁　磊　蒙忠盈　黄钟震　阮晓宽
云　平　谢群玲　著

地质出版社
·北　京·

内 容 提 要

本书通过建立和完善研究区多重地层系统，探讨侵入岩岩浆-构造演化背景、火山岩形成的构造环境，分析和建立变形变质作用的演化系列；将研究区划分为4个主要构造层：抱板构造层、华力西—印支构造层、燕山构造层和喜马拉雅构造层，对各构造层变形特征作了详细阐述，初步建立起研究区的断裂构造格架，查明了研究区新构造运动的表现、性质和特征。同时，对研究区内的生态环境地质问题和具有旅游价值的地质资源进行了调查研究；并以研究区海滩岩为研究对象，通过岩石学、岩石地球化学、同位素地球化学特征等方面的系统研究，对研究区海岸带的古气候环境及海岸带变迁进行了探讨。

本书可供基础地质研究、环境地质研究等领域的专业技术人员、管理人员等参考使用，也可供相关专业的高校师生参考。

图书在版编目（CIP）数据

海南岛西南部沿海地区区域地质研究 / 魏昌欣等著. —
北京：地质出版社，2023.10
ISBN 978-7-116-13842-1

Ⅰ. ①海… Ⅱ. ①魏… Ⅲ. ①海南岛-区域地质-研究 Ⅳ. ①P562.66

中国国家版本馆 CIP 数据核字（2023）第 189719 号

HAINAN DAO XINANBU YANHAI DIQU QUYU DIZHI YANJIU

责任编辑：关会梅
责任校对：关风云
出版发行：地质出版社
社址邮编：北京市海淀区学院路 31 号，100083
电　　话：（010）66554528（邮购部）；（010）66554626（编辑室）
网　　址：https://www.gph.clmpg.com
传　　真：（010）66554661
印　　刷：海南博威印刷有限公司
开　　本：889mm×1194mm 1/16
印　　张：10.75
字　　数：320 千字
版　　次：2023 年 10 月北京第 1 版
印　　次：2023 年 10 月海口第 1 次印刷
定　　价：86.00 元
书　　号：ISBN 978-7-116-13842-1

前　　言

“海南1∶5万东方县、感城、板桥、莺歌海幅区域地质调查”项目是中国地质调查局武汉地质调查中心组织实施，海南省地质调查院承担的基础性公益性地质调查项目，项目起止年限为2014年1月—2016年12月。项目组按照1∶5万区域地质调查技术要求、1∶5万浅覆盖区区域地质调查细则等有关规范，在系统收集和综合分析研究已有地质资料的基础上，开展1∶5万区域地质调查调查工作，运用遥感、工程揭露等技术手段，查明区内地表及其覆盖层以下地层、岩石、构造及其他地质体的基本特征，进而编制实际材料图、地质图、地貌与第四纪地质图、前第四纪基岩地质图，编写野外工作总结、成果报告。2016年8月，中国地质调查局武汉地质调查中心组织专家组在海口对项目进行了野外验收，项目总体评分88分，达到良好级（感城幅91分，优秀级；东方县幅90分，优秀级；板桥幅87分，良好级；莺歌海幅86分，良好级）。2017年8月，由中国地质调查局武汉地质调查中心在海口主持了项目的成果报告评审，总体评分88分，达到良好级（感城幅92分，优秀级；东方县幅90分，优秀级；板桥幅86分，良好级；莺歌海幅85分，良好级）。

本书得到中国地质调查局项目（编号：12120114072001）、海南省海洋地质资源与环境重点实验室、海南省地质调查院和海南省自然科学基金（编号：423RC556）联合资助，是“海南1∶5万东方县、感城、板桥、莺歌海幅区域地质调查”项目的成果总结，其综合性强，研究程度较高，可为国土规划、城市建设、水工环地质勘查、农业地质、地质科研以及海南岛西部工业走廊和环岛旅游公路等重大工程建设提供基础地质资料支撑。项目得以顺利完成，离不开中国地质调查局、武汉地质调查中心、海南省地质局等单位领导和专家的支持和指导。在此向武汉地质调查中心牛志军研究员、徐德明研究员、龙文国研究员、赵小明研究员，海南省地质局廖香俊研究员、傅杨荣研究员、陈颖民高级工程师、陈沐龙高级工程师、李孙雄高级工程师、何玉生高级工程师等人致以崇高的敬意和衷心的感谢！

本书的主要内容如下。第一章：简单介绍了研究区交通位置及自然地理概况；第二章：将研究区地层划分为10个正式岩石地层单位和2个非正式岩石地层单位，建立和完善了研究区多重地层系统；第三章：结合野外接触关系和锆石U-Pb测年结果，按“岩性+典型命名地+时代”的命名方法，共划分出7个侵入岩填图单位，对其岩浆-构造演化背景进行了初步探讨；第四章：从火山岩岩相、岩石特征、岩石地球化学特征等方面对研究区北部高坡岭水库一带新发现的一套中生代酸性火山岩进行了研究，对其形成的构造环境进行了分析；第五章：运用构造-岩层（岩石）-事件法填图，对各变质岩系进行系统论述，建立了变形变质作用的演化系列；第六章：依据区域角度不整合面，把研究区划分为4个主要构造层，即抱板构造层、华力西—印支构造层、燕山构造层和喜马拉雅构造层，对各构造层变形特征做了详细阐述，初步建立起研究区的断裂构造格架，查明了研究区新构造运动的表现、性质和特征，重点研究了不磨村—双龙农场一带韧性变形带的展布、变形特征；第七章：对研究区内的生态环境地质问题和具有旅游价值的地质资源进行了调查研究；第八章：对研究区潮间带海滩岩和沙堤下的埋藏型海滩岩进行了系统研究，通过岩石学、岩石地球化学、同位素地球化学特征研究，对研究区海岸带的古气候环境及海岸带变迁进行了探讨；第九章：总结项目取得的主要地质成果及存在的主要问题。

本书编写人员也是项目组成员，编写、制图人员及分工如下：第一章由魏昌欣执笔；第二章由梁定勇、吕嫦艳、魏昌欣执笔；第三章由魏昌欣、吕昭英、王超执笔；第四章由麦发海、吕嫦艳、林义华执笔；第五章由袁勤敏、吕嫦艳执笔；第六章由周进波、吕嫦艳、胡在龙执笔；第七章由麦发海、黄武轩执笔；第八章由梁定勇、梁磊执笔；第九章由魏昌欣、云平执笔；全书由魏昌欣、云平统稿。相关插图由龚丹、谢群玲、曾雁玲、袁海军、阮晓宽、黄钟震、蒙忠盈完成GIS制图；岩矿鉴定由吕嫦艳完成。

本书基于区域地质调查资料综合研究，取得了一些重要的地质成果，但研究区剥蚀堆积平原区人工改造强烈，基岩区面积小且露头风化强烈，地质现象的观察和描述困难，影响了样品的采集质量，同时严重影响研究区构造研究，因此尚存在一些有待解决的地质问题。同时本书涉及基础地质的方方面面，受限于专业知识水平，在编写过程中难免存在错漏及不足之处，恳请读者批评指正。

著　者

2023年8月

目　　录

第一章 研究区交通位置及自然地理概况

研究区位于海南岛西南部，地理坐标：东经 108°30′~108°45′、北纬 18°30′~19°10′（包括东方县幅、感城幅、板桥幅、莺歌海幅），陆地面积 774km²；隶属海南省东方市和乐东黎族自治县管辖。区内海陆交通均较方便（图 1-1），有环岛高速、海榆西线、西线铁路和环岛高铁通过，以此为基线辐射出许多次一级公路，构成研究区陆路四通八达的交通网络；东方市八所镇八所港地处海南西部工业走廊和琼西南热带高效农业基地出海口，是国家一类开放口岸，也是环北部湾经济圈主要贸易口岸之一，同时沿海其他地区还分布有一些小型港口、码头，海上交通也较便利。

研究区属热带季风海洋性气候，旱湿两季分明。年平均气温 25℃左右，1 月平均气温 19.0℃，极端最低气温 6.4℃，7 月平均气温 29.3℃，极端最高气温 36.5℃。日照充足，日平均日照时数多达 9.5 小时。由于处于岛内五指山的背风坡，研究区是海南省降水量最少的地区，年平均降水量 1150mm，沿海地带雨量稀少，仅 900mm 左右。年平均蒸发量达 2596.8mm，年蒸发量大于年降水量，二者差值为全省之最。这里季风特性明显，每年 11 月至翌年 3 月盛行北风和东北风，4 月至 10 月盛吹西风和西南风，年平均风速为 4.8m/s，为全岛之最。

研究区地势东高西低，地貌由海积阶地、冲洪积平原和山地丘陵组成。东部及南部有小范围分布的丘陵和山地，西部沿海有海成阶地、沙堤、潟湖等，其余大部分为广阔的冲洪积平原，其中感恩平原约 28×10^4hm²，是海南最大的热带平原。研究区地形起伏不大，村庄密布，通行较为方便，但区内平原地区植被发育，人工改造严重；基岩区风化作用强烈，覆盖层较厚，岩石露头较差，给野外填图及地质现象观察带来一定困难。

研究区水系发育，主要河流有罗带河、通天河、感恩河、南港河、白沙河等，各河流均由东部基岩区向西汇入大海。此外，区内有多个水库分布，主要有高坡岭水库、青山水库、黑眉水库等。

区内居民主要有汉、黎、苗、壮等民族，其中以汉族占绝大多数，黎族、苗族为区内主要少数民族。

海南建省办经济特区以来，研究区经济飞速发展，形成了热带高效农业、工业、旅游业三足鼎立的局面。经济作物以水稻、橡胶、芒果、腰果、香蕉、甘蔗等为主；海洋渔业资源丰富，包括远洋捕捞和滨海滩涂养殖业。研究区及周边矿产资源丰富，主要有金、铅、锌、钼、石英砂、锆钛砂等。北部海域天然气储量较为丰富，其中东方 1-1 气田是我国海上最大的自营气田。南部莺歌海盐场是我国南方最大的海盐场。工业以油气、化工、生物能源等高科技产业为特色，火电、风电等大项目陆续建成，使得研究区北部的东方市成为全省重要的能源基地和重化工业基地，区内具有优越的自然生态环境和丰富的热带动植物资源，素有“世界花梨看中国，中国花梨在海南，海南花梨数东方”之美誉；国家一级保护动物大田坡鹿少而奇，为旅游业的发展奠定了坚实的基础。交通运输、邮电通信、科教卫生事业的飞速发展也为研究区地质工作提供了保障。

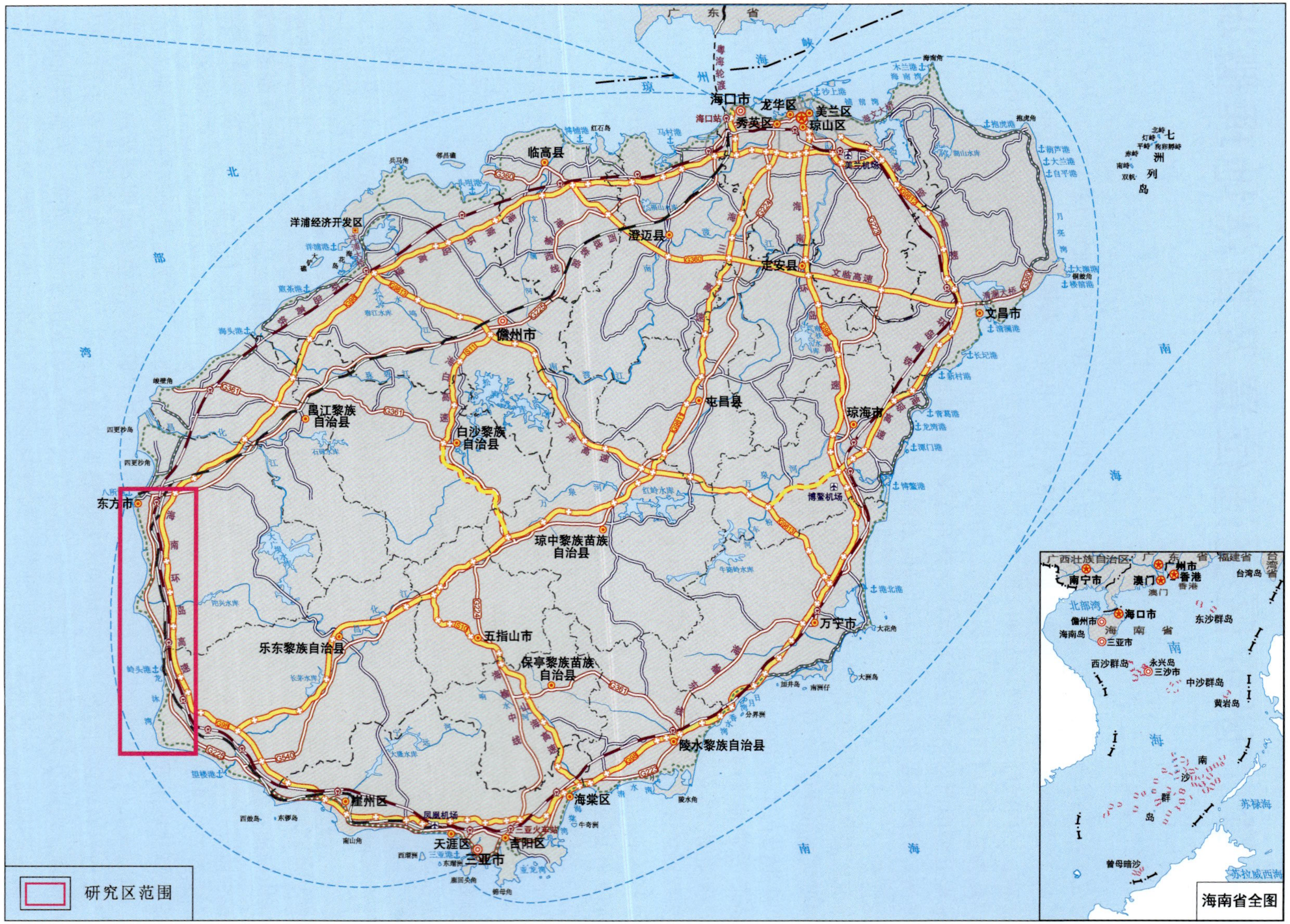

图 1-1 研究区交通位置图

第二章　地　　层

研究区隶属于华南地层大区的东南地层区五指山地层分区。区内地层出露面积约 745.6km^2，分别有中元古界、石炭系、不磨村灰岩、白垩系、新近系和第四系（图 2-1）。中元古界、石炭系、不磨村灰岩和白垩系分布面积较小，分别仅有 11.83km^2、2.67km^2、0.06km^2、0.4km^2；新近系以隐伏状产出，本次研究以收集和施工的钻孔资料为主；而第四系分布面积最广，约 730.7km^2，占研究区陆地面积的 94.41%。

研究区岩石地层系统主要以海南省地质矿产勘查开发局《海南省岩石地层》（1997）的区域岩石地层清理方案作为基础，按照《国际地层指南》《中国地层指南》和《中国地层表》（2014）等的岩石地层单位划分原则，结合本次区域地质调查工作最新进展，在充分分析、综合前人工作成果的基础上，根据各组上下接触关系、岩石（沉积物）组合特征及同位素年龄资料与古生物化石等，按多重地层划分原则，对研究区地层进行了划分和区域对比，建立了研究区的地层格架。本次工作将研究区地层划分为 10 个正式岩石地层单位和 2 个非正式岩石地层单位，详见表 2-1。

表 2-1　研究区地层序列表

<table>
<tr><td colspan="4">年代地层</td><td colspan="2">华南地层大区</td></tr>
<tr><td rowspan="2">界</td><td rowspan="2">系</td><td colspan="2" rowspan="2">统</td><td colspan="2">东南地层区</td></tr>
<tr><td colspan="2">五指山地层分区</td></tr>
<tr><td rowspan="6">新生界</td><td rowspan="4">第四系</td><td colspan="2">全新统</td><td colspan="2">洪冲积层
烟墩组</td></tr>
<tr><td rowspan="3">更新统</td><td>上</td><td colspan="2" rowspan="2">八所组</td></tr>
<tr><td>中</td></tr>
<tr><td>下</td><td colspan="2">秀英组</td></tr>
<tr><td rowspan="2">新近系</td><td colspan="2">上新统</td><td colspan="2">望楼港组</td></tr>
<tr><td colspan="2">中新统</td><td colspan="2">佛罗组</td></tr>
<tr><td rowspan="2">中生界</td><td rowspan="2">白垩系</td><td colspan="2">上白垩统</td><td colspan="2">报万组</td></tr>
<tr><td colspan="2">下白垩统</td><td colspan="2">岭壳村组</td></tr>
<tr><td rowspan="2">古生界</td><td>二叠系</td><td colspan="2"></td><td></td><td rowspan="2">不磨村灰岩</td></tr>
<tr><td>石炭系</td><td colspan="2">上石炭统</td><td>青天峡组</td></tr>
<tr><td rowspan="2">中元古界</td><td>蓟县系</td><td colspan="2"></td><td colspan="2">峨文岭组</td></tr>
<tr><td>长城系</td><td colspan="2"></td><td colspan="2">戈枕村组</td></tr>
</table>

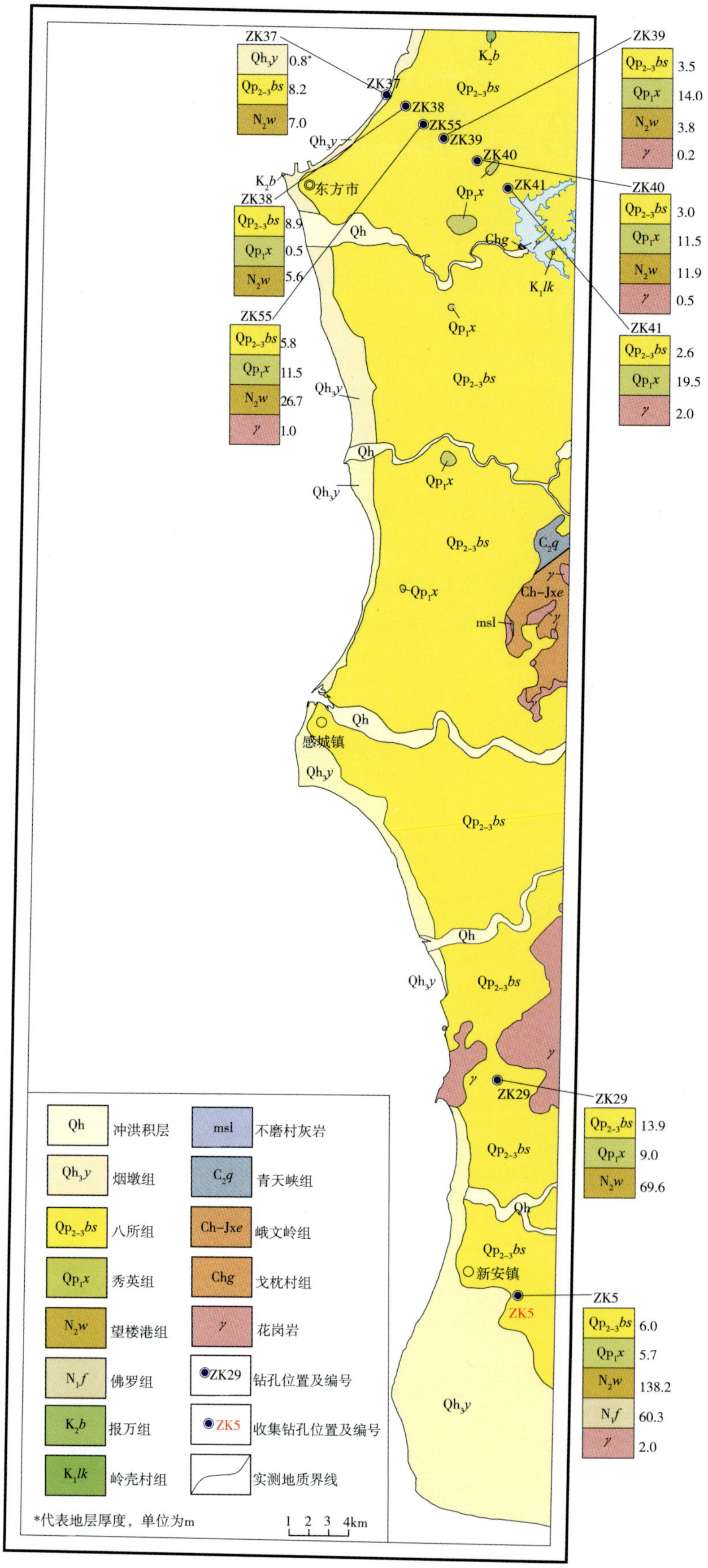

图 2-1　研究区地层分布图

第一节　中元古界

研究区见中元古界长城系—蓟县系戈枕村组和峨文岭组，戈枕村组主要出露于研究区北部高坡岭水库一带，出露总面积仅几十平方米，为一套中高级变质岩。峨文岭组出露于研究区东方市感城镇公爱农场一队—不磨村一带，出露面积仅 11.83km^2，为一套中级变质岩。区内中元古界划分沿革见表 2-2。

表 2-2　研究区中元古界划分沿革表

<table>
<tr><th colspan="2">广东区测队，1964</th><th colspan="2">夏邦栋等，1979</th><th colspan="2">广东地矿局，1988</th><th colspan="2">单惠珍，1990</th><th colspan="2">张仁杰等，1991</th><th colspan="3">马大铨等，1993</th><th colspan="3">海南地矿局，1997</th><th colspan="3">海南省地质调查院，2012</th><th colspan="3">本书</th></tr>
<tr><td rowspan="2">寒武系</td><td rowspan="2">混合岩田</td><td rowspan="2">中奥陶统—寒武系</td><td rowspan="2">抱板群</td><td rowspan="2">震旦系</td><td rowspan="2">抱板群</td><td rowspan="2">中元古界</td><td rowspan="2">抱板群</td><td rowspan="2">蓟县系</td><td rowspan="2">抱板群</td><td>二叠系</td><td colspan="2">鹅顶组</td><td rowspan="2">长城系</td><td rowspan="2">抱板群</td><td rowspan="2">峨文岭组</td><td>蓟县系</td><td rowspan="2">抱板群</td><td>峨文岭组</td><td>蓟县系</td><td rowspan="2">抱板群</td><td>峨文岭组</td></tr>
<tr><td>长城系</td><td>抱板群</td><td>峨文岭组</td><td>长城系</td><td>戈枕村组</td><td>长城系</td><td>戈枕村组</td></tr>
</table>

一、剖面描述

1. 戈枕村组（Ch*g*）

研究区于高坡岭水库新发现一套中高级变质地层，岩性主要为灰色、深灰色细粒黑云母二长片麻岩（图 2-2），厚度约为 6.37m。

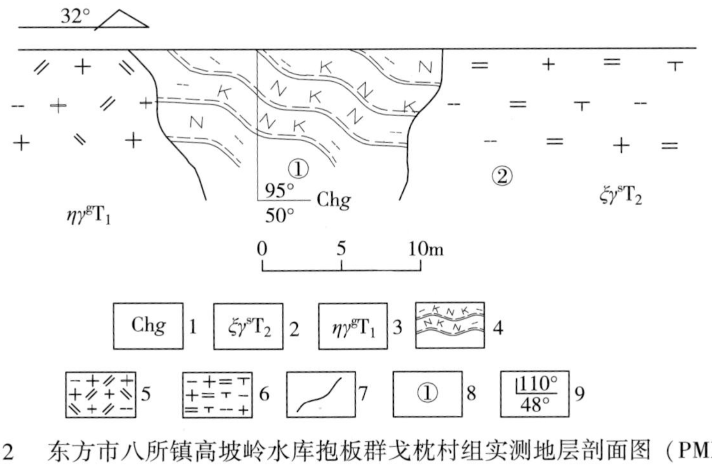

图 2-2　东方市八所镇高坡岭水库抱板群戈枕村组实测地层剖面图（PMD04）

1—戈枕村组；2—瘦岭细中粒二云母正长花岗岩；3—高坡岭细中粒少斑黑云母二长花岗岩；4—二长片麻岩；5—细中粒斑状黑云母二长花岗岩；6—细中粒二云母正长花岗岩；7—地质界线；8—层位；9—产状

东方市八所镇高坡岭水库抱板群戈枕村组实测地层剖面

抱板群戈枕村组（Chg） **厚度>6. 37m**

1. 灰色细粒黑云二长片麻岩，在局部发育有小揉皱，见细中粒二云母正长花岗岩呈脉状多数顺层、少量穿层分布 6. 37m

~~~~~~~~ 侵入接触 ~~~~~~~~

高坡岭花岗岩（$\eta\gamma^{g}T_1$）

灰白色细中粒斑状黑云母二长花岗岩 1. 85m

2. 峨文岭组（Ch−Jx*e*）

峨文岭组主要分布于研究区东方市感城镇公爱农场一队—不磨村一带，出露总面积约11. 83km^2。区内峨文岭组岩性主要为片岩，局部受后期构造岩浆热事件影响发生糜棱岩化。

东方市感城镇公爱农场一队抱板群峨文岭组实测地层剖面

剖面起点位于东方市感城镇公爱农场一队东北侧，坐标为 $X=1926093$，$Y=2088162$；终点坐标为 $X=92629121$，$Y=2093197$。剖面总导线方位 1°。剖面自下而上分为 18 层（图 2−3）。

抱板群峨文岭组（Ch−Jx*e*） **厚度>304. 99m**

15. 强风化石英白云母片岩，岩石风化后呈褐黄色、浅紫红色，局部硅化变形强烈，片理面变形呈波状扭曲，局部小揉皱发育（未见顶） >16. 77m
14. 糜棱岩化含电气石铁质石英白云母片岩，岩石风化后呈褐黄色、浅紫红色，局部硅化变形强烈，片理面变形呈波状扭曲和小揉皱。局部发育顺层石英细脉 18. 00m
13. 糜棱岩化含电气石千枚状白云母石英片岩，岩石风化后呈褐黄色、紫红色，局部硅化变形强烈，较破碎，片理面变形呈波状扭曲，局部发育小揉皱。发育少量顺层石英细脉 33. 53m
12. 糜棱岩化含电气石铁质石英白云母片岩，岩石风化后呈褐黄色、紫红色，局部硅化变形强烈，较破碎，片理面变形呈波状扭曲和小揉皱 9. 42m
11. 含铁质石英白云母片岩 8. 65m
10. 覆盖层 2. 97m
9. 含铁白云母石英片岩，岩石普遍风化后呈叶片状，颜色呈褐黄色、浅紫红色，局部硅化，变形强烈。片理面变形强烈，呈波状扭曲，局部发育“W”形平卧小揉皱、尖棱褶皱，偶见少量电气石 13. 97m
8. 石英白云母片岩，风化后呈褐红色、黄褐色，发育少量细小顺层石英脉，少量穿层，局部岩石硅化和变形强烈 58. 96m
7. 含铁白云母石英片岩，岩石风化后呈褐黄色、浅紫红色，局部硅化，变形强烈。片理面变形强烈，呈波状扭曲，局部发育“W”形平卧小揉皱、尖棱褶皱 33. 45m
6. 糜棱岩化含铁白云母石英片岩，岩石风化后呈褐黄色、紫红色，局部硅化，相比上一层变形微弱。片理面变形呈波状扭曲 9. 32m
5. 含铁质石英白云母片岩，岩石风化后呈紫红色、褐黄色，局部硅化，变形强烈。片理面变形呈波状扭曲 23. 34m
4. 覆盖层 17. 14m
3. 白云母石英片岩，岩石风化后呈紫红色、褐黄色，局部硅化，变形强烈。片理面变形呈波状扭曲，局部发育“W”形平卧小揉皱 19. 96m
2. 覆盖层 23. 95m
1. 石英白云母片岩，岩石风化后呈紫红色、褐黄色，局部硅化，变形强烈（未见底） 15. 56m

~~~~~~~~ 侵入接触 ~~~~~~~~

亚炮花岗岩（$\eta\gamma^{y}Jx$）

灰白色糜棱岩化细中粒花岗岩，风化后呈褐黄色

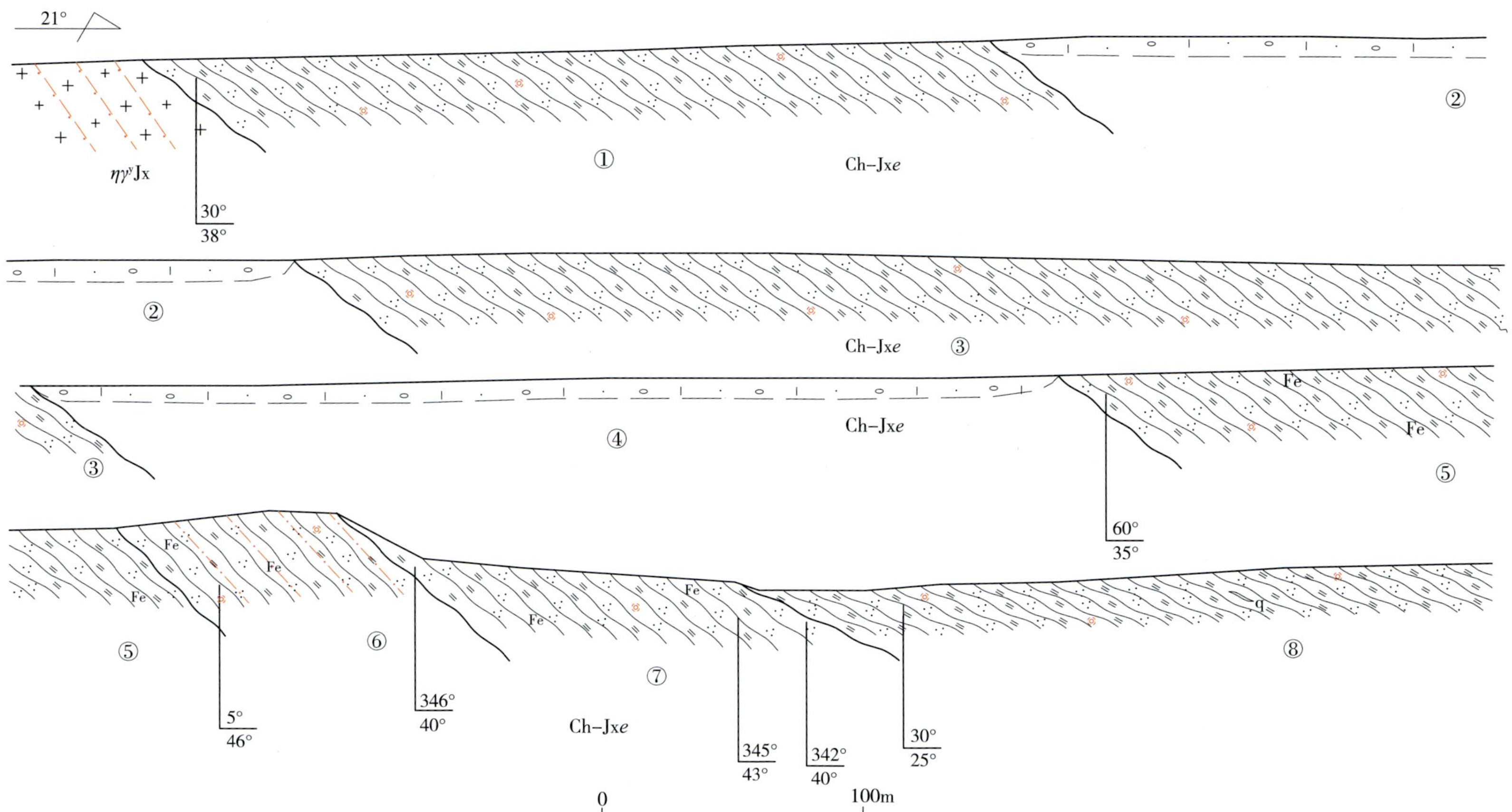

图 2-3　东方市感城镇公爱农场一队中元古界峨文岭组实测地层剖面图（PMD07）

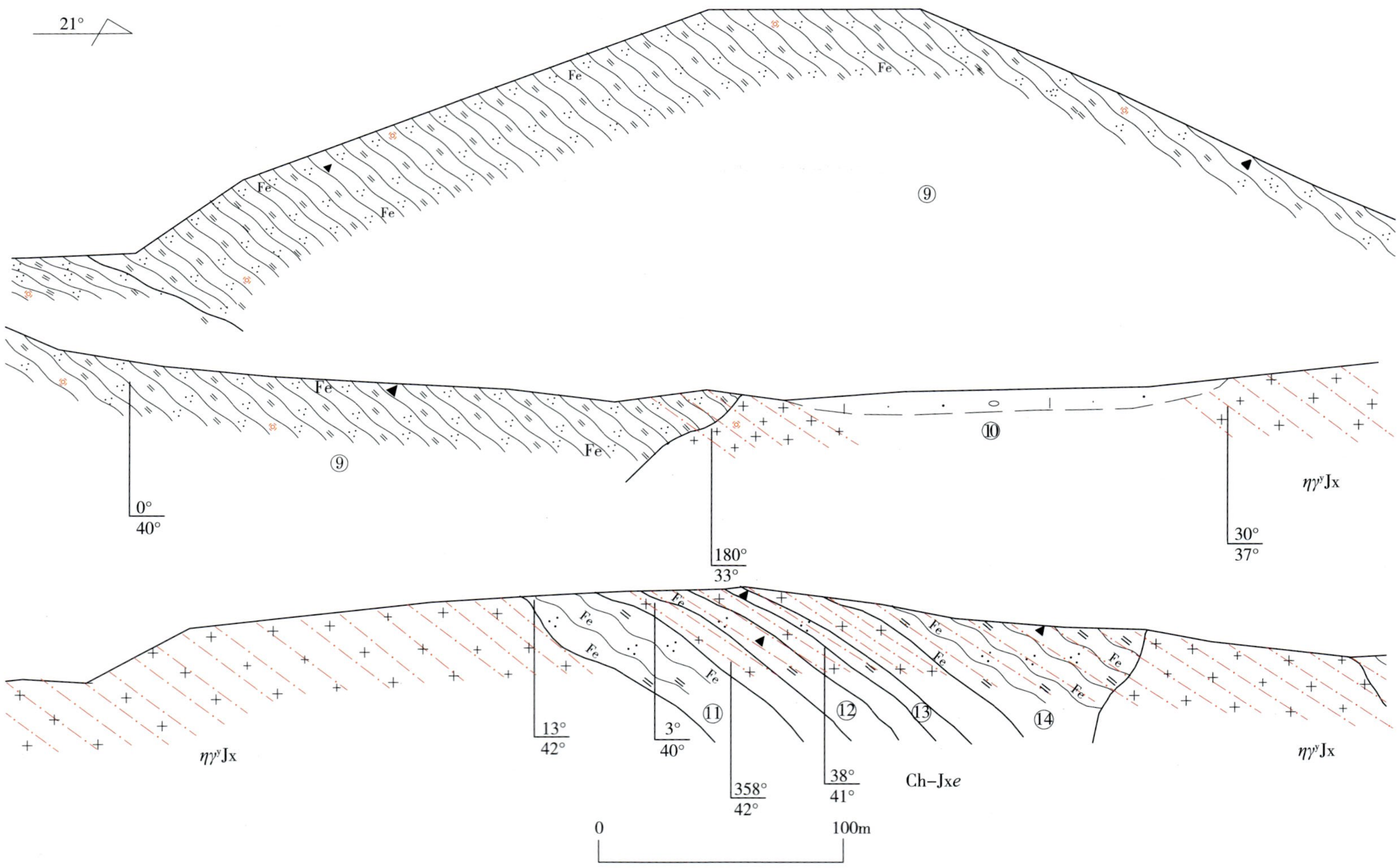

图 2-3　东方市感城镇公爱农场一队中元古界峨文岭组实测地层剖面图（PMD07）（续图）

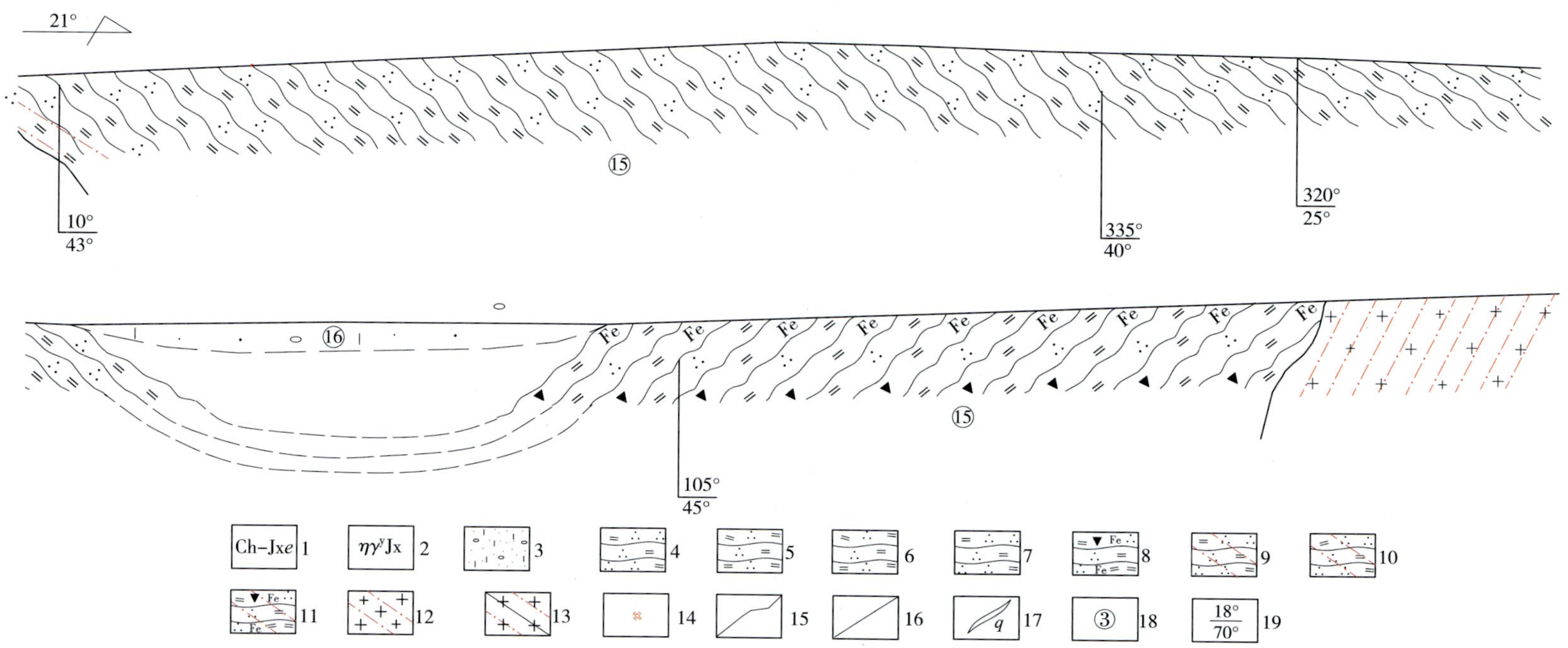

图 2-3　东方市感城镇公爱农场一队中元古界峨文岭组实测地层剖面图（PMD07）（续图）

1—峨文岭组；2—亚炮花岗岩；3—覆盖层；4—白云母石英片岩；5—石英白云母片岩；6—含铁质石英白云母片岩；7—含铁质白云母石英片岩；8—含电气石含铁质石英白云母片岩；9—糜棱岩化含铁白云母石英片岩；10—糜棱岩化白云母石英片岩；11—糜棱岩化含电气石铁质石英白云母片岩；12—糜棱岩化细中粒花岗岩；13—花岗质糜棱岩；14—硅化；15—侵入接触关系；16—分层线；17—石英脉；18—分层号；19—产状

二、岩石地层划分及岩性组合特征

1. 戈枕村组（Ch*g*）

戈枕村组系马大铨等（1993）创建，经海南省地质矿产勘查开发局（1997）修订，指定昌江县昌化江剖面为正层型剖面，乐东县峨文岭剖面为主要参考剖面。戈枕村组以片麻岩为主体，主要为黑云斜长片麻岩夹黑云角闪斜长片麻岩及二云斜长片麻岩。岩石发生不同程度混合岩化，形成混合质片麻岩、混合岩及混合花岗闪长岩，混合质片麻岩常具条纹状构造。与上覆峨文岭组整合接触。

本次研究于高坡岭水库发现一套中高级变质地层，岩性主要为灰色细粒黑云母二长片麻岩（图 2-4），见后期长英质脉顺片麻理侵入，厚度约 6.37m，被瘦岭和高坡岭花岗岩包围。该套地层与戈枕村组层型剖面中的岩石组合特征可对比，变质程度一致，均为一套以中高级变质的片麻岩为主，将其归于戈枕村组。

图 2-4　戈枕村组露头外貌

左图为戈枕村组宏观外貌；右图为细粒黑云母二长片麻岩

2. 峨文岭组（Ch-Jx*e*）

由马大铨等（1993）创名，黄香定等（Huang et al.，1996）介绍。陈哲培等（1997）指定峨文岭剖面为峨文岭组代表性剖面，整合于戈枕村组之上，以云母石英片岩、石英云母片岩为主，夹数层长石石英岩及石墨矿层，厚度大于 1181m。与上覆奥陶系南碧沟组呈断层接触。空间分布常与戈枕村组相随，主要见于乐东县峨文岭，东方市大蟹岭、抱板镇，定安县黄竹岭等地。

研究区峨文岭组见于东方市感城镇公爱农场一队—不磨村一带，岩性主要为灰色、深灰色（含铁）（含电气石）白云母石英片岩和石英白云母片岩（图 2-5），偶见少量石墨，厚度大于 304.99m。该套地层与峨文岭组层型剖面中的岩石组合特征可对比，变质程度一致，均为一套中级变质的片岩，将其归于峨文岭组。

研究区东方市感城镇不磨村峨文岭组中发育一向斜，核部位于感城镇不磨村经济场一带，褶皱轴迹走向北东。

三、年代地层划分

1. 戈枕村组（Ch*g*）

研究区于高坡岭水库发现的岩性主要为灰色细粒黑云母二长片麻岩一套中高级变质地层，可与昌江县昌化江戈枕村组层型剖面中的岩石组合特征对比，变质程度一致，均为一套以中高级变质的片麻岩为主，将其归于戈枕村组，戈枕村组时代为长城纪。

图 2-5　峨文岭组灰色白云母石英片岩野外露头

2. 峨文岭组（Ch-Jx*e*）

本次在研究区不磨村大岭东侧采集碎屑锆石样品，经过筛选未见锆石矿物。但于研究区不磨村经济场东侧 1km 处采石场亚炮花岗岩中见有长城系—蓟县系峨文岭组片岩残留体，亚炮片麻状细中粒斑状二云母二长花岗岩中采集高精度锆石 U-Pb 测年法（LA-ICP-MS）样品，年龄 1432±17Ma，证明峨文岭组的时代早于 1432±17Ma。在整个海南岛中早于 1432±17Ma 的片岩，仅在长城纪—蓟县纪的峨文岭组中发育。

本次根据感城镇公爱农场一队—不磨村一带峨文岭组岩石特征，结合其与亚炮花岗岩的接触关系，峨文岭组时代为长城纪—蓟县纪。

四、区域对比

1. 戈枕村组（Ch*g*）

研究区东部东方抱板—戈枕村、昌江叉河—红林农场 18 队一带出露有戈枕村组，岩性为一套具一定程度混合岩化的条带状、眼球状混合岩、混合片麻岩、混合花岗岩以及少量片麻岩、变粒岩，与研究区于高坡岭水库发现的灰色细粒黑云母二长片麻岩从变质程度和岩性上较一致，可对比，因此归于抱板群戈枕村组。研究区戈枕村组出露面积小，岩性较单一。

2. 峨文岭组（Ch-Jx*e*）

研究区峨文岭组岩性主要为灰色、深灰色（含铁）（含电气石）白云母石英片岩、石英白云母片岩，厚度大于 304. 99m，为浅海沉积形成。

乐东县冲坡镇峨文岭的代表性剖面，峨文岭组下部为长石石英岩，夹黑云母石英片岩；中部为长石云母片岩和长石石英片岩；上部为含石墨长石石英岩、云母片岩。未见顶，厚度大于 1181m。整合于戈枕村组黑云母斜长片麻岩之上。

琼海市南俸农场加东田剖面，峨文岭组下部为石英片岩夹石英岩；中部为细粒石英岩；上部为浅灰白色细粒石英岩与浅灰白色石英二云母片岩互层。推测与下伏戈枕村组整合接触，厚约 391m。

全岛整体来看，各地出露的峨文岭组岩石组合特征基本可以对比，主要以石英岩和片岩组合为特征。但其岩性空间横向变化明显。区内峨文岭剖面岩石主要为片岩，未见石英岩分布，其他地区见有石英岩分布，可能与沉积环境差异性和露头出露情况有关。

五、沉积相与沉积环境分析

1. 戈枕村组（Ch*g*）

根据研究区于高坡岭水库发现的一套中高级变质地层灰色细粒黑云母二长片麻岩的地球化学特

征，认为该套片麻岩属于副片麻岩，其原岩可能为杂砂岩（详见第五章）。由于其出露少，岩性单一，沉积环境无法进一步判别。

2. 峨文岭组（Ch-Jx*e*）

研究区峨文岭组岩性主要为灰色、深灰色（含铁）白云母石英片岩、石英白云母片岩，推测原岩为粉砂质泥岩和泥质粉砂岩。原岩粒度较细，以石英为主，未见其他矿物，证明该套岩石为水动力较弱，粒度较细，一般这样的沉积物在海相中较发育，峨文岭组为浅海环境中沉积形成。

第二节　石　炭　系

将研究区东方市新龙镇双龙农场一带绢云母千枚岩夹条带状大理岩，局部受后期构造岩浆热事件影响变质为片岩，据地层岩性特征、同位素年龄资料，划归为上石炭统青天峡组，面积仅为 2.67km^2。青天峡组划分沿革见表 2-3。

表 2-3　区内青天峡组划分沿革表

<table>
<tr><th colspan="2">广东区测队，1964</th><th colspan="2">夏邦栋等，1979</th><th colspan="2">广东地矿局，1988</th><th colspan="2">单惠珍，1990</th><th colspan="2">张仁杰等，1991</th><th colspan="3">马大铨等，1993</th><th colspan="3">海南地矿局，1997</th><th colspan="3">海南省地质调查院，2012</th><th colspan="2">本书</th></tr>
<tr><td>石炭系</td><td>石岭灰岩</td><td rowspan="2">中奥陶统—寒武系</td><td rowspan="2">抱板群</td><td rowspan="2">震旦系</td><td rowspan="2">抱板群</td><td rowspan="2">中元古界</td><td rowspan="2">抱板群</td><td rowspan="2">蓟县系</td><td rowspan="2">抱板群</td><td rowspan="2">长城系</td><td rowspan="2">抱板群</td><td rowspan="2">峨文岭组</td><td>二叠系</td><td>鹅顶组</td><td></td><td rowspan="2">长城系</td><td rowspan="2">抱板群</td><td rowspan="2">峨文岭组</td><td rowspan="2">石炭系</td><td rowspan="2">青天峡组</td></tr>
<tr><td>寒武系</td><td>混合岩田</td><td>长城系</td><td>抱板群</td><td>峨文岭组</td></tr>
</table>

一、剖面描述

青天峡组（C$_2$*q*）

研究区石炭系青天峡组本次共实测了一条剖面：

东方市新龙镇双龙农场青天峡组实测地层剖面

该剖面起点位于海南省东方市新龙镇双龙农场南侧约 1km，坐标为 X=19261239，Y=2095745；终点坐标为 X=19262695，Y=2095158。剖面总导线方位 123°。剖面自下而上分为 7 层（图 2-6）。

抱板群峨文岭组（Ch-Jx*e*）

6. 糜棱岩化含铁质电气石白云母石英片岩，风化后呈褐红色和黄褐色，岩石片理明显。岩石局部呈波状弯曲，较破碎，变形强烈，小揉皱发育。局部可见少量电气石　95.75m

══════断层══════

青天峡组（C$_2$*q*）　厚度>905.58m

5. 白云母石英片岩，风化后呈黄褐色，岩石变形强烈，片理扭曲变形呈波状（未见顶）　30.97m
4. 糜棱岩化含铁质电气石石英白云母片岩，风化后呈褐红色，岩石片理明显，片理面扭曲，可见小揉皱　31.23m
3. 条带状、脉状、透镜状灰色细中粒大理岩，局部硅化强烈，岩石中可见硅化大理岩角砾，并有扭曲现象。岩石矿物成分主要为方解石，含少量黑云母　13.38m

2. 绢云母千枚岩，风化后呈褐红色和黄褐色，岩石片理明显，局部硅化强烈。片理面扭曲，可见小揉皱　464.78m

1. 灰色条带状细中粒大理岩，大理岩矿物成分主要为方解石，少量黑云母和石墨。局部岩石发生流变，见强烈揉皱的灰黑色硅质条带和花岗质脉体，厚度较大的花岗质脉体则被拉断形成石香肠构造（未见底）　>365.32m

二、岩石地层划分及岩性组合特征

青天峡组是广东省区测大队（1964）在海南东方县江边创名，中南区域地层表编写小组（1974）介绍。标准剖面在东方江边亲天峡谷之西公路上，原义系指位于上泥盆统至下石炭统岳岭群之上，中石炭统石岭群之下的一套滨海至浅海相碎屑岩夹碳酸盐岩，代表早石炭世晚期沉积。底部为砾岩，与岳岭群呈不整合接触，下部为杂色板岩和石英砂岩，上部为灰褐色、深灰色和紫灰色石英砂岩、板岩夹灰岩透镜体。

陈哲培等（1997）在清理岩石地层单位时，对青天峡组的定义进行了修订，将原青天峡组下部属于大塘阶的部分划归南好组，属上石炭统的部分称为青天峡组，是位于下石炭统南好组之上的一套滨岸至远滨相碎屑岩夹碳酸盐岩，代表早石炭世晚期至晚石炭世沉积。青天峡组岩性为板岩、砂质板岩与石英砂岩不等厚互层，底部为细砂岩夹板岩、条带状结晶灰岩。产腕足类、牙形石、双壳类等化石。

研究区东方市新龙镇双龙农场一带的绢云母千枚岩夹条带状大理岩，局部受后期构造岩浆热事件影响变质为片岩，厚度大于905.58m。在1∶25万乐东幅、陵水幅该套岩石划归峨文岭组。本次工作通过剖面和路线填图发现该岩石组合为绢云母千枚岩夹条带状大理岩，该套地层变质程度与峨文岭组层型剖面无法对比。

东方市新龙镇双龙农场一带的绢云母千枚岩、片岩和条带状大理岩中碎屑锆石U-Pb年龄显示该套岩石应该在365Ma之后沉积形成，也就是泥盆纪之后形成的。通过岩石组合对比，可与上石炭统青天峡组进行对比，青天峡组以泥质岩石为主夹灰岩，区内原岩恢复为粉砂质泥岩和泥质粉砂岩夹灰岩，岩石组合特征相似，均为浅海相沉积形成。因此综合岩石组合特征和碎屑锆石U-Pb年龄，将区内东方市新龙镇双龙农场一带的绢云母千枚岩、片岩夹条带状大理岩划归青天峡组。

三、年代地层划分

本次研究在东方市新龙镇双龙农场一带片岩中采集的碎屑锆石U-Pb年龄样品（PMD06-6）的测年数据（图2-7）从太古宙到古生代均有分布，但年龄峰值主要集中在2718~365Ma和290~249Ma（平均值约260Ma）。2718~365Ma这组锆石大多呈浑圆、次圆状，少数为次棱角状，少数见有亮白色增生边，为岩浆锆石，可以限定该套岩石的下限年龄；290~249Ma这组锆石大多呈浑圆、次圆状，少数为次棱角状，见有亮白色增生边，表明有一期比较大的变质事件，为变质锆石，受华力西期—印支期花岗岩热事件影响。从整个碎屑锆石年龄数据看，该套地层应该是在365Ma之后沉积形成。

综合碎屑锆石U-Pb年龄数据和岩石组合特征，研究区青天峡组时代为晚石炭世。

四、区域对比

据1∶5万昌江大岭幅、昌化港幅、海尾幅和叉河幅区域地质调查，昌江县十月田山村一带坡兰沟剖面下部为厚层石英岩、变质中细粒石英砂岩，往上为夹灰白色大理岩透镜体的绢云母千枚岩和厚层状透辉石、透闪石石英角岩，厚度154m。区内青天峡组岩性主要为绢云母千枚岩、片岩和

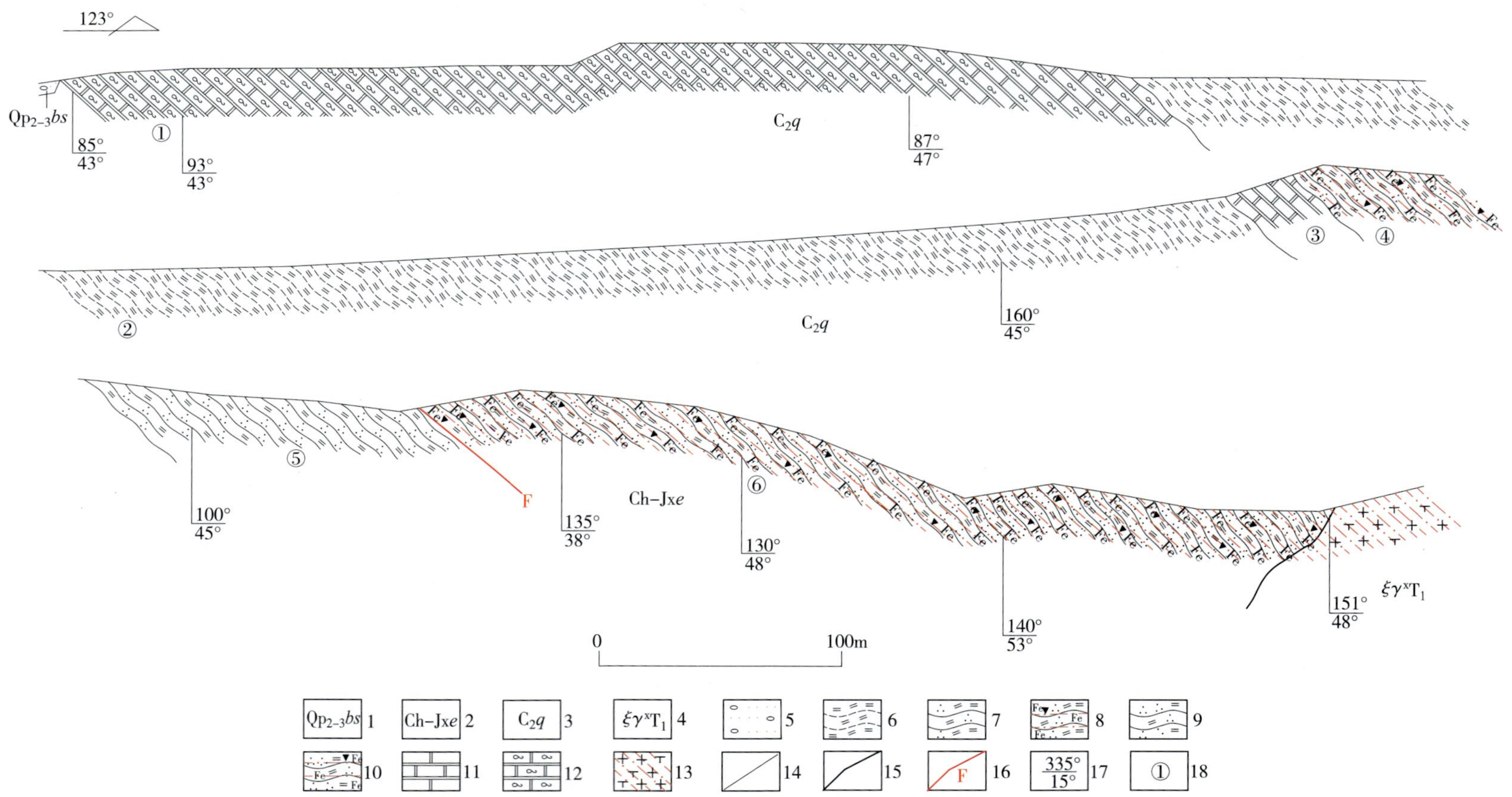

图 2-6　东方市新龙镇双龙农场青天峡组实测地层剖面图（PMD06）

1—八所组；2—峨文岭组；3—青天峡组；4—新水坡花岗岩；5—含砾细砂；6—绢云母千枚岩；7—石英白云母片岩；8—糜棱岩化含铁电气石石英白云母片岩；9—白云母石英片岩；10—糜棱岩化含铁电气石白云母石英片岩；11—大理岩；12—条带状大理岩；13—糜棱岩化正长花岗岩；14—分层线；15—侵入界线；16—断裂线；17—产状；18—分层号

条带状大理岩，原岩恢复后可与坡兰沟剖面中部对比。

1：5 万南丰市幅区域地质调查显示，莲花岭上番开村剖面为厚层—块状微晶大理岩与角岩不等厚产出，发育潮汐层理、微水平层理，厚度约为 304.17m。区内青天峡组原岩恢复后可与莲花岭上番开村剖面中部对比。

区内青天峡组岩性为绢云母千枚岩、片岩和条带状大理岩不同变质程度的岩石，并且岩石中见有糜棱岩化现象，说明该套岩石存在叠加变质作用影响，导致该组局部变质程度高于全岛其他区域。

五、沉积相与沉积环境分析

研究区青天峡组岩性为灰色、深灰色绢云母千枚岩、（含铁）（电气石）白云母石英片岩和石英白云母片岩夹大理岩，推测原岩为粉砂质泥岩和泥质粉砂岩夹灰岩。由于后期构造作用和变质作用的影响，原岩中的沉积构造已经无法分辨，但灰岩为浅海相典型的沉积岩，因此青天峡组主要为浅海环境下沉积形成。

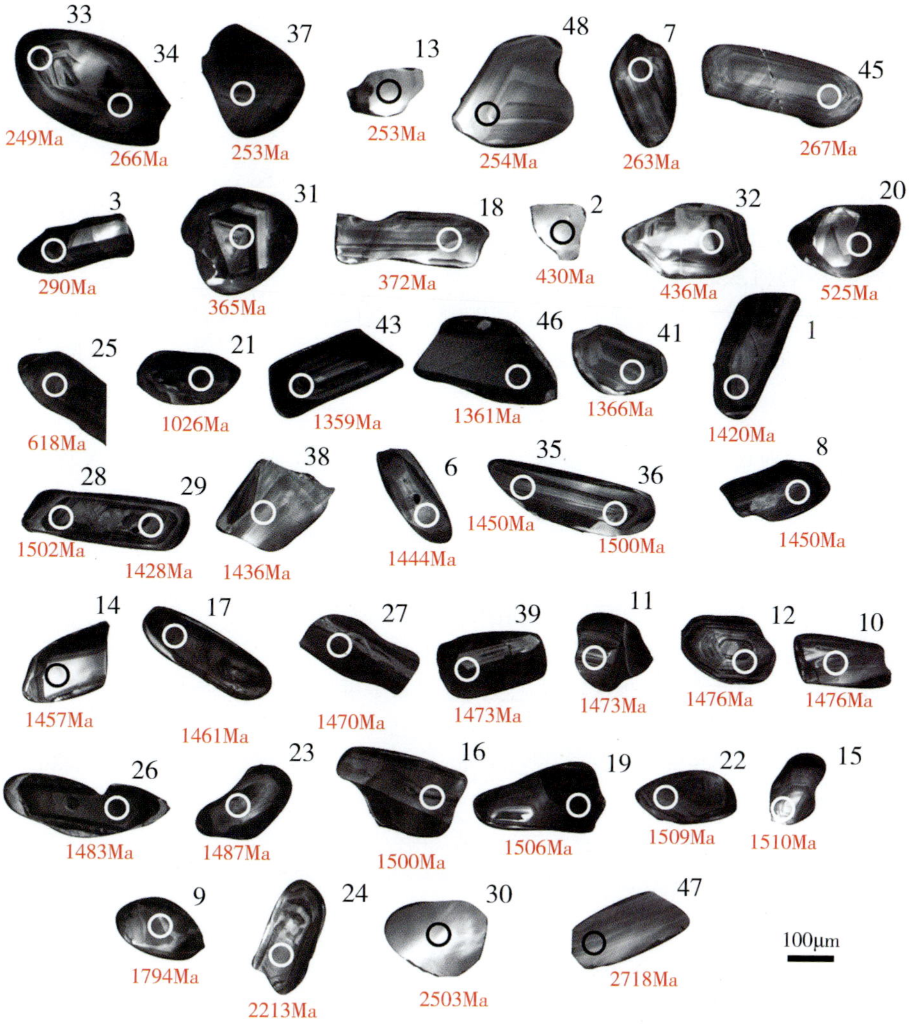

图 2-7　青天峡组锆石阴极发光图（PMD06-6）

第三节　不磨村灰岩

将研究区东方市感城镇不磨村东部不磨大岭浅变质灰色、灰黑色条带状含泥晶细晶灰岩，据地层岩性特征、同位素年龄资料建立一个非正式岩石地层单位，命名为不磨村灰岩。不磨村灰岩划分沿革见表2-4。

表2-4　区内不磨村灰岩划分沿革表

广东区测队，1964		夏邦栋等，1979		广东地矿局，1988		单惠珍，1990		张仁杰等，1991		马大铨等，1993			海南地矿局，1997			海南省地质调查院，2012			本书
寒武系	混合岩田	中奥陶统—寒武系	抱板群	震旦系	抱板群	中元古界	抱板群	蓟县系	抱板群	长城系	抱板群	峨文岭组	长城系	抱板群	峨文岭组	长城系	抱板群	峨文岭组	不磨村灰岩

一、剖面描述

本次共实测了一条剖面控制不磨村灰岩。

东方市感城镇不磨村灰岩实测地层剖面

该剖面位于海南省东方市感城镇不磨村西北侧，起点坐标为 $X=19260223$，$Y=2091628$。剖面总导线方位245°。剖面自下而上分为5层（图2-8）。

不磨村灰岩（msl）　　　　**厚度>23.42m**

4. 灰色条带状含泥晶细晶灰岩，条带状构造，可见明显水平层理，风化后呈凹凸不平面。局部受构造影响变形蚀变，方解石有重结晶变大现象，层理面呈波状弯曲。岩石中可见少量花岗质假角砾，可见细小方解石细脉沿不规则裂隙充填（未见顶）　　11.57m
3. 灰黑色条带状含泥晶细晶灰岩，泥晶结构，条带状构造和明显水平层理。局部受构造影响变形强烈，层理面呈波状弯曲。可见钙质结核、滑脱、阶步现象　　4.41m
2. 灰色条带状含泥晶细晶灰岩，条带状构造和明显水平层理。风化后呈凹凸不平面。局部受构造影响产生变形和蚀变，层理面呈波状弯曲。岩石中可见少量花岗质假角砾，可见钙质团块和细小方解石细脉沿不规则裂隙充填　　7.05m
1. 灰黑色条带状含泥晶细晶灰岩，条带状构造和明显水平层理。局部受构造影响变形强烈，层理面呈波状弯曲，可见钙质团块（未见底）　　0.39m

══════断层══════

抱板群峨文岭组（Ch-Jx*e*）　　　　**厚度>4.57m**

灰色白云母石英片岩　　4.57m

二、岩石地层划分及岩性组合特征

通过本次工作，在研究区中部的东方市感城镇不磨村东侧的不磨大岭前人划归为中元古界峨文岭组中新发现并解体出一套灰白色、灰黑色条带状含泥晶细晶灰岩，条带状构造，具明显水平层理，可见钙质结核，局部受构造影响变形强烈，层理面呈波状弯曲，可见滑脱、阶步现象，可见较

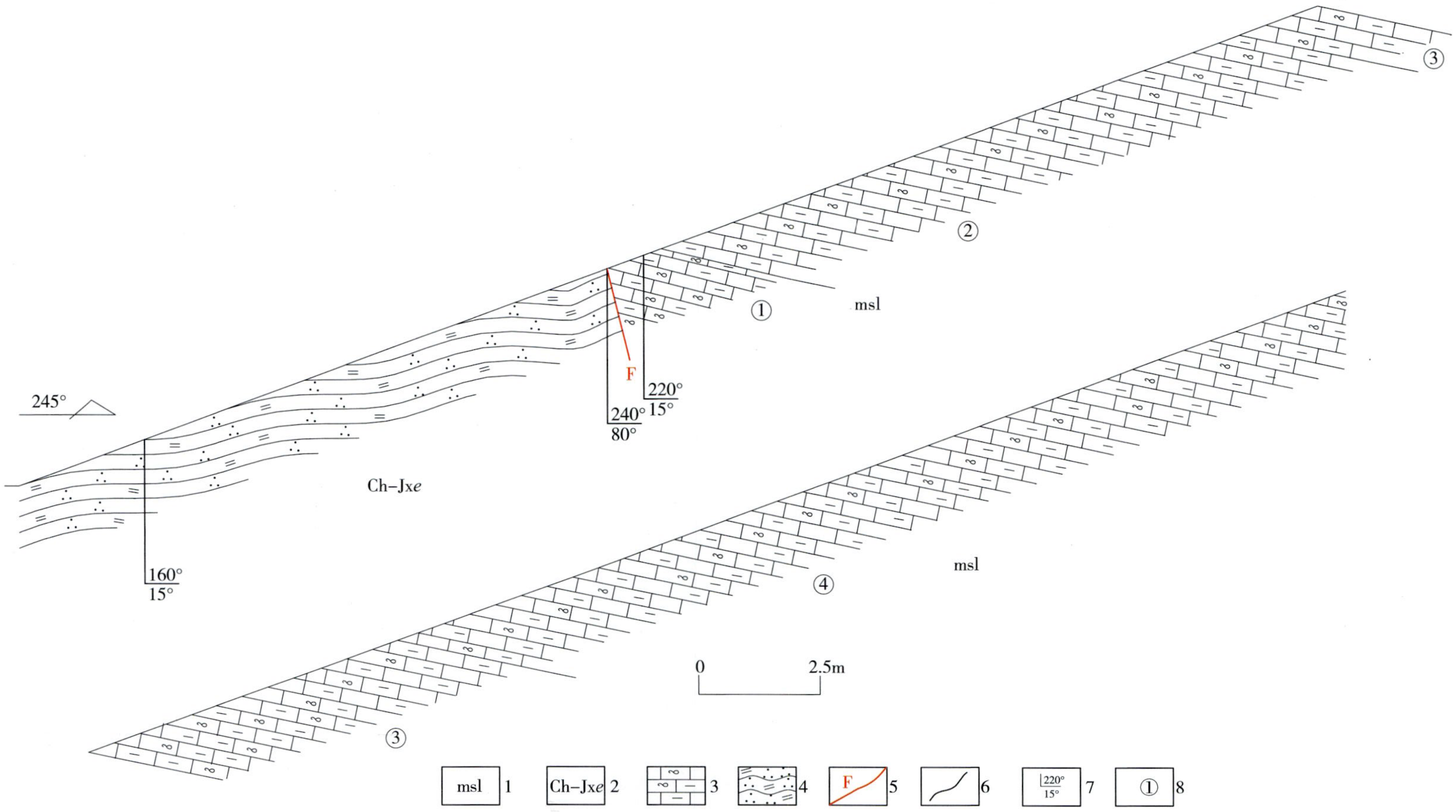

图 2-8　东方市感城镇不磨村灰岩实测地层剖面图（PMD12）

1—不磨村灰岩；2—峨文岭组；3—含泥晶细晶灰岩；4—白云母石英片岩；5—断层；6—地质界线；7—产状；8—分层号

多方解石细脉不规则穿插，顶部灰岩中的花岗质岩脉受构造应力作用影响，状似“砾石”（图 2-9），在花岗质假角砾与围岩接触部位切片观察，从围岩到花岗岩假角砾依次为：第 1 层，细粒大理岩或细晶灰岩；第 2 层，硅化细粒大理岩或硅化细晶灰岩；第 3 层，强碳酸盐化细粒花岗岩；第 4 层，碳酸盐化蚀变中细粒斜长花岗岩。其特征为第 1 层和第 2 层为外接触带，可能是由于岩体小或岩脉较薄，外接触带没有矽卡岩矿物产生。受岩体影响主要表现为：受岩体高温作用，方解石重结晶，粒度加大，但靠近岩体的第 2 层反而粒度较小，可能是受岩体的挤压力大，不利于方解石生长；受岩体挤压，方解石、磁铁矿等成为长形粒状，长轴平行接触面；岩体或岩脉成分扩散到围岩形成石英、长石，远离“砾石”的第 1 层只有石英，靠近“砾石”的第 2 层不仅有石英，而且有长石，且石英的数量较多；第 2 层与第 1 层的界线平行接触线，说明外接触带的分层是由于岩体或岩脉的影响造成；第 3 层和第 4 层为内接触带，第 3 层粒度较第 4 层明显变细，为岩体或岩脉的冷凝边；第 3 层的主要变化是强碳酸盐化、斜长石强烈蚀变，同样没有矽卡岩矿物产生；第 4 层外貌接近正常岩体，只是弱碳酸盐化。无论是外接触带还是内接触带，虽然分带明显，但带宽很小，说明岩体小，冷却快，岩体温压对围岩的作用时间短。这些假角砾的特点：①成分均为花岗质；②呈透镜状产出，大小 2cm×2cm～15cm×30cm 不等，5～15 个/m^2，其长轴方向与灰岩层理面一致；③镜下可见受构造应力作用影响，角砾中的长石、石英发生破碎，方解石细脉充填裂隙。该套灰岩与下伏中元古界峨文岭组片岩为断层接触，顶部直接出露地表，厚度约 28.17m。

图 2-9　不磨村灰岩野外露头（D0484）

左图为含泥晶细晶灰岩中的花岗质“砾石”；右图为含泥晶细晶灰岩

在研究区中部的东方市感城镇不磨村东侧不磨大岭的该套灰岩地层，在 1∶25 万东方幅区域地质调查中，前人未能单独划出。本次工作通过高精度填图将其单独圈定，对其进行剖面测制、采样分析，认为其很难归于具体的地层单位中，应该给其一个非正式岩石地层单位。主要从以下几个方面考虑：①该套灰岩薄片鉴定为含泥晶细晶灰岩，其变质程度未达到峨文岭组中级变质程度；②出露面积小且岩性单一；③该套含泥晶细晶灰岩未发现古生物化石，时代无法确定，无法与其他地层单位对比。

三、年代地层划分

本次于不磨村灰岩中采集古生物样品经过处理未发现化石，同时采集灰岩中花岗岩脉测年样品（D0484-3），其锆石 U-Pb（LA-ICP-MS 法）年龄为 231.8±4.7Ma（图 2-10），因此该套灰岩形成时代应早于 231.8±4.7Ma，为晚三叠世之前沉积形成。从海南岛整个地层变质程度，结晶灰岩一般在寒武系之后地层中发育。研究区石炭系青天峡组灰岩都已经变质为大理岩，推测不磨村灰岩时代在晚石炭世—晚三叠世之间。

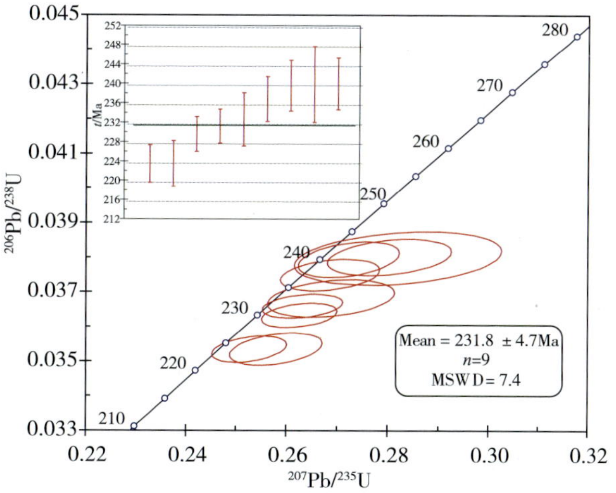

图 2-10　不磨村灰岩中花岗质“角砾”锆石 U-Pb 年龄谐和图（D0484-3）

四、区域对比

研究区不磨村灰黑色、灰色含泥晶细晶灰岩，为浅海沉积形成，厚度约为 23.42m。不磨村灰岩沉积时代为晚石炭世—晚三叠世，出露面积小，并且岩性单一，因此无法进行区域对比。

五、沉积环境分析

研究区不磨村灰岩由于出露面积少且岩性单一，沉积构造和古生物未见，这为沉积环境的恢复造成一定的困难。不磨村灰岩只能从岩石组合特征推测，由于灰岩的沉积环境的特殊性，不磨村灰岩为浅海环境下沉积形成的。

第四节　白　垩　系

研究区白垩系主要于东方市八所镇玉章村、鱼鳞洲和高坡岭水库一带零星出露，出露总面积约 0.09km^2。本次共实测了一条剖面，主要控制上白垩统报万组；下白垩统岭壳村组出露较少，未测制剖面。白垩系组划分沿革分别见表 2-5。

表 2-5　研究区白垩系划分沿革表

广东区测队，1964		广东省地矿局，1988		宜昌所，1992		海南省地矿局，2007		海南省地质调查院，2012		本书	
上白垩统	报万群	上白垩统	报万群	下白垩统	鹿母湾群	下白垩统	鹿母湾组	下白垩统	鹿母湾组	上白垩统	报万组
										下白垩统	岭壳村组

一、剖面描述

东方市八所镇玉章村上白垩统报万组实测地层剖面

该剖面位于海南省东方市八所镇玉章村东侧，起点坐标为 $X=19258785$，$Y=2121660$；终点坐标为 $X=19259009$，$Y=2121677$。剖面总导线方位 289°。剖面自下而上共分 7 层（图 2-11），描述如下：

八所组（$Qp_{2-3}bs$）

6. 棕黄色含砾细砂

~~~~~~~~ 角度不整合 ~~~~~~~~

报万组（K_2b）	**厚度>102.90m**
5. 紫灰色厚层状含砾中粗粒长石杂砂岩夹同色薄层粉砂质泥岩，二者比例约为 5：1，砂岩底部含较多砾（未见顶）	50.49m
4. 浅紫红色厚层状砂质细砾岩，硅质胶结	15.01m
3. 浅紫红色厚层含砾粗粒石英杂砂岩，底部分布有河道底砾石	4.79m
2. 灰白色厚层状细砾岩与中层状含砾泥质细砂岩夹薄层状粉砂质泥岩，三者比例约为 6：3：1，砂岩中分布有河道底砾石	11.68m
1. 灰白色厚层状细砾岩夹同色中层状泥质细砂岩，二者比例约为 7：1，偶夹薄层泥质粉砂岩。岩石风化后呈褐黄色，发育不规则状裂隙（未见底）	20.93m

══════ 断层 ══════

亚炮糜棱岩化花岗岩（$\eta\gamma^{y}Jx$）

灰白色糜棱岩化花岗岩，顶部为灰白色构造角砾岩

二、岩石地层划分及岩性组合特征

1. 报万组（K_2b）

系中国地质学编辑委员会、中国科学院地质研究所（1958）在乐东县报万村创建并介绍。广东区测队（1964）对以往资料综合后，改报万组为报万群，时代为晚白垩世。四川地矿局攀西队、海南区调队（1991）恢复报万组，时代为晚白垩世。宜昌地矿所（1992）认为所谓报万群就是鹿母湾群，时代为早白垩世。陈哲培等（1997）进行全岛地层清理时，修订报万群为报万组，时代为晚白垩世。代表性剖面为山荣—南美剖面，剖面岩性以细粒长石砂岩为主，夹钙质泥岩、粉砂质细砂岩、长石粉砂岩。参考性剖面为乐东县千家镇长茅岭剖面，下部主要为含长石岩屑杂砂岩，夹粉砂岩；中部为泥质粗粉砂与粉砂质泥岩不等厚产出；上部为粗中—中细粒岩屑长石杂砂岩、复成分砾岩、含砾长石粗砂岩，夹薄层泥岩、粉砂岩。与下伏鹿母湾组紫灰色凝灰岩夹火山角砾岩呈整合接触，未见顶。厚度为 385.5~1439m。

区内东方市八所镇玉章村和鱼鳞洲一带的地层与报万组层型剖面上部岩石组合特征相似，沉积环境一致，均为冲积扇环境下沉积形成的一套紫红色砂砾岩、紫红色粉砂质泥岩、泥质砂岩，因此将该套地层划归为报万组。

研究区报万组岩性主要为紫红色、灰白色细砾岩、（含砾）中粗粒长石（石英）杂砂岩夹紫红色、灰紫色泥质粉砂岩、粉砂质泥岩和泥岩（图 2-12），出露厚度约为 102.90m。

2. 岭壳村组（K_1lk）

由海南地质大队（1986）在三亚市扎南乡岭壳村创名的岭壳村群演变而来。陈哲培等（1997）改岭壳村群为岭壳村组，并将上、中、下亚群修订为一、二、三段，时代确定为早白垩世。指定岭壳村剖面为代表性剖面，为一套中酸性—酸性火山岩系，自下而上由英安岩-流纹质熔岩及相应的
~~~~~~~~

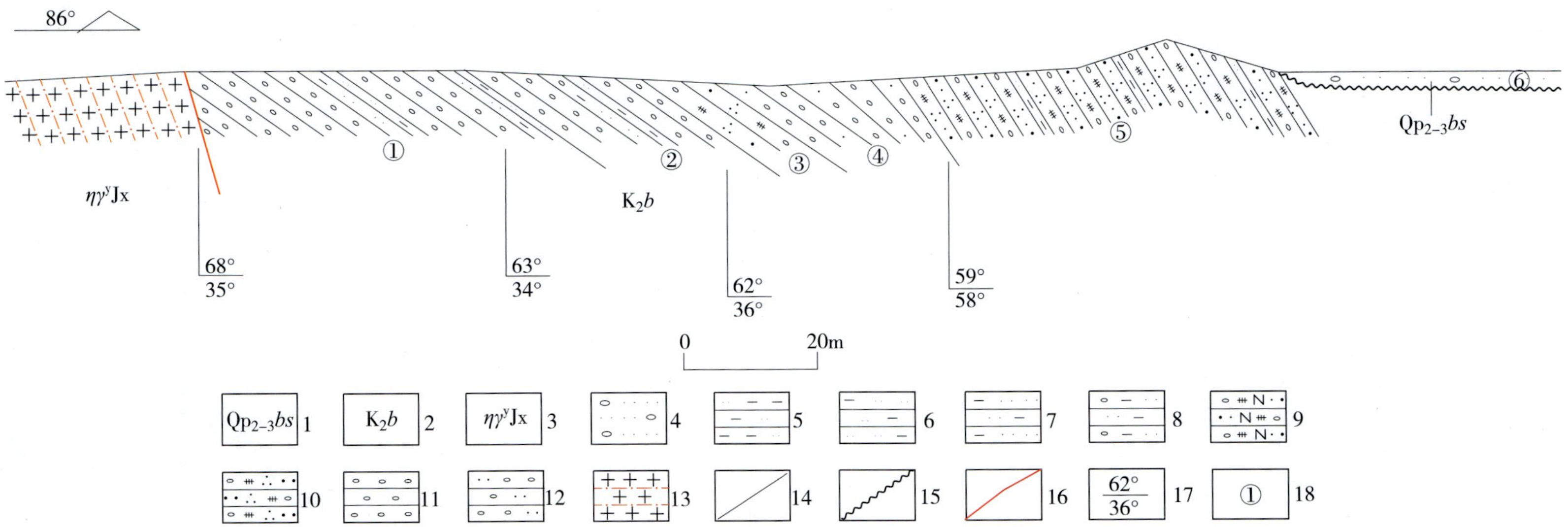

图 2-11　东方市八所镇玉章村上白垩统报万组实测地层剖面图

1—八所组；2—报万组；3—亚炮花岗岩；4—含砾细砂；5—粉砂质泥岩；6—泥质粉砂岩；7—泥质细砂岩；8—含砾泥质细砂岩；9—含砾中粗粒长石杂砂岩；10—含砾粗粒石英杂砂岩；11—细砾岩；12—砂质细砾岩；13—糜棱岩化花岗岩；14—分层线；15—角度不整合界线；16—断层；17—产状；18—分层号

火山碎屑岩组成；至少有 6 个喷发韵律，未见顶，底部以流纹质含砾凝灰熔岩的出现为界线标志与下伏汤他大岭组英安岩呈喷发不整合接触。

图 2-12 研究区玉章村一带报万组露头外貌（PMD08-3）

左图为砂岩夹粉砂质泥岩；右图为含砾砂岩，底部见河道底砾石

本次区调工作在研究区北部高坡岭水库一带发现一套酸性火山岩（球粒流纹岩），岩石呈灰白色，斑状结构，流纹构造、球粒构造。斑晶矿物有钾长石、透长石、斜长石及黑云母，局部亦见少量石英斑晶。基质由隐晶质和长英质球粒组成，隐晶质和长英质球粒相间定向排列，构成流纹构造（图 2-13，图 2-14）。该火山岩局部被中更新统—上更新统八所组红褐色含砾含黏土粗中砂覆盖（图 2-15），并与下伏的早三叠世高坡岭细中粒斑状黑云母二长花岗岩呈喷发不整合接触，其产状与花岗岩风化面平行（图 2-16），出露面积约 0.02km^2。该套岩石与岭壳村组层型剖面下部岩石可对比。

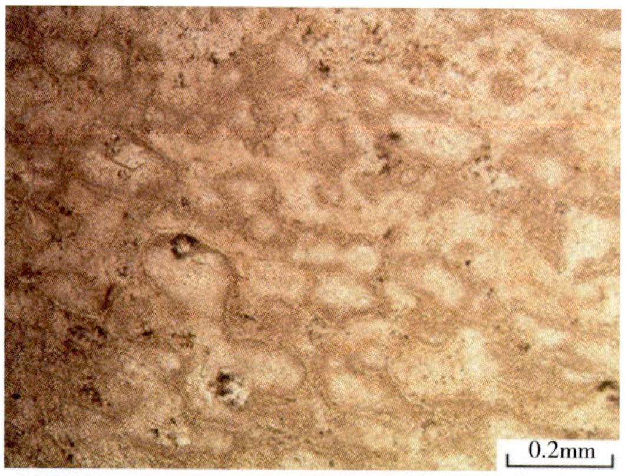

图 2-13 球粒流纹岩镜下球粒构造（D0281-1）

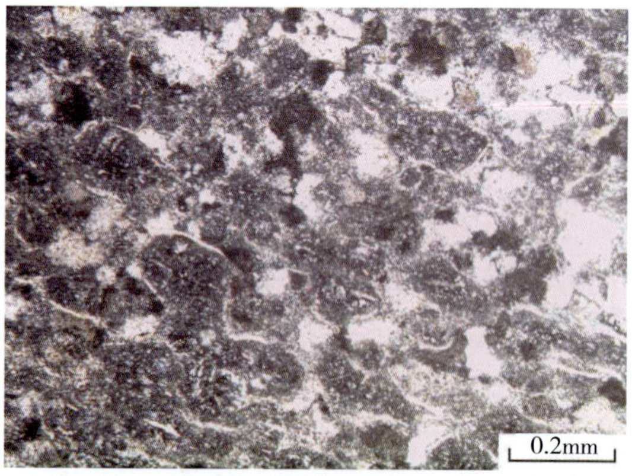

图 2-14 球粒流纹岩正交偏光镜下反应边亮线(D0281-1)

图 2-15 火山岩野外产出情况（D0281-1）

图 2-16 火山岩产状与下伏花岗岩风化面平行（D0281-1）

三、年代地层划分

1. 报万组（K_2b）

在研究区东方市八所镇玉章村和鱼鳞洲报万组的长石石英杂砂岩中采集的碎屑锆石 U-Pb 测年样品（D1576-1）的最新年龄为 92Ma（图 2-17，图 2-18），可以大致限定该套地层的下限年龄。根据其碎屑锆石年龄数据，该套地层应归于晚白垩世，同时该套岩石组合可与上白垩统的报万组上段对比，均为砂砾岩和含砾砂岩夹薄层泥岩，沉积环境为冲积扇。根据其岩性组合特征和碎屑锆石年龄数据将该套地层暂归报万组，形成时代为晚白垩世。

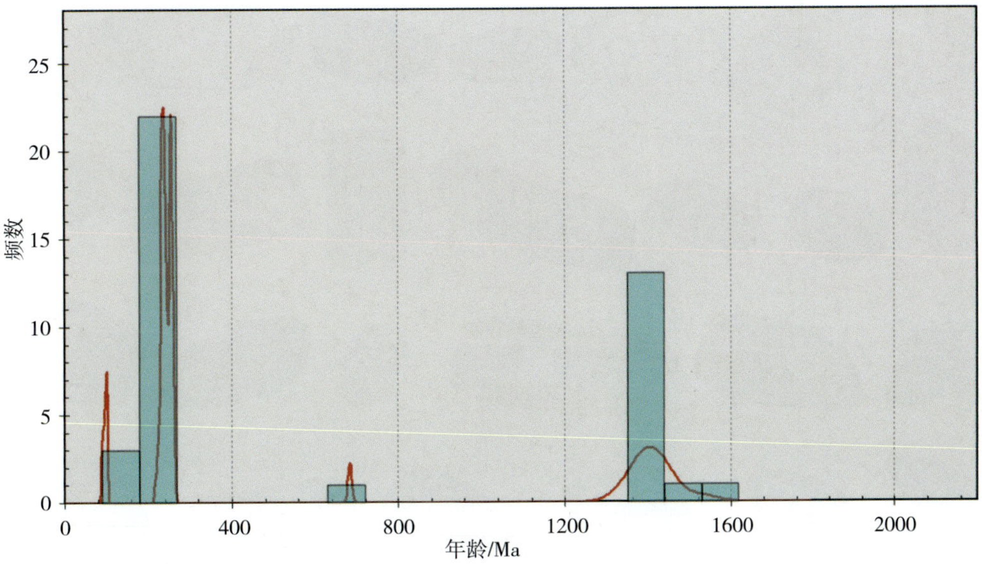

图 2-17　研究区报万组锆石 U-Pb 年龄直方图（D1576-1）

2. 岭壳村组（K_1lk）

本次区调工作在高坡岭水库采集到年龄样品（D0988-1），样品中的锆石呈半透明—透明状，颜色以浅棕、浅褐及褐色为主。锆石阴极发光图（图 2-19）显示，锆石形态完整，绝大多数呈柱状，大部分锆石内部发育明显的振荡环带，具有典型的岩浆成因特征。

运用高精度锆石 U-Pb 测年法（LA-ICP-MS）对球粒流纹岩样品进行 18 个点分析（图 2-20），所有分析测试点基本落在了谐和线上，加权平均年龄为 98±2Ma。

根据同位素年龄值和岩性对比，将该套球粒流纹岩归属于岭壳村组，形成时代为早白垩世晚期。

四、区域对比

1. 报万组（K_2b）

研究区东方市八所镇玉章村和鱼鳞洲一带的报万组目前仅分布于白沙盆地南西段、阳江盆地、雷鸣盆地中，属冲积扇、湖河环境沉积。

琼海阳江红盆报万组发育一套中—粗砾岩，砾石成分较单一，主为花岗斑岩，砾石大小混杂，从数厘米至数十厘米不等，多呈棱角、次棱角状，明显系冲积扇中泥石流沉积。厚度大于 1832. 44m。

白沙盆地报万组上段由粗粒长石杂砂岩、砾岩、巨砾岩组成，为冲洪积相；下段由中粗粒岩屑长石杂砂岩、细砂岩、粉砂岩和泥岩等湖相沉积物组成。厚度约为 1063. 69m。

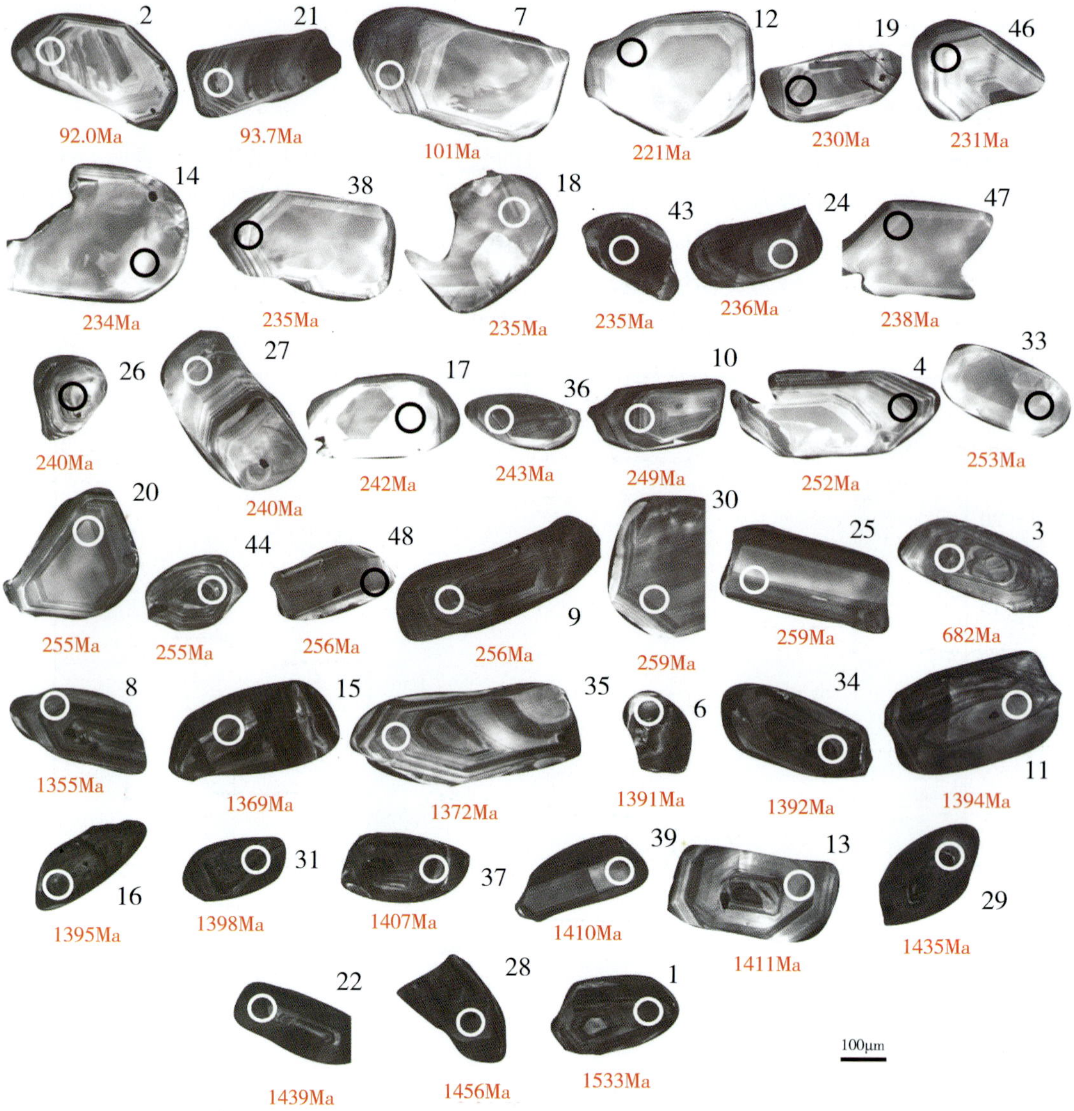

图 2-18　报万组锆石阴极发光图（D1576-1）

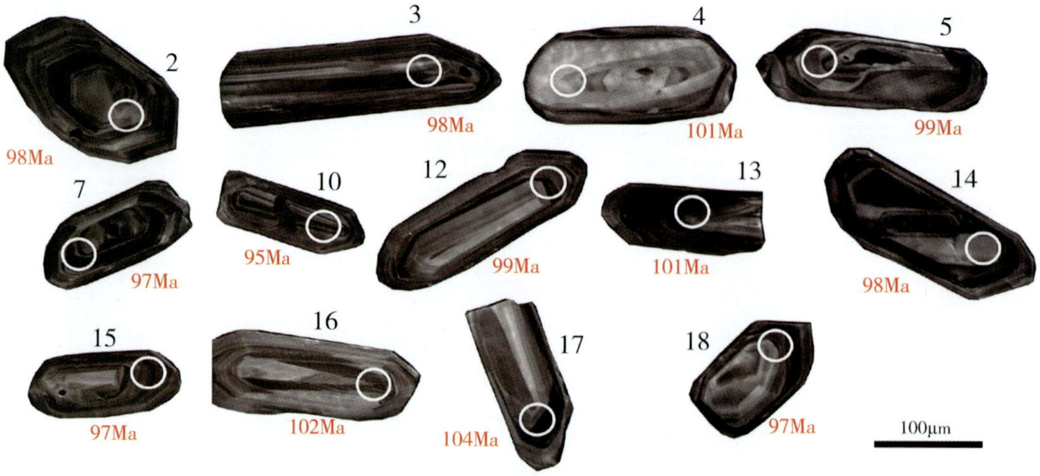

图 2-19　岭壳村组球粒流纹岩锆石阴极发光图（D0988-1）

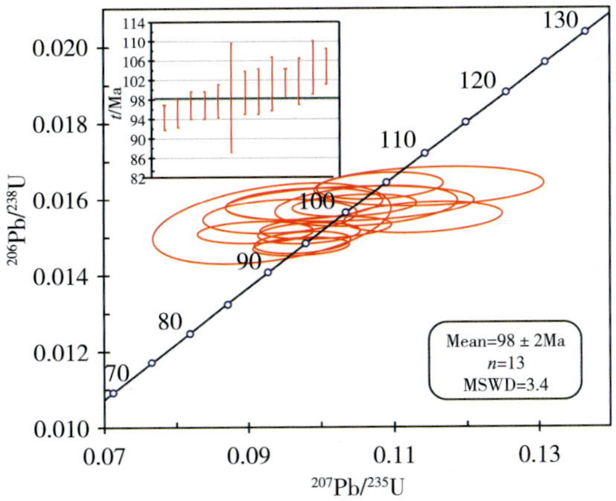

图 2-20　球粒流纹岩 LA-ICP-MS 锆石 U-Pb 年龄谐和图（D0988-1）

尽管不同盆地的报万组沉积岩石具有一定的差异，但主要以冲洪积为主，少量河流和湖泊相沉积。

2. 岭壳村组（K_1lk）

研究区内见有岭壳村组火山岩出露，邻区周边未见该组出露。区内岭壳村组火山岩出露面积小、岩性较单一。海南地质大队 1982—1986 年开展 1 ∶ 5 万志仲幅区调时测制三亚市扎南乡岭壳村组剖面，岩性主要为一套中酸性、酸性火山岩系，包括英安斑岩、流纹斑岩、流纹质角砾凝灰熔

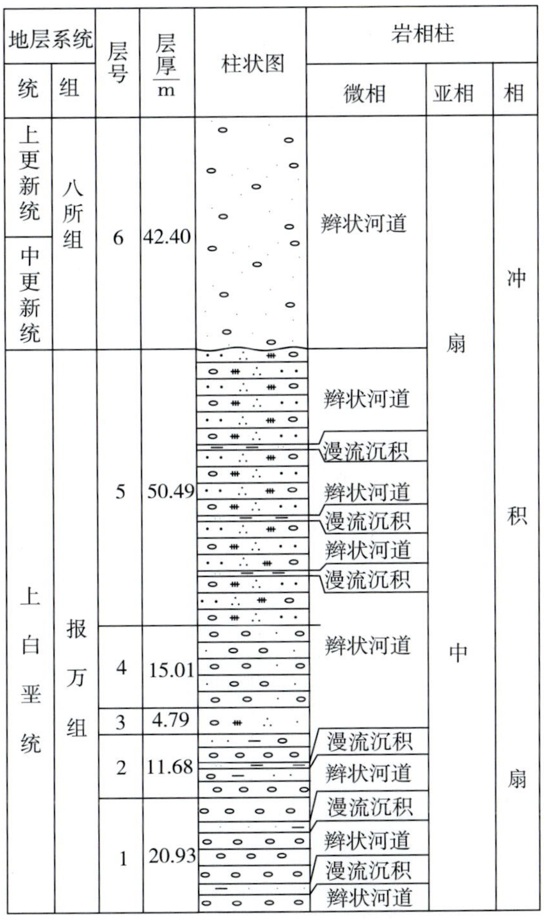

图 2-21　研究区报万组沉积相划分简图

岩、英安质角砾熔岩、含角砾流纹斑岩、含集块和角砾流纹斑岩等。本次高坡岭水库球粒流纹岩与三亚市扎南乡岭壳村组下部岩性特征相似，因此归于岭壳村组。研究区出露的岭壳村组与三亚市扎南乡岭壳村组岩性组合特征相比较单一。

五、沉积相及其沉积环境分析

研究区报万组的砾岩分选差，磨圆中等—差，混杂堆积，搬运距离短，属于典型山前堆积，为冲积扇沉积环境形成，并可以细分为扇中亚相，扇中亚相可进一步可划分为辫状河道微相和漫流微相。

扇中亚相在报万组发育，较易识别，主要沿八所镇玉章砖厂东北一带分布。在扇中主要由河道砾石坝沉积和溢出河道的漫流砂泥质沉积两部分组成一系列向上变细的沉积韵律（图 2-21）。

辫状河道砾石由细砾岩及（含砾）长石（石英）杂砂岩组成，细砾岩砾石含量在 60% 以上，砾石支撑，分选性、磨圆度差—中等，砾石中充填有黏土及砂级杂基，砾石定向性排列不明显，其排列杂乱，少部分呈叠瓦状构造，无化石。多具下粗上细的粒序，下部为细砾岩，上部为含砾长石（石英）杂砂岩和泥质细砂岩，砂岩中可见河道底砾石分布。

漫流沉积由紫红色或紫灰色粉砂质泥岩和泥质粉砂岩组成，分选性差，一般不显层理。

第五节　新　近　系

研究区新近系主要有中新统佛罗组和上新统望楼港组，呈隐伏状产出，隐伏于区内东方市八所镇—乐东县莺歌海镇一带。新近系划分沿革见表 2-6。

表 2-6　区内新近系划分沿革表

<table>
<tr><td colspan="2">广东地质局区域地质测量队，1964</td><td colspan="3">宜昌地质矿产研究所，海南省地质调查院，2004</td><td colspan="3">本书</td></tr>
<tr><td rowspan="2">华场群</td><td rowspan="2">上亚群</td><td rowspan="2">新近系</td><td>上新统</td><td>望楼港组</td><td rowspan="2">新近系</td><td>上新统</td><td>望楼港组</td></tr>
<tr><td>中新统</td><td>佛罗组</td><td>中新统</td><td>佛罗组</td></tr>
</table>

一、剖面描述

1. 佛罗组（N_1f）

ZK5 钻孔剖面（据陈哲培等，1997）

ZK5 位于乐东市佛罗镇新安村，坐标：东经 108°51′40″、北纬 18°28′00″。钻孔控制佛罗组，厚度为 60. 31m（图 2-22）。底部以砾岩与下伏燕山期花岗岩呈不整合接触，顶部以砾岩与上覆望楼港组整合接触。

望楼港组（N_2w）

10. 灰黑色黏土质粉砂岩

——————整合——————

佛罗组（N_1f） 　　　　**厚度 60. 31m**

9. 灰色石灰质砾岩　　　　1. 30m

8. 褐色泥岩，含介形虫类 *Pelecyplda* sp. 3.00m

7. 灰绿色含砾砂岩 1.35m

6. 灰绿色、褐色粉砂质泥岩夹深灰色砂砾岩 20.90m

5. 深灰色细砂岩 5.40m

4. 深灰色、灰白色砂砾岩、黏土质砾岩 6.60m

3. 白色高岭土质砂岩 7.00m

2. 白色高岭土质砂砾岩、砾岩夹砂岩 14.76m

~~~~~~~~不整合~~~~~~~~

燕山期花岗岩（γ）

1. 花岗岩

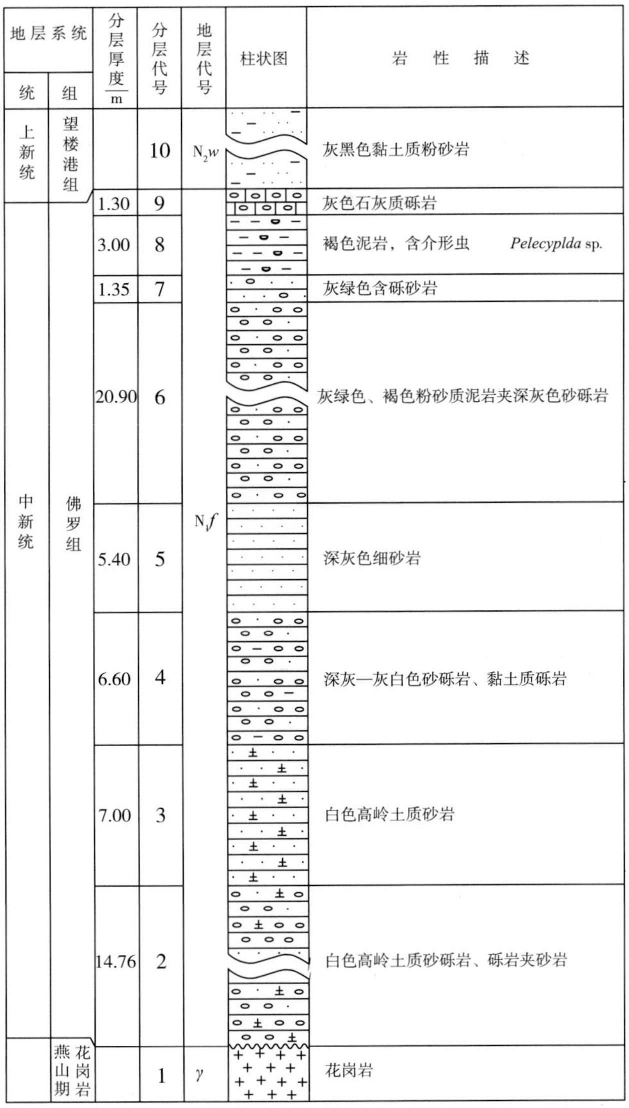

图 2-22　研究区 ZK5 佛罗组钻孔柱状剖面图

2. 望楼港组（N_2w）

ZK29 钻孔剖面

ZK29 位于乐东市尖峰镇红湖村，坐标：$X=19259528$、$Y=2069187$。钻孔控制望楼港组，厚度>68.03m（图 2-23）。底部未见底，顶部以蓝灰色黏土与上覆秀英组平行不整合接触。
~~~~~~~~

地层系统 统	地层系统 组	地层代号	分层代号	分层厚度/m	柱状图	岩性描述
下更新统	秀英组	Qp_1x	45	0.4		蓝灰色含砾含黏土质粗中砂，整体分选较差
上新统	望楼港组	N_2w	44	2.6		蓝灰色黏土
			43	1.5		浅蓝灰色黏土
			42	0.4		浅蓝灰色中细砂
			41	2.0		浅蓝灰色含粉砂质黏土
			40	2.1		蓝灰色含砂质黏土
			39	0.8		蓝灰色细砂质粉砂，总体分选较好
			38	0.3		蓝灰色含砾砂质黏土
			37	0.3		蓝灰色细砂质粉砂，磨圆较好，分选较好
			36	0.3		砾石层，呈次棱角—次圆状，整体分选差
			35	2.4		蓝灰色黏土
			34	0.5		蓝灰色粉砂
			33	2.1		蓝灰色黏土
			32	0.3		蓝灰色含黏土质粉砂，总体分选好
			31	1.5		灰绿色含砾黏土
			30	0.9		灰绿色粉砂
			29	0.9		蓝灰色黏土
			28	1.2		灰褐色黏土
			27	0.4		蓝灰色粉砂
			26	0.5		灰褐色黏土
			25	1.4		蓝灰色含砾砂质黏土
			24	4.3		灰绿色含砾黏土质中粗砂，磨圆一般，分选较差
			23	0.5		蓝灰色含砾中粗砂
			22	0.1		蓝灰色细砂质粉砂
			21	0.1		灰绿色砂质黏土
			20	0.3		砾石层，整体分选差
			19	6.7		浅蓝灰色含砾含砂质黏土
			18	0.2		砾石层，整体分选差

图 2-23　研究区 ZK29 望楼港组钻孔柱状剖面图

地层系统		地层代号	分层代号	分层厚度/m	柱状图	岩性描述
统	组					
上新统	望楼港组	N_2w	18	0.2		砾石层，整体分选差
			17	3.8		浅蓝灰色砾质含黏土质粗中砂，整体分选较差
			16	2.0		浅蓝灰色黏土
			15	0.4		黄褐色黏土
			14	3.7		浅蓝灰色砾质含黏土质粗中砂，整体分选较差
			13	1.8		浅蓝灰色砾质中粗砂，整体分选较差
			12	0.4		砾石层，磨圆差，分选差
			11	1.6		蓝灰色粉砂
			10	0.4		褐黄色黏土
			9	1.4		浅蓝灰色黏土
			8	5.0		浅灰黑色黏土
			7	5.5		蓝灰色含砂质黏土
			6	0.2		浅蓝灰色含砾含黏土质粗中砂，磨圆一般，分选较差
			5	1.3		浅蓝灰色细砂质黏土
			4	1.0		浅蓝灰色含砂质黏土
			3	4.5		浅蓝灰色含黏土质细砂质粉砂，整体分选较好
			2	0.3		砾石层，磨圆一般—差，整体分选差
			1	1.7		浅蓝灰色砾质黏土，砾石分布不均匀

图 2-23　研究区 ZK29 望楼港组钻孔柱状剖面图（续图）

秀英组（Qp_1x）	**厚度>0. 40m**
45. 蓝灰色含砾含黏土质粗中砂	0. 40m
----------------平行不整合----------------	
望楼港组（N_2w）	**厚度>68. 03m**
44. 蓝灰色黏土	2. 60m
43. 浅蓝灰色黏土	1. 50m
12. 浅蓝灰色中细砂	0. 40m
41. 浅蓝灰含粉砂质黏土	2. 00m
40. 蓝灰色含砂质黏土	2. 10m
39. 蓝灰色细砂质粉砂	0. 80m
38. 蓝灰色含砾砂质黏土	0. 30m
37. 蓝灰色细砂质粉砂	0. 30m
36. 灰色砾石层	0. 30m
35. 蓝灰色黏土	2. 40m
34. 蓝灰色粉砂	0. 50m
33. 蓝灰色黏土	2. 10m
32. 蓝灰色含黏土质粉砂	0. 30m
31. 绿色含砾黏土	1. 50m
30. 灰绿色粉砂	0. 90m
29. 蓝灰色黏土	0. 90m
28. 灰褐色黏土	1. 20m
27. 蓝灰色粉砂	0. 40m
26. 灰褐色黏土	0. 50m
25. 蓝灰色含砾砂质黏土	1. 40m
24. 灰绿色含砾黏土质中粗砂	4. 30m
23. 蓝灰色含砾中粗砂	0. 50m
22. 蓝灰色细砂质粉砂	0. 10m
21. 灰绿色砂质黏土	0. 10m
20. 灰色砾石层	0. 30m
19. 浅蓝灰色含砾含砂质黏土	6. 70m
18. 灰色砾石层	0. 20m
17. 浅蓝灰色砾质含黏土质粗中砂	3. 80m
16. 浅蓝灰色黏土	2. 00m
15. 黄褐色黏土	0. 40m
14. 浅蓝灰色砾质含黏土质粗中砂	3. 70m
13. 浅蓝灰色砾质中粗砂	1. 80m
12. 灰色砾石层	0. 40m
11. 蓝灰色粉砂	1. 60m
10. 褐黄色黏土	0. 40m
9. 浅蓝灰色黏土	1. 40m
8. 浅灰黑色黏土	5. 00m
7. 蓝灰色含砂质黏土	5. 50m
6. 浅蓝灰色含砾含黏土质粗中砂	0. 20m
5. 浅蓝灰色细砂质黏土	1. 30m
4. 浅蓝灰色含砂质黏土	1. 00m

3. 浅蓝灰色含黏土质细砂质粉砂　4.50m

2. 灰色砾石层　0.30m

1. 浅蓝灰色砾质黏土（未见底）　1.70m

二、岩石地层划分及岩性组合特征

1. 佛罗组（N_1f）

佛罗组系1960年由广东地质局765队以乐东县佛罗镇新安村第5孔174.52~242.55m井段命名，李云通等（1984）介绍。雷奕振（1992）曾将与佛罗组相当层位的黄流组（曾鼎乾等1981年在莺歌海盆地建立的第三纪地层系统）引入海南岛西南沿海地区。海南省地质矿产勘查开发局（1997）岩石地层清理划分时，采用佛罗组命名方案。该组下部岩性为淡黄绿色砂砾岩与乳白色、浅黄色细—粗粒砂岩不等厚互层，上部以蓝灰色砂砾岩与灰白色、浅黄绿色砂砾岩互层，间夹浅黄绿色中—粗粒砂岩为主。底部以砾岩与下伏燕山期花岗岩呈不整合接触，顶部以砾岩与上覆望楼港组整合接触。产介形类化石，厚度小于100m，在区域上较稳定。

区内佛罗组主要隐伏于佛罗镇一带，岩性主要为灰色、灰白色（高岭土质）砂岩、砂砾岩夹（粉砂质）泥岩，含有腕足类、双壳类化石和植物碎片，厚度约为60.31m。区域上该组底部与下伏花岗岩角度不整合接触，顶部与上覆望楼港组灰黑色黏土整合接触。

2. 望楼港组（N_2w）

该组由广东省地质局765队（1960）根据乐东县九所镇望楼港4号钻孔6.7~183.55m井段命名，李云通等（1984）介绍。雷奕振等（1992）更名为莺歌海组。陈哲培等（1997）在《海南省岩石地层》采用望楼港组命名方案。岩性为蓝灰色、黄色薄层细砂与蓝灰色粉砂质黏土、黏土不等厚互层，局部夹含砾砂岩、含砾泥质砂岩。区域上岩性较稳定。

望楼港组隐伏于研究区八所镇以南—莺歌海镇一带，根据前人和本次钻孔资料，该组沉积物主要为蓝灰色、灰色（砂质）黏土或黏土质粉砂夹中粗砂，含有钙质结核，黏土含有孔虫等化石，厚度大于67.6m。区域上该组底部与下伏佛罗组呈整合接触，顶部与上覆第四系秀英组含砾亚砂土、含砾杂色黏土质粗砂或砂砾层呈平行不整合接触。

三、时代归属

1. 佛罗组（N_1f）

前人仅发现有介形虫化石 *Pelecyplda* sp.，但区域上与之相当层位的莺歌海分区黄流组产有孔虫、介形类化石及孢粉组合。根据汪昌先等（1981）对有孔虫的研究认为，上述层位所产特征分子 *Globigerina nepenthes*，*Globorotalia acostaensis* 主要分布于中新世晚期的结论，其时代归属为中新世晚期。

2. 望楼港组（N_2w）

前人于望楼港组采有丰富的生物化石，介形类 *Cytheris* sp.，*Cyprideis* sp.，*Paijenborchella* sp.，*Eucythere*? sp.，*Cytherelloidea* sp.，刘宗云（1960）称之为 *Ostracoda* 组合，繁盛于古近纪—新近纪海相沉积层中，且与苏北滨海相上新世及上新世后的种属相似。腹足类 *Turritella* - *ex. gr. millepunctata* 则是台湾上新统苗粟组常见分子；双壳类 *Venus* sp.，*Mya* sp.。综合已有资料，依据介形类、腹足类组合时代，望楼港组时代归属为上新世。

本次于ZK29望楼港组采集的有孔虫化石全部为底栖钙质透明壳类型，有 *Asterorotalia pulchella*，*Asterorotalia pulchella*，*Asterorotalia venusta*，*Asterorotalia multispinosar*，*Elphidium* sp.，*Elphidium adve-*

num, *Elphidilella* sp., *Ammonia annectens*, *Poroeponides cribrorepandus*, *Pseudorotalia schroeteriana*, *Ammonia beccarii*, *Nonion scaphum*, *Quinqueloculina lamarckiana*, *Tiloculina rotunda* d'Orbigny, *Quinqueloculina sagamiensis*, *Quinqueloculina* sp., 主要繁盛于新近纪海相沉积层中。

根据本次采集的化石时代，结合前人化石资料，望楼港组时代为上新世。

四、区域对比

1. 佛罗组（N_1f）

研究区佛罗组隐伏分布于东方、乐东、三亚等沿海地带。研究区东南部乐东县九所镇望楼港新近系—第四系钻孔（ZK19）剖面（据海南省地勘院，1∶5 万九所、崖城、高峰幅区调报告，1994）佛罗组主要为蓝灰色砂砾与灰白、淡黄绿色砂砾和砂互层，厚度约为 84.6m。研究区和邻区乐东县九所镇佛罗组岩性组合相似，只是沉积厚度略薄，沉积环境较稳定，为扇三角洲相沉积。

2. 望楼港组（N_2w）

研究区望楼港组主要隐伏于八所镇以南—莺歌海镇一带，在黄流、九所望楼港、三亚等地沿海地带也有隐伏。研究区东南黄流一带望楼港组以深灰色黏土为主，含少量粉细砂，中部含少量贝壳。研究区东南部乐东县九所镇望楼港新近系—第四系钻孔（ZK19）剖面（据海南省地勘院，1∶5 万九所、崖城、高峰幅区调报告，1994）望楼港组下部为细砂，上部为粉砂质黏土或砂质黏土，含贝壳碎屑，不等厚互层，由下而上叠置呈韵律性沉积特征。至三亚下抱坡村一带，该组（砂质）黏土夹有 4 层含砾砂岩。从研究区到黄流一带，岩性变化不大，主要为一套（砂质）黏土夹少量粉细砂，偶夹数层砂砾。但从研究区至三亚有粒度变细趋势，显示水体逐渐略变深。

五、沉积相及沉积环境分析

1. 佛罗组（N_1f）

根据岩性组合特征等，研究区佛罗组为海陆过渡相，并可进一步划分扇三角洲相三角洲前缘亚相，岩性主要以灰色、灰白色（高岭土质）砂岩、砂砾岩夹（粉砂质）泥岩，分选差、磨圆差的砂砾岩。根据岩性特征三角洲前缘亚相又可分为水下分流河道微相和水下分流河道间微相。水下分流河道微相岩性主要为灰色、灰白色（高岭土质）砂岩、砂砾岩；水下分流河道间微相岩性主要为粉砂质泥岩和泥岩。

2. 望楼港组（N_2w）

研究区望楼港组有孔虫化石为浅海环境特有生物化石，根据望楼港组岩性组合特征可划为浅海陆棚亚相。

第六节　第　四　系

第四系分布面积较广，约 730.7km^2，占研究区陆地面积的 94.41%。包括下更新统秀英组（Qp_1x）、中—上更新统八所组（$Qp_{2-3}bs$）、全新统烟墩组（Qh_3y）和全新统洪冲积物（Qh）。第四系划分沿革见表 2-7。

表 2-7　第四系地层划分沿革表

<table>
<tr><th colspan="2">丁国钰等，1964</th><th colspan="2">海南地质大队，1979</th><th colspan="2">张仲英等，1987</th><th colspan="2">海南地矿局，宜昌地矿所，1989</th><th colspan="3">海南省地质调查院，2012</th><th colspan="3">本书</th></tr>
<tr><td rowspan="4"></td><td rowspan="2">新沙堤</td><td rowspan="4">Qh</td><td>海漫滩</td><td>Qh_3</td><td>乐东组</td><td>Qh_3</td><td>烟墩组</td><td>Qh_3</td><td>烟墩组</td><td>未分</td><td rowspan="4">Qh</td><td rowspan="4">烟墩组</td><td rowspan="4">全新统洪冲物</td></tr>
<tr><td rowspan="2">海成一级阶地</td><td>Qh_2</td><td>琼山组</td><td rowspan="2">Qh_2</td><td rowspan="2">琼山组</td><td rowspan="2">Qh_2</td><td rowspan="2" colspan="2">琼山组</td></tr>
<tr><td rowspan="2">老沙堤</td><td>Qh_1</td><td>三亚组</td></tr>
<tr><td>海成二级阶地</td><td></td><td>万宁组</td><td>Qh_1</td><td>万宁组</td><td></td><td colspan="2"></td></tr>
<tr><td rowspan="2">一级海成平台</td><td rowspan="2">棕红色砂</td><td rowspan="2">Qp_3</td><td rowspan="2">八所组</td><td rowspan="3">Qp_3</td><td>八所组</td><td rowspan="2">Qp_3</td><td rowspan="2">八所组</td><td rowspan="2">Qp_3</td><td rowspan="2" colspan="2">八所组</td><td rowspan="5">Qp_{2-3}</td><td rowspan="5" colspan="2">八所组</td></tr>
<tr><td>海口组</td></tr>
<tr><td rowspan="3">二级海成平台</td><td rowspan="2">红色砂、亚砂土层</td><td rowspan="3">Qp_2</td><td rowspan="3">北海组</td><td rowspan="3">北海组</td><td rowspan="3">Qp_2</td><td rowspan="3">北海组</td><td rowspan="3">Qp_2</td><td rowspan="3" colspan="2">北海组</td></tr>
<tr><td rowspan="2">Qp_2</td></tr>
<tr><td>红色砂、砾石层</td></tr>
<tr><td>Qp_3</td><td>湛江组</td><td>Qp_1</td><td>湛江组</td><td>Qp_1</td><td>湛江组</td><td>Qp_1</td><td>湛江组</td><td>Qp_1</td><td colspan="2">秀英组</td><td>Qp_1</td><td colspan="2">秀英组</td></tr>
</table>

一、剖面描述

1. ZK37 钻孔剖面

ZK37 位于东方市八所镇新北村西，坐标：$X=19254358$、$Y=2119573$。钻孔控制厚度 11m，见烟墩组、八所组和秀英组（图 2-24）。

烟墩组（Qh_3y）　　**厚度>0. 8m**

1. 灰黄色含砾细中砂，主要由砾石、中砂和细砂组成。砾石，形态呈次棱角状，粒径 2～4mm，含量约 10%；中砂，含少量长石，形态呈次棱角—次圆状，粒径 0. 3～0. 5mm，含量约 70%；细砂，含少量长石，形态呈次圆状，粒径 0. 1～0. 2mm，含量约 20%　　0. 8m

----------------平行不整合----------------

八所组（$Qp_{2-3}bs$）　　**厚度约 2. 2m**

2. 棕灰色含砾黏土质中粗砂，主要由砾石、粗砂、中砂和黏土组成。砾石，成分为石英，形态呈次棱角状，粒径 2～6mm，含量约 5%；粗砂，成分为石英，形态呈次棱角状，粒径 0. 5～2mm，含量约 50%；中砂，成分为石英，形态呈次圆—次棱角状，粒径 0. 3～0. 5mm，含量约 10%；其余为黏土，含量约 35%。堆积物整体分选性较差　　0. 8m
3. 深黄色含砾含黏土质中粗砂，主要由砾石、粗砂、中砂和黏土组成。砾石，成分为石英，形态呈次棱角状，磨圆差，粒径 2～3mm，含量约 6%；粗砂，成分为石英，形态呈次棱角状，粒径 0. 5～2mm，含量约 60%；中砂，成分为石英，形态呈次圆—次棱角状，粒径 0. 3～0. 4mm，含量约 20%；其余为黏土，含量约 14%　　0. 8m
4. 灰白色含粗砂质细砾，呈弱松散状，主要由砾石和粗砂组成。砾石，成分为石英，形态呈次棱角状，磨圆差，粒径 2～5mm，个别达 10mm，含量约 80%；粗砂，成分为石英，形态呈次棱角状，磨圆差，粒径 1～2mm，含量约 20%。堆积物整体分选性差　　0. 6m

----------------平行不整合----------------

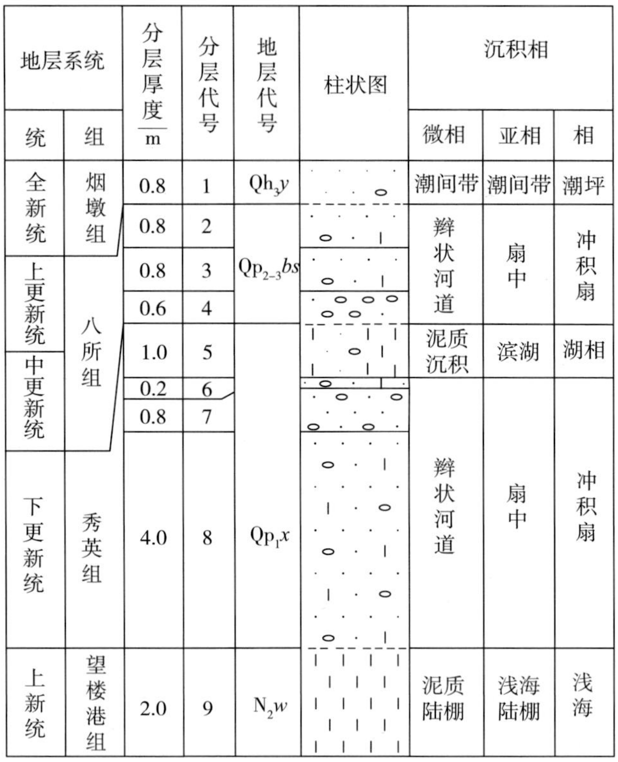

图 2-24 研究区 ZK37 钻孔柱状剖面图

秀英组（Qp_1x） **厚度约 6.0m**

5. 灰黄—浅灰色含砾细砂质黏土，呈弱半固结状，主要由砾石、细砂和黏土组成。砾石，成分为石英，形态呈次棱角状，磨圆一般，粒径 2~5mm，含量约 5%；细砂，成分为石英，形态呈次圆状，磨圆较好，粒径 0.1~0.2mm，含量约 40%；其余为黏土，含量约 55%。堆积物整体分选一般 1.0m
6. 深黄色含砾含黏土质粗中砂，呈松散状，主要由砾石、粗砂、中砂和黏土组成。砾石，成分为石英，形态呈次棱角状，磨圆差，粒径 3~6mm 含量约 6%；粗砂，成分为石英，形态呈次棱角状，磨圆较差，粒径 0.5~2mm，含量约 24%；中砂，成分为石英，形态呈次棱角状，磨圆差，粒径 0.3~0.4mm，含量约 60%；其余为黏土，含量约 10%。堆积物整体分选性较差 0.2m
7. 灰白色含砾质粗砂，呈弱松散状，主要由砾石和粗砂组成。砾石，成分为石英，形态呈次棱角状，磨圆差，粒径 2~3mm，含量约 10%；粗砂，成分为石英，形态呈次棱角状，磨圆差，粒径 1~2mm，含量约 90%。堆积物整体分选性一般 0.8m
8. 深黄色含砾含黏土质粗中砂，呈松散状，主要由砾石、粗砂、中砂和黏土组成。砾石，成分为石英，形态呈次棱角状，磨圆差，粒径 2~8mm，含量约 5%；粗砂，成分为石英，形态呈次棱角状，磨圆较差，粒径 1~2mm，含量约 25%；中砂，成分为石英，形态呈次棱角状，磨圆差，粒径 0.3~0.5mm，含量约 60%；其余为黏土，含量约 10%。堆积物整体分选性较差 4.0m

---------------平行不整合---------------

望楼港组（N_2w） **厚度>2.0m**

9. 灰黄—浅灰色黏土，呈半固结状，主要成分为黏土，可塑性强，手搓成条状。另外还见呈斑点状分布少量炭化木，已风化成黏土，污手，呈黑色 2.0m

2. ZK38 钻孔剖面

ZK38 位于东方市八所镇剪半圆村西南 500m 处，坐标：$X=19255309$、$Y=2118788$。钻孔控制

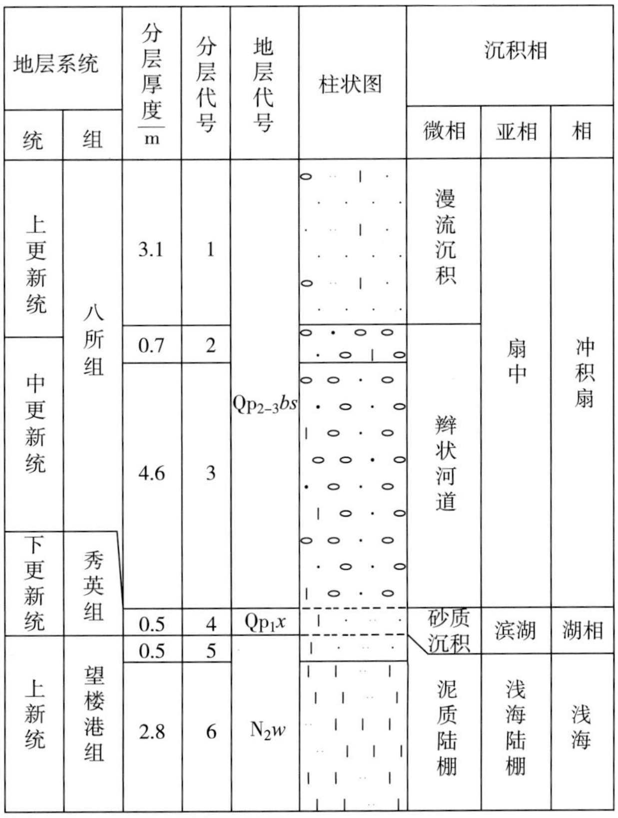

图 2-25　研究区 ZK38 钻孔柱状剖面图

厚度 12.20m，控制八所组和秀英组（图 2-25）。

八所组（$Qp_{2-3}bs$）　　**厚度约 8.4m**

1. 黄褐色含砾质含黏土质粉砂质细砂，黄褐色，松散状，主要由砾石、粉砂、细砂和黏土组成，少量中砂和粗砂。砾石，成分为石英，形态呈次棱角状，磨圆差，粒径 2~7mm，含量约 18%；粉砂，成分为石英，形态呈次圆—次棱角状，磨圆中等，粒径小于 0.06mm，含量约 25%；细砂，成分为石英，形态呈次圆—次棱角状，磨圆中等，粒径 0.06~0.25mm，含量约 30%；粗砂，成分为石英，形态呈次圆—次棱角状，磨圆中等，粒径 0.5~2mm，含量约 8%；中砂，成分为石英，形态呈次圆—次棱角状，磨圆中等，粒径 0.25~0.5mm，含量约 7%；黏土，含量 12%。整体分选中等　3.1m
2. 灰黄色含黏土质含粗中砂质砾石，灰黄色，松散状，主要由砾石、粗砂、中砂和黏土组成。砾石，成分为石英，形态呈次棱角状，磨圆差，粒径 2~12mm，含量约 60%；粗砂，成分主要为石英，形态呈次圆—次棱角状，磨圆中等，粒径 0.5~2mm，含量约 20%；中砂，成分主要为石英，形态呈次圆—次棱角状，磨圆中等，粒径 0.25~0.5mm，含量约 15%；黏土，含量 5%。整体分选差　0.7m
3. 灰白色含黏土质含粗中砂质砾石，灰白色，松散状，主要由砾石、粗砂、中砂和黏土组成。砾石，成分为石英，形态呈次棱角状，磨圆差，粒径 2~12mm，含量约 63%；粗砂，成分主要为石英，形态呈次圆—次棱角状，磨圆中等，粒径 0.5~2mm，含量约 18%；中砂，成分主要为石英，形态呈次圆—次棱角状，磨圆中等，粒径 0.25~0.5mm，含量约 15%；黏土，含量 4%。整体分选差　4.6m

---------------平行不整合---------------

秀英组（Qp_1x） **厚度约 0.5m**

4. 红褐色含黏土质粉砂质细砂，红褐色，半松散状，主要由细砂、粉砂和黏土组成。细砂，成分主要为石英，形态呈次圆—次棱角状，磨圆中等，粒径 0.06～0.25mm，含量约 40%；粉砂，成分主要为石英，形态呈次圆—次棱角状，磨圆中等，粒径小于 0.06mm，含量约 35%；黏土，含量 25%。整体分选好 0.5m

---------------平行不整合---------------

望楼港组（N_2w） **厚度>3.3m**

5. 灰黑色含粉砂质黏土质细砂，灰黑色，半松散状，主要由细砂、粉砂和黏土组成。细砂，成分主要为石英，形态呈次圆—次棱角状，磨圆中等，粒径 0.06～0.25mm，含量约 45%；粉砂，成分主要为石英，形态呈次圆—次棱角状，磨圆中等，粒径小于 0.06mm，含量约 17%；黏土，含量 38%。整体分选好 0.5m
6. 灰黑色含粉砂质黏土，灰黑色，半固结状，主要由粉砂和黏土组成。粉砂，成分主要为石英，形态呈次圆状，磨圆好，粒径小于 0.06mm，含量约 17%；黏土，含量 83%。整体分选好 2.8m

3. ZK39 钻孔剖面

ZK39 位于东方市八所镇东方糖厂西南 800m 处（图 2-26），坐标：X=19256651、Y=2117278。钻孔控制厚度 19.10m，控制八所组和秀英组。

八所组（$Qp_{2-3}bs$） **厚度约 3.5m**

1. 灰黄色含砾中细砂，主要由砾石、中砂和细砂组成。砾石，主要由细砾，粒径 2～4mm，含量约 5%；中砂，成分为石英，少量长石，粒径 0.3～0.4mm，含量约 35%；细砂，成分为石英，少量长石，粒径 0.1～0.2mm，含量约 60% 2.3m
2. 灰黄色黏土质细砾，主要由砾石和黏土组成。砾石，成分为石英，粒径 2～5mm，个别达 3cm，含量约 70%；黏土，含量约 30% 1.2m

---------------平行不整合---------------

秀英组（Qp_1x） **厚度约 14.0m**

3. 灰黄色、浅灰色黏土，呈半固结状，主要成分为黏土，可塑性强，手搓成条状 1.2m
4. 灰黄色、浅灰色含细砂质黏土，主要由细砂和黏土组成。细砂，成分为石英，粒径 0.1mm 左右，含量约 20%；黏土，含量约 80% 0.7m
5. 灰黄色、浅灰色含黏土质中粗砂，主要由粗砂、中砂和黏土组成。粗砂，成分为石英，粒径 1～2mm，含量约 60%；中砂，成分为石英，形态呈次棱角状，磨圆差，粒径 0.3～0.4mm，含量约 20%；黏土，含量约 20% 1.4m
6. 浅灰色含黏土质粗中砂，主要由粗砂、中砂和黏土组成。粗砂，粒径 1～2mm，含量约 20%；中砂，成分为石英，粒径 0.3～0.4mm，含量约 65%；黏土，含量约 15% 1.8m
7. 浅灰色、灰黄色含黏土质粗中砂，主要由粗砂、中砂和黏土组成。粗砂，成分为石英，粒径 1～2mm，含量约 20%；中砂，成分为石英，粒径 0.3～0.4mm，含量约 65%；黏土，含量约 15% 1.2m
8. 浅灰色、灰黄色含黏土质中细砂，主要由中砂、细砂和黏土组成。中砂，成分为石英，粒径 0.3～0.4mm，含量约 10%；细砂，成分为石英，粒径 0.1mm 左右，含量约 70%；黏土，含量约 20% 2.3m
9. 浅灰色、灰黄色含黏土质粗中砂，主要由粗砂、中砂和黏土组成。粗砂，粒径 1～2mm，含量约 20%；中砂，成分为石英，粒径 0.3～0.4mm，含量约 65%；黏土，含量约 15% 0.7m
10. 浅灰色、灰黄色中砂质黏土，主要由中砂和黏土组成。中砂，成分为石英，粒径 0.3～0.4mm，含量约 30%；黏土，含量约 70% 0.7m
11. 棕黄色、浅灰色含砾粗砂质黏土，主要由砾石、粗砂和黏土组成。砾石，成分为石英，

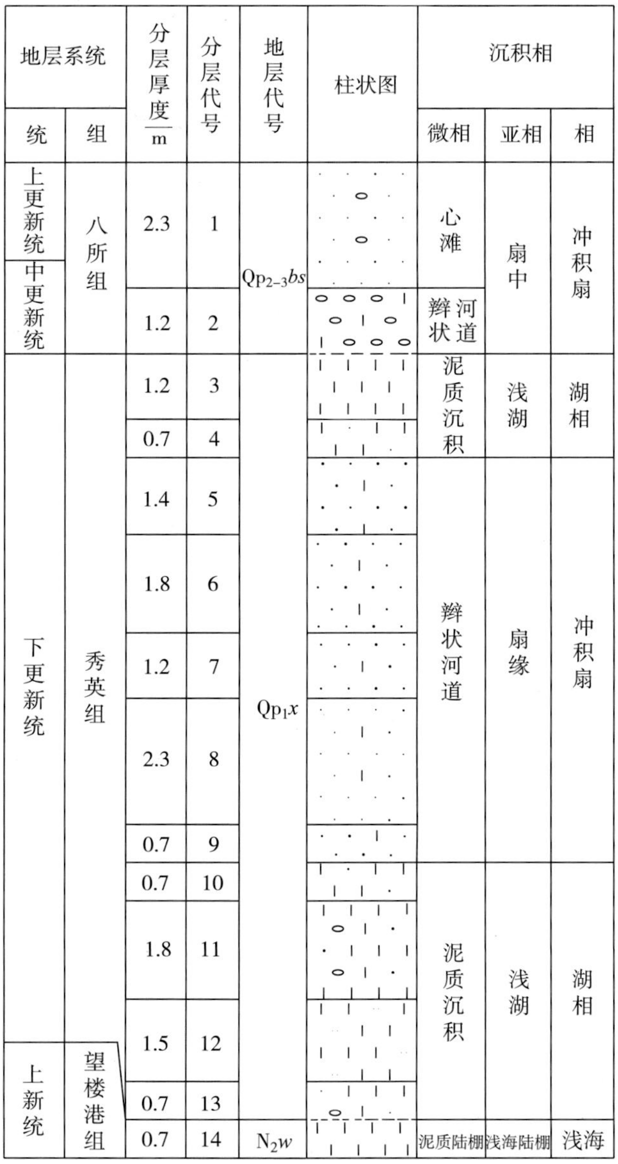

图 2-26 研究区 ZK39 钻孔柱状剖面图

粒径 2~5mm，含量约 15%；粗砂，成分为石英，粒径 1~2mm，含量约 30%；黏土，含量约 55% 1. 8m

12. 棕黄色、浅灰色含粉砂质黏土，主要由粉砂和黏土组成。粉砂，成分为石英，粒径小于 0. 06mm，手搓有砂感，含量约 20%；黏土，含量约 80% 1. 5m

13. 浅紫色含砾细砂质黏土，主要由砾石、细砂和黏土组成。砾石，成分为石英，粒径 2~8mm，含量约 10%；细砂，成分为石英，粒径 0. 1mm 左右，含量约 30%；黏土，含量约 60% 0. 7m

--------------- 平行不整合 ---------------

望楼港组（N_2w） **厚度>1. 5m**

14. 浅紫色含砾细砂质黏土，呈半固结状，主要成分为黏土，可塑性强，手搓成条状 1. 5m

4. ZK40 钻孔剖面

ZK40 位于东方市八所镇皇宁村东 1km 处，坐标：$X=19257857$、$Y=2115692$。钻孔控制厚度 18. 50m。控制八所组和秀英组（图 2-27）。

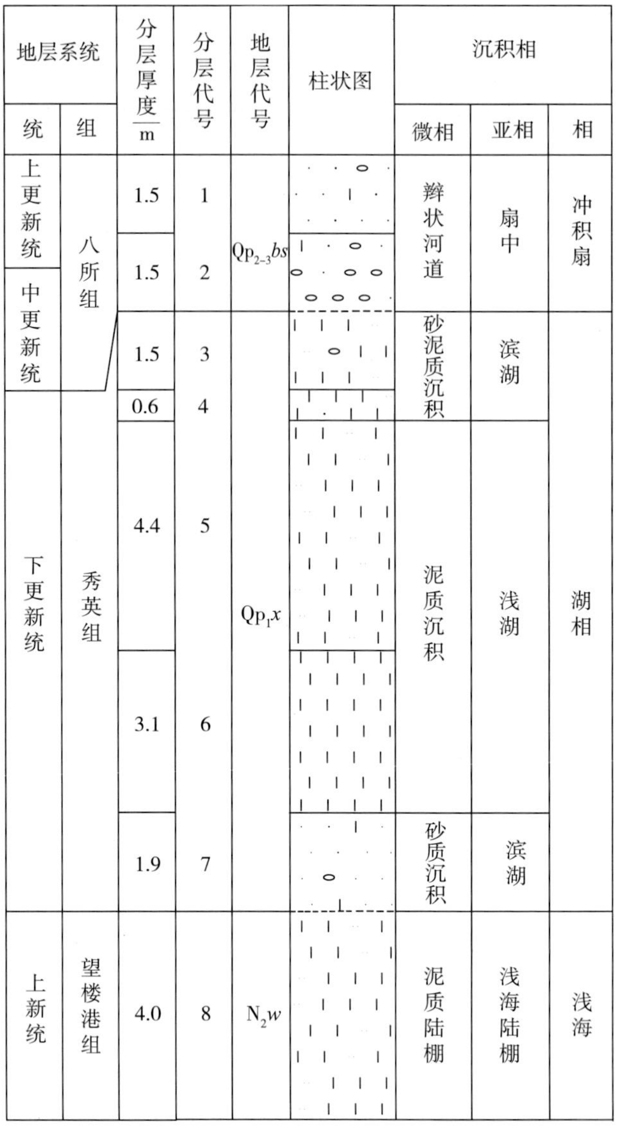

图 2-27　研究区 ZK40 钻孔柱状剖面图

八所组（$Qp_{2-3}bs$） **厚度约 3.0m**

1. 灰白色含黏土质含砾质粗中砂，灰白色，松散状，主要由砾石、粗砂、中砂和黏土组成。砾石，成分为石英，形态呈次棱角状，磨圆差，粒径 2~4mm，含量约 20%；粗砂，成分为石英，形态呈次棱角状，磨圆差，粒径 0.5~2mm，含量约 25%；中砂，成分为石英，形态呈次棱角状，磨圆差，粒径 0.25~0.5mm，含量约 50%；黏土，含量 5%。整体分选差 1.5m
2. 灰色含黏土质含粗中砂质砾石，灰色，局部红色或黄色，松散状，主要由砾石、粗砂、中砂和黏土组成。砾石，成分为石英，形态呈次棱角状，磨圆差，粒径 2~8mm，个别达到 12mm，含量约 55%；粗砂，成分主要为石英，形态呈次棱角状，磨圆差，粒径 0.5~2mm，含量约 20%；中砂，成分主要为石英，形态呈次棱角状，磨圆差，粒径 0.25~0.5mm，含量约 10%；黏土，含量 15%。整体分选差 1.5m

----------------平行不整合----------------

秀英组（Qp_1x） **厚度约 12.5m**

3. 杂色含砾质含粉砂质黏土：杂色（主要为蓝灰色，土黄色、黄色次之），松散状，主要由砾石、粉砂和黏土组成。砾石，成分为石英，形态呈次圆状，磨圆中等，粒径 2~5mm，含量约 5%；粉砂，成分主要为石英，形态呈次圆状，磨圆中等，粒径小于 0.06mm，含

量约 10%；黏土，含量 85%。整体分选好 1.5m

4. 灰绿色含粗砂质含粉砂质黏土，蓝灰色，半固结状，主要由粗砂、粉砂和黏土组成。粗砂，成分主要为石英，形态呈次圆状，磨圆中等，粒径 0.5~2mm，含量约 8%；粉砂，成分主要为石英，形态呈次圆状，磨圆中等，粒径小于 0.06mm，含量约 10%；黏土，含量 82%。整体分选好 0.6m
5. 杂色含粉砂质黏土，杂色（主要为蓝灰色，土黄色、褐色次之），半固结状，主要由粉砂和黏土组成。粉砂，成分主要为石英，形态呈次圆状，磨圆中等，粒径小于 0.06mm，含量约 8%；黏土，含量 92%。整体分选好 4.4m
6. 杂色黏土，杂色，主要为蓝灰色，灰色和褐色次之，半固结状，全为黏土，塑性好 3.1m
7. 灰色含砾质含黏土质中细砂，灰色，局部黄色，半松散状，主要由砾石、细砂、中砂和黏土组成。砾石，成分为石英，形态呈次棱角—次圆状，磨圆中等，粒径 2~4mm，含量约 15%；细砂，成分主要为石英，形态呈次圆—次棱角状，磨圆中等，粒径 0.06~0.25mm，含量约 40%；中砂，成分主要为石英，形态呈次圆—次棱角状，磨圆中等，粒径 0.25~0.5mm，含量约 25%；黏土，含量 20%。整体分选差 1.9m

---------------平行不整合---------------

望楼港组（N_2w） **厚度>4.0m**

8. 青灰色含粉砂质黏土，以青灰色为主，局部灰色和黄色，半固结状，主要由粉砂和黏土组成。粉砂，成分主要为石英，形态呈次圆—次棱角状，磨圆中等，粒径小于 0.06mm，含量约 6%；黏土，含量 94%。整体分选好 4.0m

5. ZK41 钻孔剖面

ZK41 位于东方市八所镇东方市砖瓦厂东南 600m 处，坐标：$X=19259653$、$Y=2113983$。钻孔控制厚度 25.10m，控制八所组和秀英组（图 2-28）。

八所组（$Qp_{2-3}bs$） **厚度约 3.6m**

1. 黄褐色含黏土质中细砂，黄褐色，松散状，主要由细砂、中砂和黏土组成。细砂，成分主要为石英，形态呈次棱角状，磨圆差，粒径 0.06~0.25mm，含量约 55%；中砂，成分主要为石英，形态呈次棱角状，磨圆差，粒径 0.25~0.5mm，含量约 30%；黏土，含量 15%。整体分选好 1.0m
2. 黄褐色含黏土质砾质中细砂，黄褐色，松散状，主要由砾石、细砂、中砂和黏土组成。砾石，成分为石英、铁质结核，形态呈次棱角状，磨圆差，粒径 2~8mm，含量约 27%；细砂，成分主要为石英，形态呈次圆—次棱角状，磨圆中等，粒径 0.06~0.25mm，含量约 32%；中砂，成分主要为石英，形态呈次圆—次棱角状，磨圆中等，粒径 0.25~0.5mm，含量约 25%；黏土，含量 17%。整体分选差 1.2m
3. 灰黄色含黏土质含粗砂质砾石，灰黄色，松散状，主要由砾石、粗砂和黏土组成。砾石，成分为石英，形态呈次棱角状，磨圆差，粒径 2~8mm，含量约 60%；粗砂，成分主要为石英，形态呈次圆—次棱角状，磨圆中等，粒径 0.5~2mm，含量约 25%；黏土，含量 15%。整体分选差 0.4m

---------------平行不整合---------------

秀英组（Qp_1x） **厚度约 19.5m**

4. 杂色含粉砂质黏土，杂色（主要为黄色、红色、浅灰色，呈团状），半固结状，主要由粉砂和黏土组成。粉砂，成分主要为石英，形态呈次圆—次棱角状，磨圆中等，粒径小于 0.06mm，含量约 12%；黏土，含量 88%。整体分选好 0.6m
5. 杂色含黏土质含砾质中细砂，杂色（主要为黄色、红色、浅灰色，呈团状），松散状，主要由砾石、细砂、中砂和黏土组成。砾石，成分为石英、形态呈次棱角状，磨圆差，粒径 2~4mm，含量约 10%；细砂，成分主要为石英，形态呈次圆—次棱角状，磨圆中等，

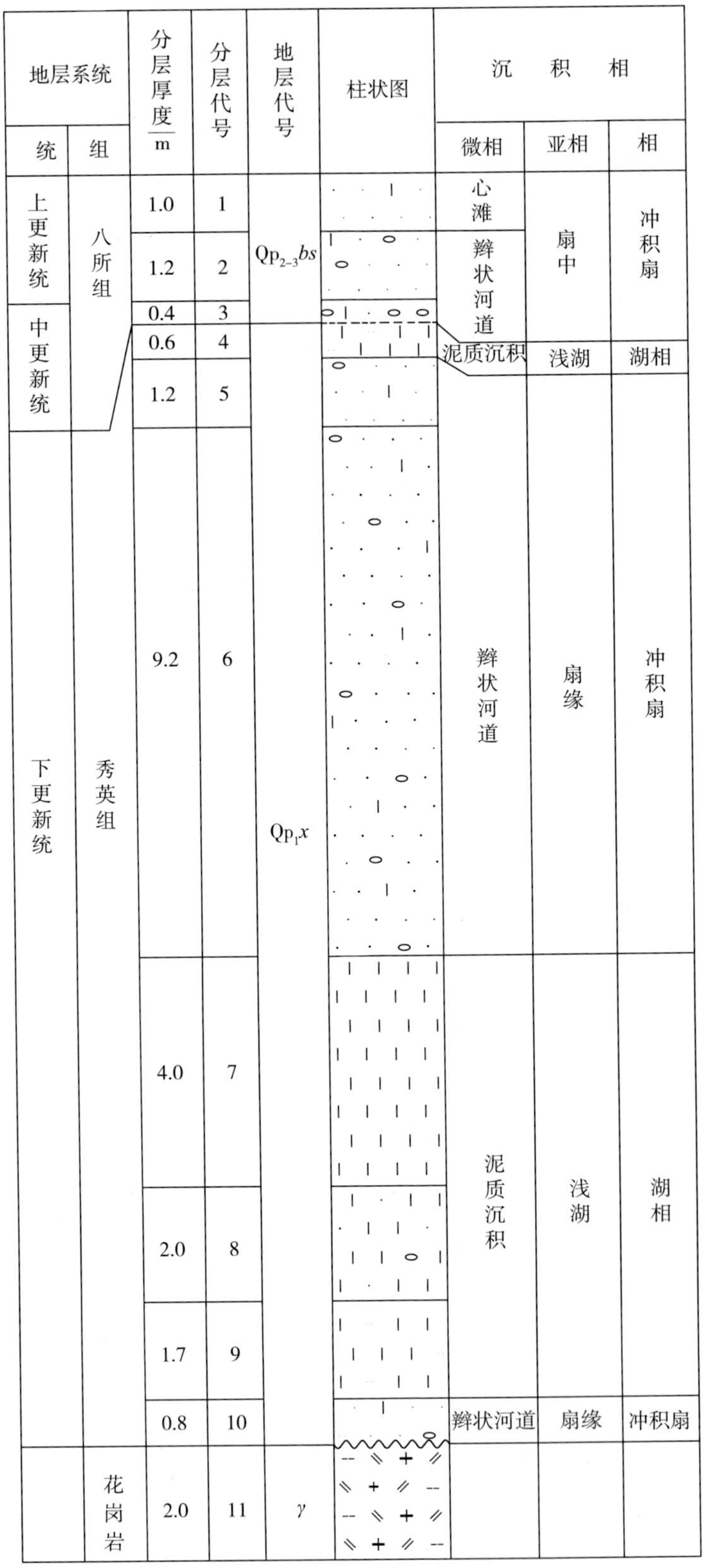

图2-28　研究区ZK41钻孔柱状剖面图

粒径0.06~0.25mm，含量约45%；中砂，成分主要为石英，形态呈次圆—次棱角状，磨圆中等，粒径0.25~0.5mm，含量约35%；黏土，含量10%。整体分选差　1.2m

6. 杂色含黏土质含砾质中粗砂，杂色（主要为灰色、黄色、红褐色，呈团状），松散状，主要由砾石、粗砂、中砂和黏土组成。砾石，成分为石英、形态呈次棱角状，磨圆差，粒径2~5mm，个别达到7mm，含量约8%；粗砂，成分主要为石英，形态呈次圆—次棱角状，磨圆中等，粒径0.5~2mm，含量约47%；中砂，成分主要为石英，形态呈次圆—次棱角状，磨圆中等，粒径0.25~0.5mm，含量约35%；黏土，含量10%。整体分选差 9.2m

7. 杂色黏土，杂色（以灰色为主，土黄色、褐色次之，呈团状），半固结状，全为黏土 4.0m

8. 杂色含砾质含粗中砂质黏土，杂色（主要为灰色、土黄色、褐色，呈团状），半固结状，主要由砾石、粗砂、中砂和黏土组成。砾石，成分为石英、形态呈次棱角状，磨圆差，粒径2~5mm，含量约15%；粗砂，成分主要为石英，形态呈次棱角状，磨圆差，粒径0.5~2mm，含量约15%；中砂，成分主要为石英，形态呈次棱角状，磨圆差，粒径0.25~0.5mm，含量约10%；黏土，含量60%。整体分选差 2.0m

9. 杂色含粉砂质黏土，杂色，（以青灰色为主，土黄色、褐色次之，呈团状），半固结状，主要由粉砂和黏土组成。粉砂，成分主要为石英，形态呈次棱角状，磨圆差，粒径小于0.06mm，含量约10%；黏土，含量90%。整体分选好 1.7m

10. 灰黄色含黏土质含砾质粉砂质细砂，灰黄色，半固结状，主要由砾石、粉砂、细砂和黏土组成。砾石，成分为石英，形态呈次棱角状，磨圆差，粒径2~4mm，含量约12%；粉砂，成分主要为石英，形态呈次棱角状，磨圆差，粒径小于0.06mm，含量约35%；细砂，成分主要为石英，形态呈次棱角状，磨圆差，粒径0.06~0.25mm，含量约50%；黏土，含量3%。整体分选差 0.8m

~~~~~~角度不整合~~~~~~

花岗岩（γ） **厚度>2.0m**

11. 灰白色细中粒含斑黑云母二长花岗岩 2.0m

6. ZK55钻孔剖面

ZK55位于东方市八所镇东方市党校西南600m处，坐标：$X=19255984$、$Y=2118151$。钻孔控制厚度19.00m，控制八所组和秀英组（图2-29）。

八所组（$Qp_{2-3}bs$） **厚度约7.2m**

1. 灰黄色含砾细砂质粉砂，灰黄色，松散状，由砾石、细砂和粉砂组成。砾石，成分为石英，呈次棱角—次圆状，砾径2~3mm，含量约6%；细砂，成分为石英，呈次圆状，磨圆较好，粒径0.06~0.25mm，含量约34%；粉砂，成分为石英，呈次圆状，磨圆较好，粒径<0.06mm，含量约60%。整体分选好 1.5m

2. 褐黄色含黏土质含粉砂质细砂，褐黄色，弱固结状，由少量中砂、细砂、粉砂和黏土组成。中砂，成分为石英，呈次棱角—次圆状，磨圆一般，粒径0.25~0.5mm，含量约5%；细砂，成分为石英，呈次圆状，磨圆较好，粒径0.06~0.25mm，含量约60%；粉砂，成分为石英，呈次圆状，磨圆较好，粒径<0.06mm，含量约20%；黏土，含量约15%。整体分选好 0.7m

3. 褐黄色含砾砂质黏土，褐黄色，弱固结状，由砾石、中砂、细砂和黏土组成。砾石，成分为石英、铁质结核，呈次棱角—次圆状，磨圆一般，砾径2~7mm，含量约10%；中砂，成分为石英，呈次棱角—次圆状，磨圆一般，粒径0.25~0.5mm，含量约10%；细砂，成分为石英，呈次棱角—次圆状，磨圆一般，粒径0.06~0.25mm，含量约25%；黏土，含量约55%。夹有褐红色，推测为铁质结核风化所致 1.2m

4. 灰白色含砾含黏土质中细砂，灰白色，弱固结状，由砾石、中砂、细砂和黏土组成。砾石，成分为石英、铁质结核，呈次棱角-次圆状，磨圆一般，砾径2~5mm，含量约20%；中砂，成分为石英，呈次棱角—次圆状，磨圆一般，粒径0.25~0.5mm，含量约20%；细砂，成分为石英，呈次棱角—次圆状，磨圆一般，粒径0.06~0.25mm，含量约45%；
~~~~~~

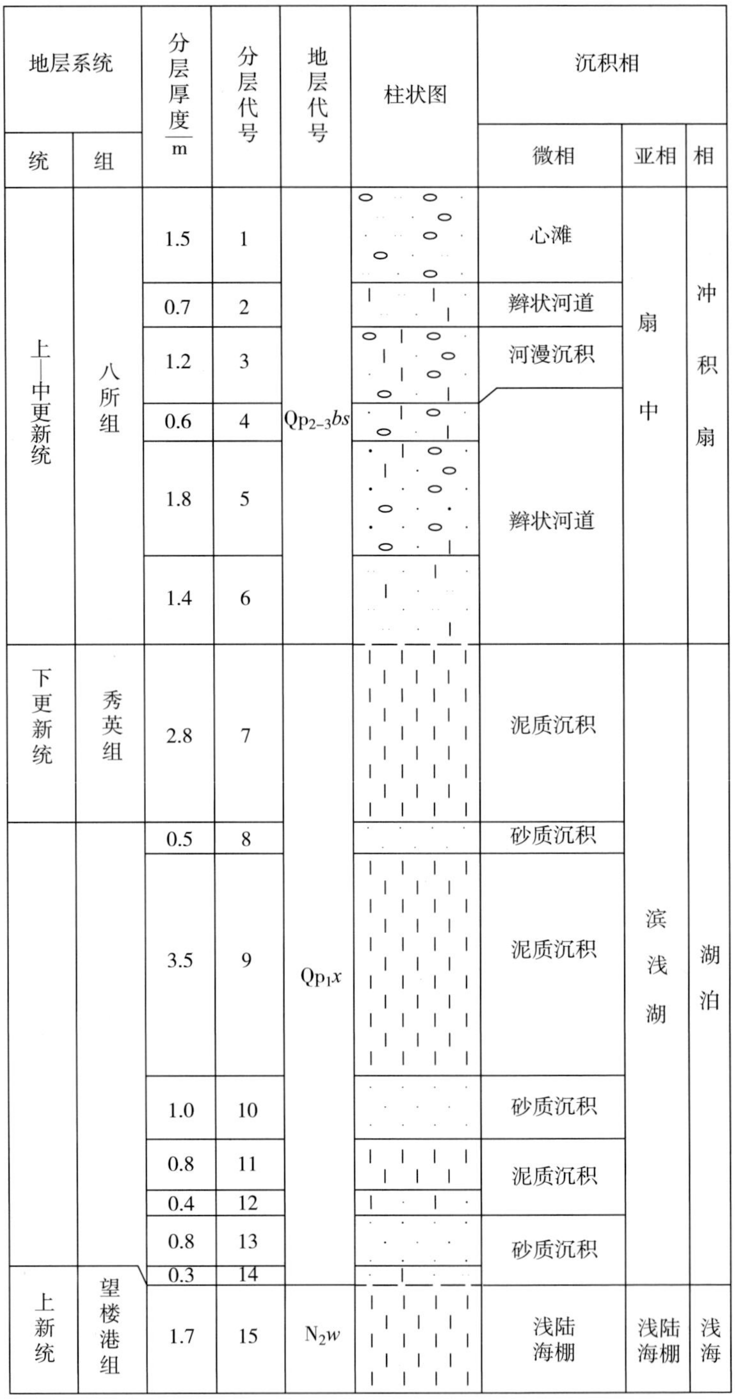

图 2-29　研究区 ZK55 钻孔柱状剖面图

黏土，含量约 15%。整体分选一般　0. 6m

5. 褐红色砾质含黏土质中粗砂，褐红色，弱固结状，由砾石、粗砂、中砂和黏土组成。砾石，成分为石英，呈次圆状，磨圆较好，砾径一般 2~6mm，大者可达 3cm，含量约 30%；粗砂，成分为石英，呈次棱角—次圆状，磨圆一般，粒径 0. 5~2mm，含量约 40%；中砂，成分为石英，呈次棱角—次圆状，磨圆一般，粒径 0. 25~0. 5mm，含量约 20%；黏土，含量约 10%。整体分选较差　1. 8m

6. 灰白色含黏土质含粉砂质细砂，灰白色，弱固结状，由细砂、粉砂和黏土组成。细砂，成分为石英，呈次圆状，磨圆较好，粒径 0.06~0.25mm，含量约 70%；粉砂，成分为石英，呈次圆状，磨圆较好，粒径<0.06mm，含量约 20%；黏土，含量约 10%。整体分选好　1.4m

----------------平行不整合----------------

秀英组（Qp_1x）　**厚度约 10.1m**

7. 杂色黏土，弱固结状，颜色有灰色、褐黄色、橘色，几种颜色混杂在一起，成分主要为黏土，可塑性较强。局部含有砾石，成分为石英，呈次圆状，磨圆较好，砾径约 2.5cm　2.8m
8. 灰白色细砂，灰白色，松散状，由细砂组成。细砂，成分为石英，呈次圆状，磨圆较好，粒径 0.06~0.25mm。整体分选好　0.5m
9. 灰色黏土，弱固结状，以灰色为主，夹有团块状褐红色、褐黄色、橘色，成分主要为黏土，可塑性较强　3.5m
10. 灰色细砂，灰色，松散状，由细砂组成。细砂，成分为石英，呈次圆状，磨圆较好，粒径 0.06~0.25mm。整体分选好　1.0m
11. 灰褐色黏土，灰褐色，弱固结状，成分主要为黏土，可塑性较强　0.8m
12. 灰褐色砂质黏土，灰褐色，弱固结状，由中砂、细砂和黏土组成。中砂，成分为石英，呈次棱角—次圆状，磨圆一般，粒径 0.25~0.5mm，含量约 15%；细砂，成分为石英，呈次圆状，磨圆较好，粒径 0.06~0.25mm，含量约 25%；黏土，含量约 60%　0.4m
13. 浅粉红色中细砂，浅粉红色，松散状，由中砂和细砂组成。中砂，成分为石英，呈次棱角—次圆状，磨圆一般，粒径 0.25~0.5mm，含量约 35%；细砂，成分为石英，呈次圆状，磨圆较好，粒径 0.06~0.25mm，含量约 65%。整体分选较好　0.8m
14. 浅褐黄色含黏土质含细砂质粉砂，浅褐黄色，弱固结状，由细砂、粉砂和黏土组成。细砂，成分为石英，呈次圆状，磨圆较好，粒径 0.06~0.25mm，含量约 20%；粉砂，成分为石英，呈次圆状，磨圆较好，粒径<0.06mm，含量约 70%；黏土，含量约 10%。整体分选好　0.3m

----------------平行不整合----------------

望楼港组（N_2w）　**厚度>1.7m**

15. 浅灰黑色黏土，以浅灰黑色为主，夹团块状褐红色，弱固结状，成分主要为黏土，可塑性较强　1.7m

二、岩石地层划分及岩性组合特征

1. 下更新统秀英组（Qp_1x）

由杨基广等（1977）于海口市秀英一带创建。正层型剖面位于秀英医院 NW29° 900m 处冲沟处，岩性以灰色黏土或亚黏土为主，次为浅灰白色砂层、砂砾层、砾石层，局部夹一层基性火山岩，平行不整合于海口组之上，被北海组平行不整合覆盖。

研究区秀英组主要隐伏于区内，地表零星出露，位于东方市砖瓦厂和感城镇北沟农场北 1km 处，出露面积约 1.85km^2。在东方市砖瓦厂一带，秀英组地表沉积物为杂色黏土。据本次钻孔资料和路线填图，秀英组下部为灰褐—黄褐色含砾含砂质黏土、灰黄—灰白色砂砾层；上部为杂色砂质黏土、杂色黏土、浅黄色含黏土质细中砂（图 2-30）。与下伏地层新近系望楼港组平行不整合接触。秀英组地表沉积物粒度较细，普遍为（砂质）黏土。

2. 中—上更新统八所组（$Qp_{2-3}bs$）

20 世纪 60 年代，八所组被称为老红砂，南海地质调查研究大队（1981）在东方市八所镇北黎村建立八所组层型剖面，八所组剖面自下而上划分为 4 层（图 2-31）：1 层：灰白色和黄色含砾中粗砂，磨圆中等，砾石成分有花岗岩、脉石英、伟晶岩、砂岩和矽卡岩化灰岩；2 层：黄色含砾中粗砂；3 层：棕黄色、棕红色含粉砂质砂，含少量砾石，砾石成分有花岗岩、脉石英、伟晶岩、花岗斑岩；4 层：灰白色含黏土质粉砂质砂，有较多铁质结核。其中 3 层和 4 层为横向并列层位，时

图 2-30 研究区秀英组灰色夹褐黄色黏土（D0825）

代为晚更新世，但并未在该剖面上采集测年样品，认为八所组为滨海相沉积。宜昌地质研究所和海南省地质矿产局（1992）在介绍八所组时，自下而上划分为 3 层：1 层：灰白色和黄色含砾中粗砂，磨圆中等，砾石成分有花岗岩、脉石英、伟晶岩、砂岩和矽卡岩化灰岩；2 层：黄色含细砾石中粗砂，含铁质结核；3 层：棕黄色、棕红色含粉砂质中砂，含少量砾石，砾石成分有花岗岩、脉石英、伟晶岩、花岗斑岩。横向上可变为灰白色含黏土质粉砂质砂，有较多铁质结核，时代为晚更新世，也未在该剖面上采集测年样品，同时也认为八所组为滨海相沉积。刘瑞华和张仲英（《海南岛西部砂地的成因探讨》，1986）认为八所组为陆相河流沉积。海南省地质矿产局（1997）将八所组北黎村层型剖面自下而上划分为 3 层：1 层：灰白色及黄色含砾石和粉砂中粗砂，砾石成分复杂，有脉石英、花岗岩、伟晶岩、砂岩和硅化灰岩、磨圆度中等（未见底）；2 层：黄色含细砂中粗砂，含铁质结核；3 层：棕黄色、棕红色含粉砂中砂，含少量磨圆度中等的脉石英、花岗岩、伟晶岩质细砾（未见顶），在地貌上表现为Ⅱ级或Ⅲ海成阶地。从其八所组历史沿革可以看出，海南省地质矿产局（1997）最后删除了对八所组顶部灰白色含黏土质粉砂质砂的描述。

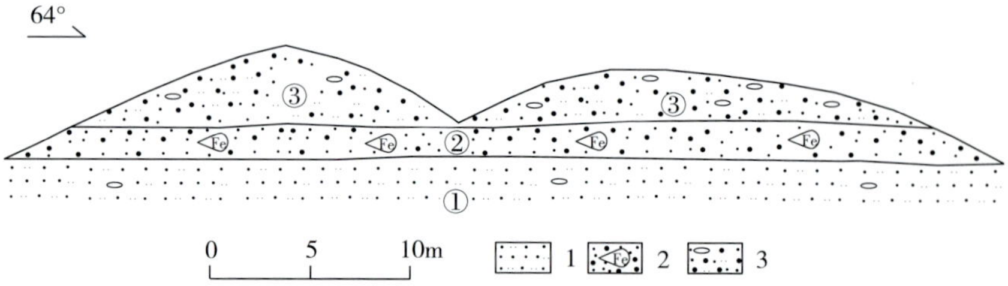

图 2-31 东方市八所镇北黎村八所组剖面

1—含粉砂中砂；2—含细砂中粗砂；3—含砾石粉砂中粗砂

通过野外地质填图、剖面测制及槽、井、钻工程施工，项目组确定东方市八所组平行不整合于下更新统秀英组之上，下部为灰黄、灰白色和褐红色砂砾层，上部为褐红色、灰黄色和灰白色含砾（含黏土）细中砂，局部砂砾层顶部可见铁质结核层的沉积物组合。在地表以大面积的褐红色、灰黄色含砾含黏土质细中砂为主，局部见灰白色和浅灰黄色含砾细中砂，其所分布标高变化大，在海拔 3~25m 均可见及。区内仅在东方市八所镇北黎村—东方糖厂、北沟农场以及八所镇农场一带地表八所组沉积物以浅灰黄色和灰白色（含黏土）含砾中（细）砂为主，中部常见铁质结核，底部为灰黄色、灰白色和褐黄色砂砾层。本次在东方市八所镇北黎村八所组层型剖面一带通过探槽和浅井工程揭露，地表八所组层型灰白色和浅灰黄色含砾含黏土质砂与红褐色含砾含黏土质砂为渐变关系，其下部砂砾层连续分布。地表沉积物颜色、粒度和成分略有变化，为相变所致。

《海南岛岩石地层》（1997）中更新世北海组层型剖面沉积物上部为橘黄色、棕红色、褐红色含砾含黏土质砂和砂质黏土，下部为褐红色砂砾层，砂砾层顶部含铁质结核，砾石成分复杂，有脉石英、变质岩、玄武岩、花岗岩等，磨圆差，分选差。

研究区八所组层型剖面与北海组层型剖面显示，二者沉积物层序一致，粒度和成分一致，均为分选差、磨圆差至一般，砾石成分较复杂。本次工作在研究区共施工钻孔 64 个，根据其钻孔剖面层序、粒度、重矿物、地球化学特征、碎屑锆石年龄数据峰等特征对其进行深入研究，认为八所组为陆相沉积，同时阐明了其与北海组的关系。

本次于东方一带钻孔工作，从海边到内陆共布设 6 个钻孔进行对比，其中 ZK55 为八所组层型剖面，钻孔剖面层序（图 2-32）：下部为砂砾层，砂砾层顶部含有铁质结核，砾石成分复杂；上部为含砾含黏土质砂，分选差至一般，磨圆差至一般。与北海组层型剖面层序结构相似，在野外填图过程中，八所组和北海组无法区分，二者为同一套沉积物。

本次工作在东方市八所镇北黎村八所组层型剖面一带，通过地质精细填图、钻探、槽探施工，查明八所组沉积物上部为灰白色、棕黄色和棕红色含砾含黏土质砂，中部常见铁质结核，下部为灰白色和黄色含砾中粗砂（图 2-33），砾石成分复杂，有脉石英、变质岩、玄武岩、花岗岩等，磨圆差，分选差，厚 2.2~8.4m。从钻孔联合剖面看，八所组与下伏秀英组杂色黏土呈平行不整合接触。

研究区八所组呈南北向分布于八所镇—佛罗镇一带，地貌为山前剥蚀堆积平原区，阶地形态呈波状起伏，部分地段地形平坦，切割程度低，标高一般在 5~40m，局部地段地面切割强烈，阶面多呈平岗低丘状，冲沟、切沟等微地形发育。

3. 全新统烟墩组（Qh_3y）

系中国科学院地质研究所赵希涛等（1979）于文昌县（现为文昌市）烟墩创建。原始定义指烟墩剖面 2~6 层，属滨海、潟湖相沉积。根据《海南省岩石地层》（1997），烟墩组沉积物主要由黄灰白色砂砾、粗砂、细砂及黑色含有机质黏土组成，厚度 14.5m。时代为晚全新世早期。现在定义指晚全新世的滨海沙堤—潟湖沉积系列。

烟墩组分布于研究区沿海一带，为滨海沙堤—潟湖沉积系列。地貌上构成海积阶地，进一步划分为沿海沙堤、沙堤封闭的潟湖等。根据本次钻孔资料结合路线填图，烟墩组沉积物主要为灰黑色黏土、粉砂质黏土和灰色、灰白色、灰黄色粉细砂、中细砂、粗中砂、中粗砂、含砾中粗砂、砂砾和海滩岩，含有贝壳、珊瑚等碎屑，厚 0.8~21.4m。

4. 洪冲积层（Qh）

区内洪冲积层主要为河流阶地沉积及现代河流沉积，主要分布在罗带河、通天河、感恩河、南港河及白沙河等两岸。区域地貌上较为平坦，开阔，多为耕作地，标高一般为 2~10m。沉积物主要为砂质黏土，黏土质中细砂、砂、砂砾，厚 1~10m。

三、年代地层划分

1. 下更新统秀英组（Qp_1x）

刘瑞华等（《海南岛西部砂地的成因探讨》，1986）在东方市八所镇东方砖瓦厂和海口市秀英砖瓦厂秀英组和八所组中采集了 13 个古地磁样品。结果表明，杂色黏土层之上沉积物的极性为属布容正极性时，以下属松山负极性时，二者的界面为距今 73×10^4a，因此秀英组的时代为早更新世。

区内秀英组未发现化石，但岩性特征基本上可与海南岛各区的秀英组对比，且其下伏于中更新统—上更新统八所组之下而上覆于上新统望楼港组之上，结合前人测年数据，将研究区秀英组时代归于早更新世。

2. 中—上更新统八所组（$Qp_{2-3}bs$）

研究区八所组未发现化石，本次在八所组上段砂层中采集 5 个电子自旋共振测年（ESR）样品

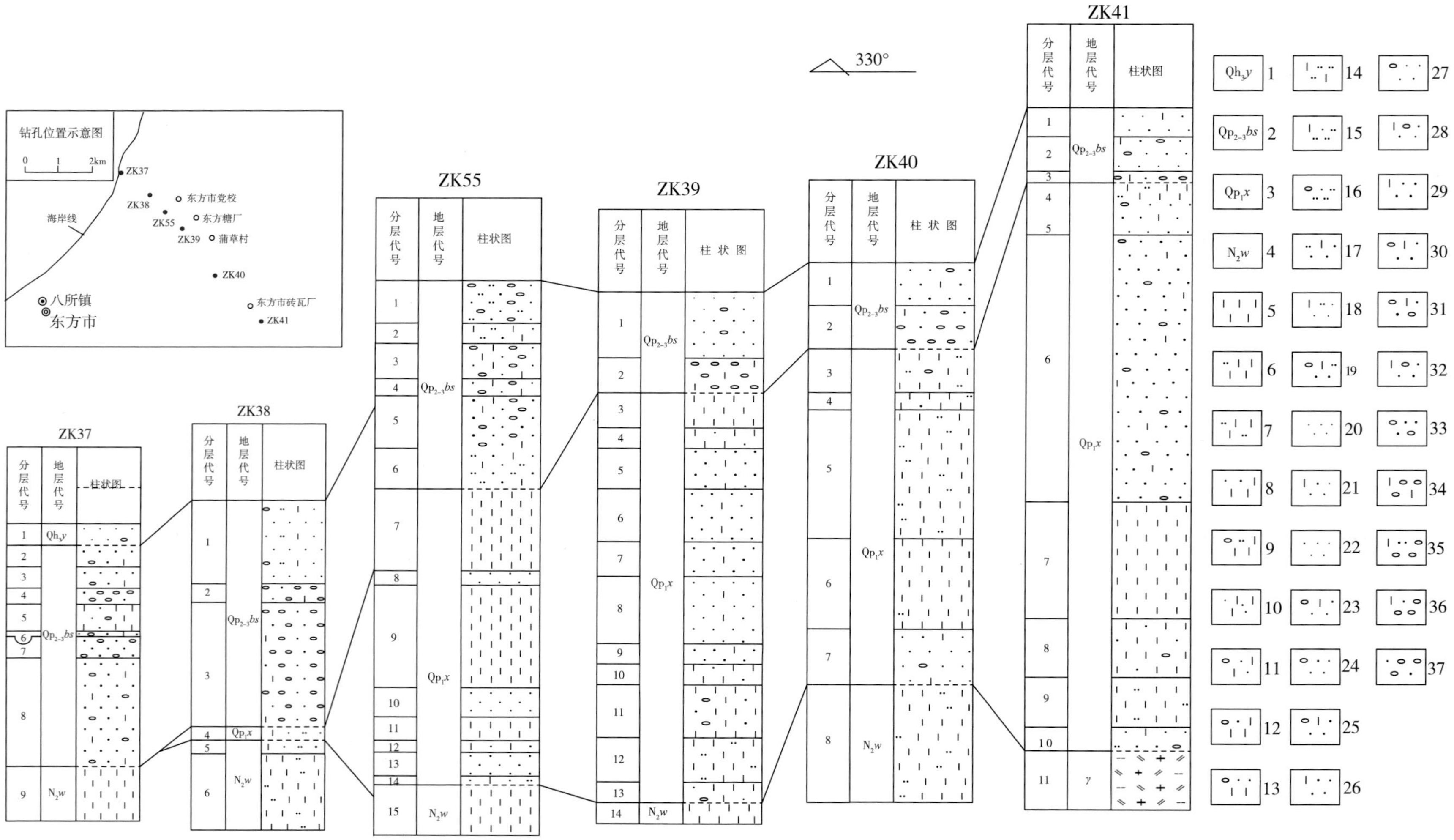

图 2-32 区内东方地区钻孔联合地层剖面图

1—烟墩组；2—八所组；3—秀英组；4—望楼港组；5—黏土；6—含粉砂质黏土；7—粉砂质黏土；8—砂质黏土；9—含砾质含粉砂质黏土；10—细砂质黏土；11—含砾细砂质黏土；12—含砾粗砂质黏土；13—含砾质含粗中砂质黏土；14—黏土质粉砂；15—含黏土质含细砂质粉砂；16—含砾细砂质粉砂；17—含粉砂质黏土质细砂；18—含黏土质粉砂质细砂；19—含砾质含黏土质粉砂质细砂；20—细砂；21—含黏土质中细砂；22—中细砂；23—含砾质含黏土质中细砂；24—含砾中细砂；25—含砾含黏土质粗中砂；26—含黏土质粗中砂；27—含砾细中砂；28—含黏土质含砾质粗中砂；29—含黏土质中粗砂；30—含砾黏土质中粗砂；31—含砾质含黏土质中粗砂；32—含黏土质含砾质中粗砂；33—含砾质粗砂；34—黏土质细砾；35—含黏土质含粗中砂质砾石；36—含黏土质含粗砂质砾石；37—含粗砂质细砾

图 2-33　八所组露头（D0623）

左图为褐黄色含砾含黏土质中细砂；右图为灰黄色砂砾层

（图 2-34），结果见表 2-8，年龄主要集中在全新世 4ka 至今。

表 2-8　研究区八所组电子自旋共振测年（ESR）结果

送样编号	采样位置	U/10^{-6}	Th/10^{-6}	K/%	含水量/%	累积剂量/Gy	t/ka
PM003-4	八所镇北黎村	1.21	6.54	0.926	1.54	6.6	4.0
PM003-9	八所消防队	0.386	1.55	0.049	0.24	2.1	7.7
D0385-1	新龙镇北沟场村	2.33	23.9	0.741	0.13	3.8	1.2
D1508-1	佛罗镇白沙河	3.73	29.6	3.36	2.16	7.9	1.3
D2009-1	感城镇不磨村	0.931	5.70	0.554	0.81	4.6	3.9

区内烟墩组分别在罗带乡高排村和莺歌海镇福塘村一带采集 2 个光释光测年样品，年龄分别为 1.7±0.1ka 和 1.8±0.1ka。分别在研究区八所镇新北村海滩岩、罗带乡高排村和莺歌海镇中的生物贝壳进行 AMS ^{14}C 测年，年龄分别为 3202±31a B. P.、4093±33a B. P. 和 4802±36a B. P.。区内八所组的测年结果和烟墩组的测年结果均为 4ka 至今，从测年精度讲 AMS ^{14}C 测年优于电子自旋共振测年（ESR）。海南省地质局水文队（1964）在八所镇八所港钻孔中见烟墩组平行不整合于八所组之上，说明烟墩组和八所组为上下关系，所以本次工作采集的电子自旋共振测年（ESR）结果不合理。

刘瑞华等（1986）在东方市八所镇东方砖瓦厂和海口市秀英砖瓦厂秀英组和北海组中采集 13 个古地磁样品，测试结果表明，杂色黏土层之上八所组的极性属布容正极性时，以下属松山负极性时，二者的界面为距今 73×10^4a。

海南省地质局水文队（1964）在东方市八所镇八所港 ZK2 烟墩组之下中浅黄色中细砂中采集热释光测年测定，其绝对年龄为距今 12398.65±619a。

综合热释光年龄和古地磁测年数据，表明研究区八所组的时代为中—晚更新世。

3. 全新统烟墩组（Qh_3y）

分别在区内罗带乡高排村和莺歌海镇福塘村一带陡坎上部烟墩组灰黄色含砾细中砂中采集 2 个光释光测年样品，年龄分别为 1.7±0.1ka 和 1.8±0.1ka；分别对研究区八所镇新北村、罗带乡高排村和莺歌海镇海滩岩中的生物贝壳进行 AMS ^{14}C 测年，年龄分别为 3202±31a B. P.、4093±33a B. P. 和 4802±36a B. P.。因此将烟墩组的时代归属为全新世。

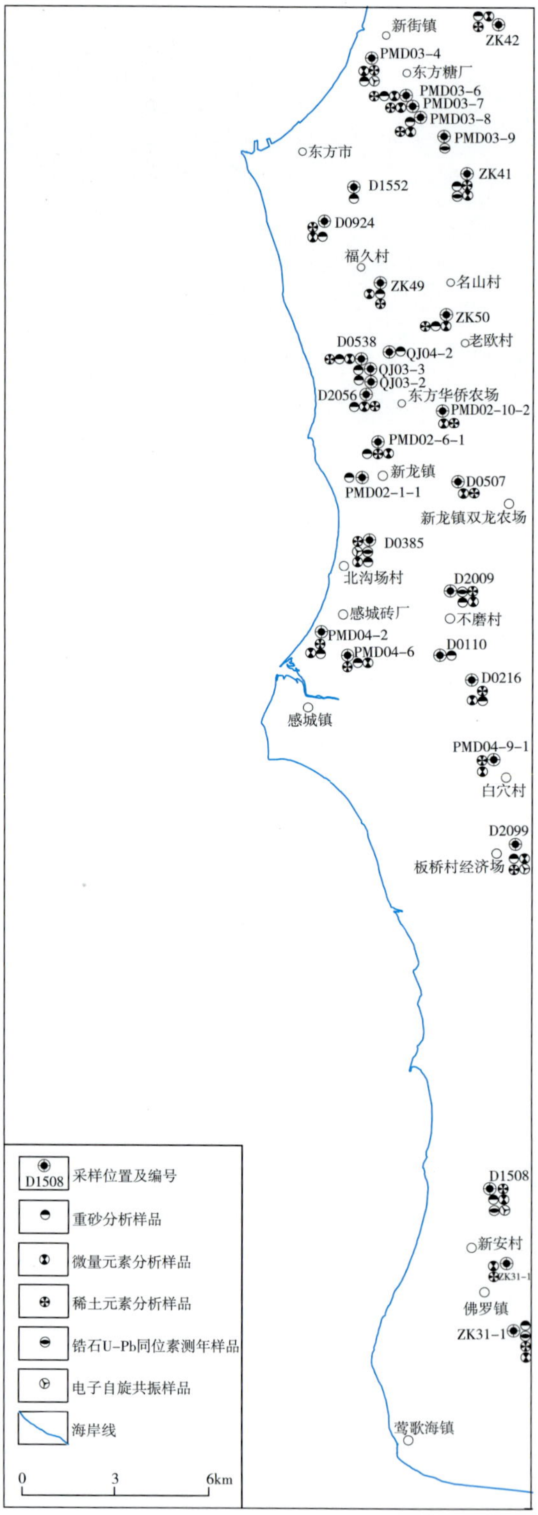

图 2-34　研究区八所组样品分布图

四、区域对比

1. 下更新统秀英组（Qp_1x）

在整个海南岛区域上秀英组发育较稳定，在琼南、琼西南、琼东南主要隐伏分布于沿海一带，地表零星出露。沉积物主要为：下部岩性以灰白色粗砂、灰白色砂质黏土，含少量粉细砂夹灰色黏土；上部以杂色（浅灰色、浅黄色和紫红色）黏土为主。下部基本层序由粗砂—砂质黏土—黏土组成，具有由下向上粒度变细的特征，为湖泊—河流沉积环境。该组在区域上较稳定，厚度变化较大，在乐东县佛老村一带厚度为11.70m，三亚市红土坎一带为19.09m，平行不整合于望楼港组之上，被八所组平行不整合覆盖。其中本组黏土是制作建筑材料之一也是一个重要的识别标志。

研究区秀英组沉积物主要为：下部为灰褐—黄褐色含砾含砂质黏土、灰黄—灰白色砂砾层；上部为杂色砂质黏土、杂色黏土、浅黄色含黏土质细中砂，其中黏土层中见有钙质结核，厚约0~35.1m。从图2-32显示，秀英组从东向西厚度变小的趋势。

2. 中—上更新统八所组（$Qp_{2-3}bs$）

在琼西其岩性主要为棕黄及白色粉细砂、中砂及含细砾石中粗砂层等。岩性分选性不好。上部普遍含有炭质、有机质夹层，含有少—微量钛铁矿；底部以灰白色中细砂与北海组深青灰色砂质黏土呈平行不整合接触。琼南其岩性主要为棕黄—褐红色粉细砂、中砂及含细砾中粗砂偶含铁质结核，岩性稳定，厚度变化不大。底部以灰黄色细砂层与秀英组深灰色黏土呈平行不整合接触。在琼北以灰白色粉细砂为主。

研究区八所组岩性主要为：上部为灰白色、褐黄色、红褐色含砾含黏土细（中）砂，中部常见铁质结核，下部为灰黄色、褐红色和灰白色砂砾层，厚约1.3~19.1m；该组从区内东南内陆到西北海边厚度变大，粒度变细，磨圆变好的趋势（见图2-32）；底部以灰黄色、褐红色和灰白色砂砾层与秀英组杂色黏土呈平行不整合接触。

3. 全新统烟墩组（Qh_3y）

研究区烟墩组沉积物主要为：灰黑色黏土、粉砂质黏土、灰色、灰白色、灰黄色粉细砂、中细砂、粗中砂、中粗砂、含砾中粗砂、砂砾和海滩岩，含有贝壳、珊瑚等碎屑，厚度约为0.8~21.4m。烟墩组地表沉积物粒度变化大，以含生物碎屑含砾中（粗）砂为主，部分为含生物碎屑砂砾和粉细砂。该组主要分布于海南岛沿海地带，岩性主要为灰黄—黄白色粉砂质细砂、细砂、含砾中粗砂、含生物碎屑中粗砂、灰黑色含有机质黏土、黏土质砂，普遍见贝壳、珊瑚及海滩岩等，海滩岩具斜层理和交错层理。烟墩组在地貌上构成滨海平原的上部，并组成沿海沙丘、沙丘封闭的潟湖以及新海滩岩等。该组在区域上地层厚度变化较大。三亚沿海地区1.8~24.3m；乐东九所沿海地带大于4.89m；海口沿海地带厚3m；文昌烟墩沿海一带12.4~18.5m。

五、沉积相及沉积环境分析

1. 下更新统秀英组（Qp_1x）

研究区秀英组沉积物主要为：下部为灰褐—黄褐色含砾含砂质黏土、灰黄—灰白色砂砾层；上部为杂色砂质黏土、杂色黏土、浅黄色含黏土质细中砂，为冲积扇和湖泊沉积（图2-24，图2-26，图2-28）。又根据剖面沉积物组合特征可划分为浅湖亚相和扇中亚相。湖泊沉积在纵向上表现出向上由粗变细的正粒序。

（1）冲积扇相

秀英组发育冲积扇相之扇中和扇缘亚相。秀英组发育扇中亚相，沉积物主要为灰白色砂砾层、砾石层、浅紫红色含砾含黏土质细中砂和含砾砂质黏土组成，碎屑颗粒呈次棱—次圆状，分选一般，颗粒支撑。砂体厚度不稳定，呈透镜状分布。根据沉积物组合类型可进一步划分为辫状河道微相和漫流微相。

扇中亚相发育辫状河道和漫流沉积微相。辫状河道微相沉积物主要为灰黄色、灰白色砂砾石、砾石和浅紫红色、浅黄色含砾含黏土质细中砂组成。漫流微相沉积物主要为杂色含砾砂质黏土。

扇缘亚相发育辫状河道和漫流沉积微相。辫状河道微相沉积物主要为灰黄色、灰白色砂和浅紫红色、浅黄色含黏土质细中砂组成。漫流微相沉积物主要为杂色含砂质黏土。

(2) 湖泊相

秀英组发育湖相之滨浅湖亚相。滨浅湖亚相以浅湖砂坪（砂质沉积）、浅湖泥坪（泥质沉积）沉积为主，岩性主要为薄层杂色、灰色（砂质）黏土夹少量粉砂质细砂。粉砂质细砂以石英砂为主，少量岩屑及长石，分选好，磨圆中等，颗粒分布均匀，具不明显的定向排列，黏土中见弱水平层理发育。

2. 中—上更新统八所组（$\mathbf{Qp_{2-3}}$*bs*）

研究区八所组沉积物主要为：上部为褐红色、灰黄色和灰白色含砾（含黏土）细中砂，分选一般，磨圆一般，中部为铁质结核层，下部为灰黄色、灰白色和褐红色含砾砂或砂砾层，为典型冲积扇辫状河流二元结构沉积。根据剖面沉积物组合特征可进一步划分为扇中亚相。研究区相模式见图 2-35。

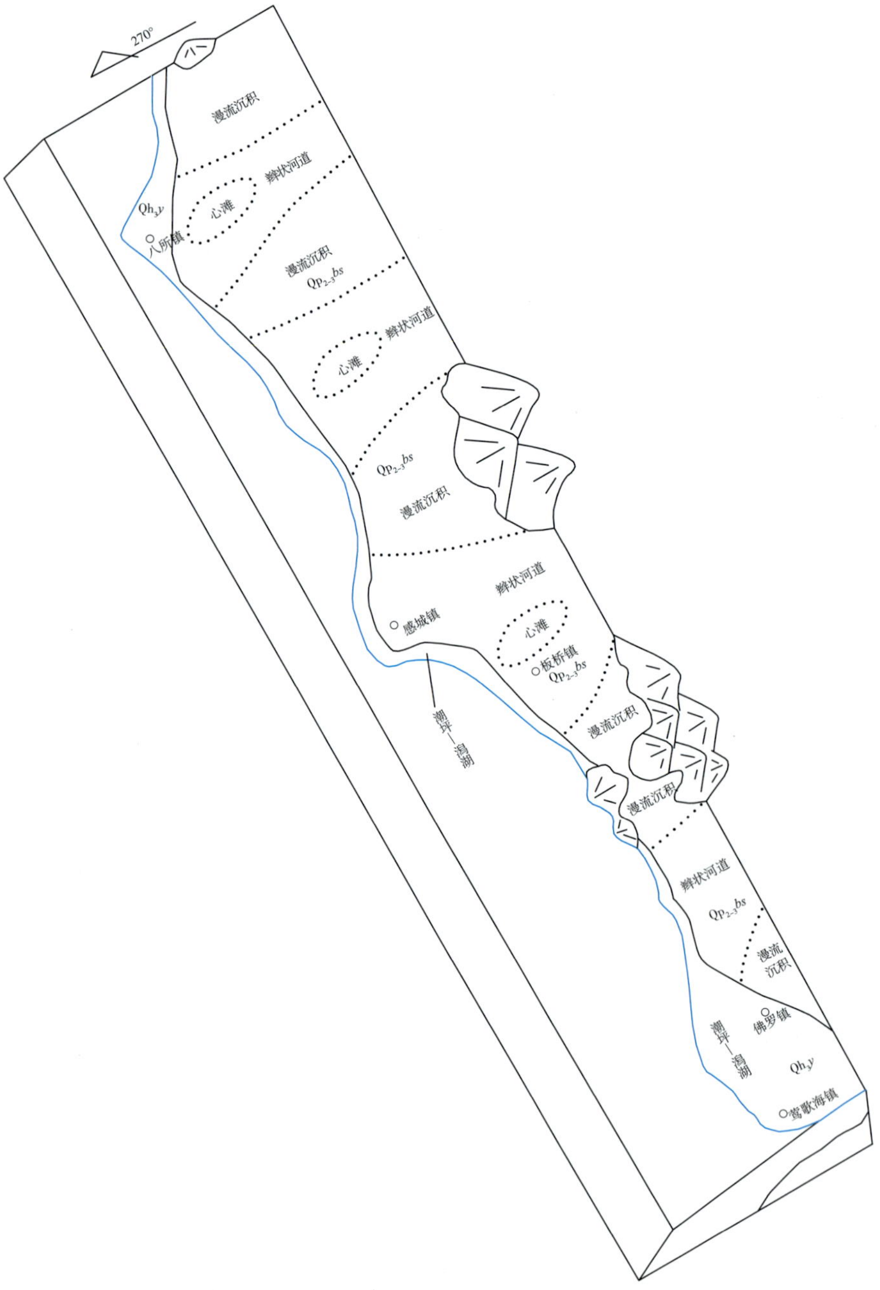

图 2-35　研究区八所组沉积模式简图

区内八所组发育一套冲积扇相之扇中亚相。扇中沉积物主要为灰白色、褐黄色和褐红色砂砾层、砾石层、浅紫红色含砾（含黏土质）（细）中砂和（含砾）砂质黏土组成，碎屑颗粒呈次棱角—次圆状，分选一般，磨圆一般至中等。砂砾层厚度较稳定。根据沉积物组合类型可进一步划分为辫状河道微相、漫流微相和心滩微相（图 2-29）。

（1）辫状河道微相

沉积物主要为灰黄色、褐红色砂砾层或含砾含黏土质细（中）砂组成。区内选取东方市八所镇一带从海边到内陆连续采集 8 个粒度分析样品，根据福克和沃德提出的 4 种参数，即平均粒径（Mz）、分选系数（σ_1）、偏态（SK_1）和峰态（K_G）对环境进行判别，一般认为河流砂分选较差，偏度为正偏；海砂分选好，偏度为负偏（陈庆强等，1995）。根据这一原则，本书于东方一带采集的粒度分析样品，根据其粒度参数值（表 2-9），其分选差，大部分为正偏度，划分为辫状河道沉积。同时根据希斯（Sheas，1974）的正态概率曲线（图 2-36），8 个样品基本为细粒 3 段型，以中细砂为主，含有少量黏土，分选性中等；8 个样品显示以跳跃总体和悬浮总体为主，指示环境为辫状河道。

表 2-9　区内东方地区八所组粒度参数表

样品编号	沉积物	平均粒径（Mz）	分选系数（σ_1）	偏态（SK_1）	峰态（K_G）
PM003-3	褐黄色含砾含黏土中细砂	3.89	2.38	0.64	1.17
PM003-4	褐红色含砾含黏土质中细砂	3.98	2.36	0.53	0.99
PM003-5	灰白色含砾含粉砂质中细砂	2.79	2.03	0.35	1.68
PM003-6	灰黄色含砾含粉砂质中细砂	3.07	2.36	0.4	1.41
PM003-7	黄色含砾含黏土质中细砂	3.26	2.77	0.44	1.29
PM003-8	灰白色含砾含黏土质粉砂质中细砂	3.47	2.16	0.59	1.21
PM003-9	灰黄色含砾含黏土质粉砂质中细砂	3.9	2.39	0.56	0.87
PM003-11	褐黄色含砾含黏土细砂质粉砂	4.86	2.93	0.15	0.91

（2）漫流微相

主要由褐红色、灰黄（含砾）砂质黏土或黏土质砂组成，分选差。

（3）心滩微相

主要由灰黄色、灰白色含砾细砂质粉砂组成，分选一般，磨圆一般至中等。

3. 全新统烟墩组（Qh_3y）

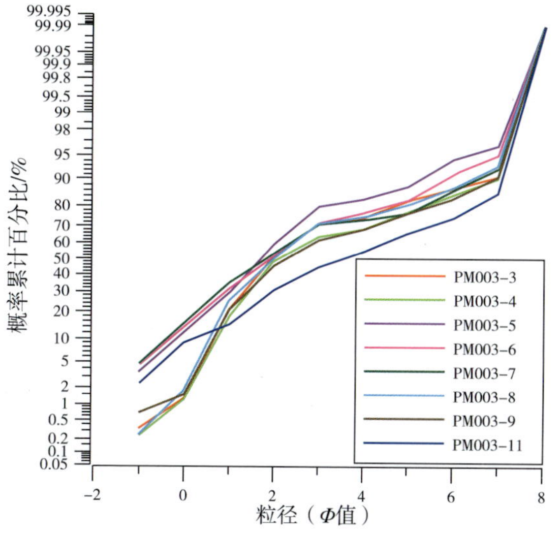

图 2-36　八所组粒度分析概率曲线图

研究区烟墩组分布于沿海一带，沉积物主要为灰黑色黏土、粉砂质黏土、灰色、灰白色、灰黄色含粉砂质细砂、中细砂、粗中砂、中粗砂、含砾中粗砂、砂砾和海滩岩，含有贝壳、珊瑚等碎屑。据钻孔资料，厚约 0.8～21.4m，与八所组褐红色含砾含黏土中（细）砂呈平行不整合接触。灰黄色含粉砂细砂中重矿物以白钛石、褐铁矿、角闪石钛铁矿、锆石、电气石、金红石富集，其重矿物成熟度（ZTR 指数）很高，反映了其形成于滨海高能环境。因此，烟墩组为障壁海岸中滨海沙堤—潟湖环境沉积形成。地貌上构成滨海平原的上部，并组成沿海沙堤、沙堤封闭的潟湖以及潮间带海滩岩等。

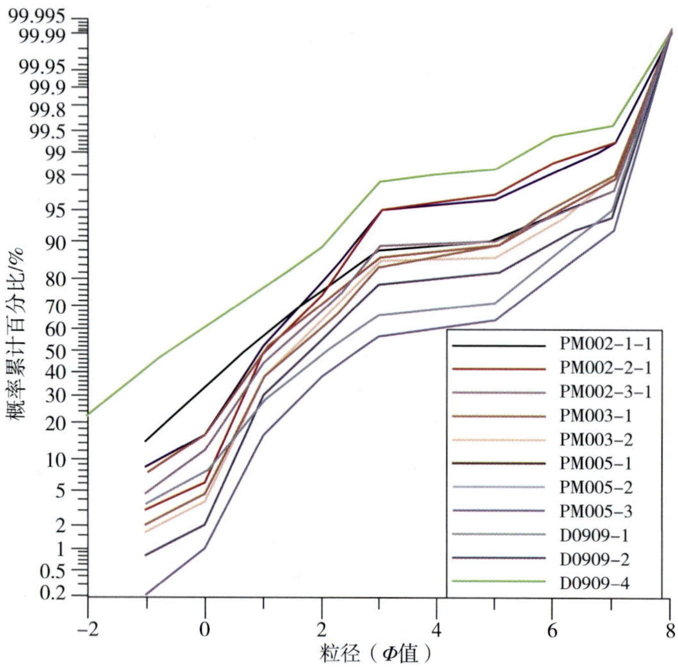

图 2-37　研究区烟墩组粒度分析概率曲线图

（1）潮坪亚相

烟墩组分布在研究区沿海一带，潮坪亚相沉积物主要为灰黄色含生物碎屑含砾细中砂和中细砂、含砾中粗砂，砂砾，砂质黏土和海滩岩，海滩岩为潮坪潮间带典型标志。潮间带微相，岩性主要为灰黄色、灰白色中细砂、砂质黏土和海滩岩。在研究区烟墩组不同地点采取 11 个沉积物作粒度分析，根据其概率曲线（图 2-37），主要为细粒 3 段型，以中细砂为主，少量粉砂，分选性好，以跳跃总体为主和少量悬浮，跳跃总体被分为两个直线段，沉积环境一般为滨海砂。

（2）潟湖亚相

潟湖沉积主要于东方市八所镇、感城镇和乐东县莺歌海镇沿海分布，据钻孔揭露，沉积物主要为灰黑色黏土，含黏土质粉砂质细砂，含有大量有机质，厚约 7～18m。

（3）海岸沙丘亚相

海岸沙丘沉积分布于研究区沿海东方市八所镇、感城镇和乐东县莺歌海镇沿海一带，呈条带状平行海岸线分布，标高一般为 2～10m，相对高差约 8m，宽度一般 350～3000m。沉积物主要为灰色、灰白色、灰黄色粉细砂、中细砂、粗中砂、中粗砂、含砾中粗砂等，含有贝壳、珊瑚等生物碎屑。

（4）后滨亚相

后滨亚相沉积分布于研究区沿海东方市八所镇、感城镇和乐东县莺歌海镇沿海一带，沉积物主要为灰色、灰白色、灰黄色（含砾）粉细砂、中细砂，含有贝壳、珊瑚等生物碎屑。

（5）前滨亚相

前滨亚相沉积分布于研究区沿海东方市八所镇、感城镇和乐东县莺歌海镇沿海一带，沉积物主要为灰色、灰白色、灰黄色（含砾）中细砂、粗中砂、中粗砂，含有贝壳、珊瑚等生物碎屑。

4. 洪冲积层（Qh）

区内洪冲积层主要为河流一级阶地沉积及现代河流沉积，主要分布在罗带河、通天河、感恩河、南港河及白沙河两岸。灰色、灰黄色砂砾、含砾中粗砂，磨圆好，反映其大部分沉积物所经历的搬运距离较远，形成于河道高能环境。

河流阶地沉积主要分布于罗带河、通天河、感恩河、南港河及白沙河两侧，阶地面平缓，前缘陡坎明显，一般标高 2～12m，是当地良好的农业耕作区。岩性特征主要为灰色、灰黄色砂砾、含砾砂、粉砂、砂质黏土、黏土等，含腐殖质。具下粗上细的典型河流二元结构，厚 1～5m。

六、物源特征

1. 碎屑锆石年龄特征

本次于研究区八所组上部含砾中（细）砂采集碎屑锆石 U-Pb 年龄 6 件样品（图 2-34）。北部于八所镇—感城镇一带采集 4 件样品，数据年龄峰值主要集中在 1400Ma 和 200Ma（图 2-38）；南

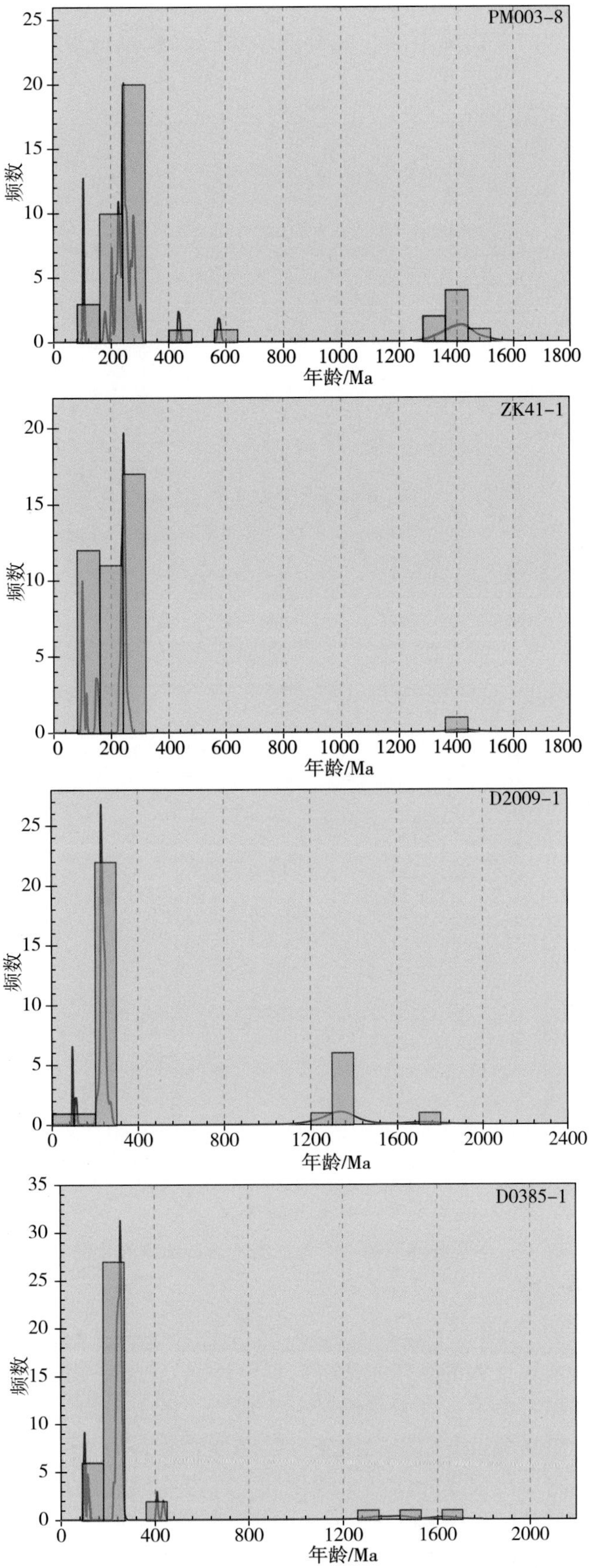

图 2-38　东方市八所镇—感城镇一带八所组地表碎屑锆石年龄直方图

部佛罗镇一带采集碎屑锆石 U-Pb 年龄 2 件样品，数据年龄峰值主要集中在 100Ma 和 240Ma（图 2-39）；说明其北部和南部物源不同，北部八所镇—感城镇一带物源相同，南部佛罗镇一带物源相同。

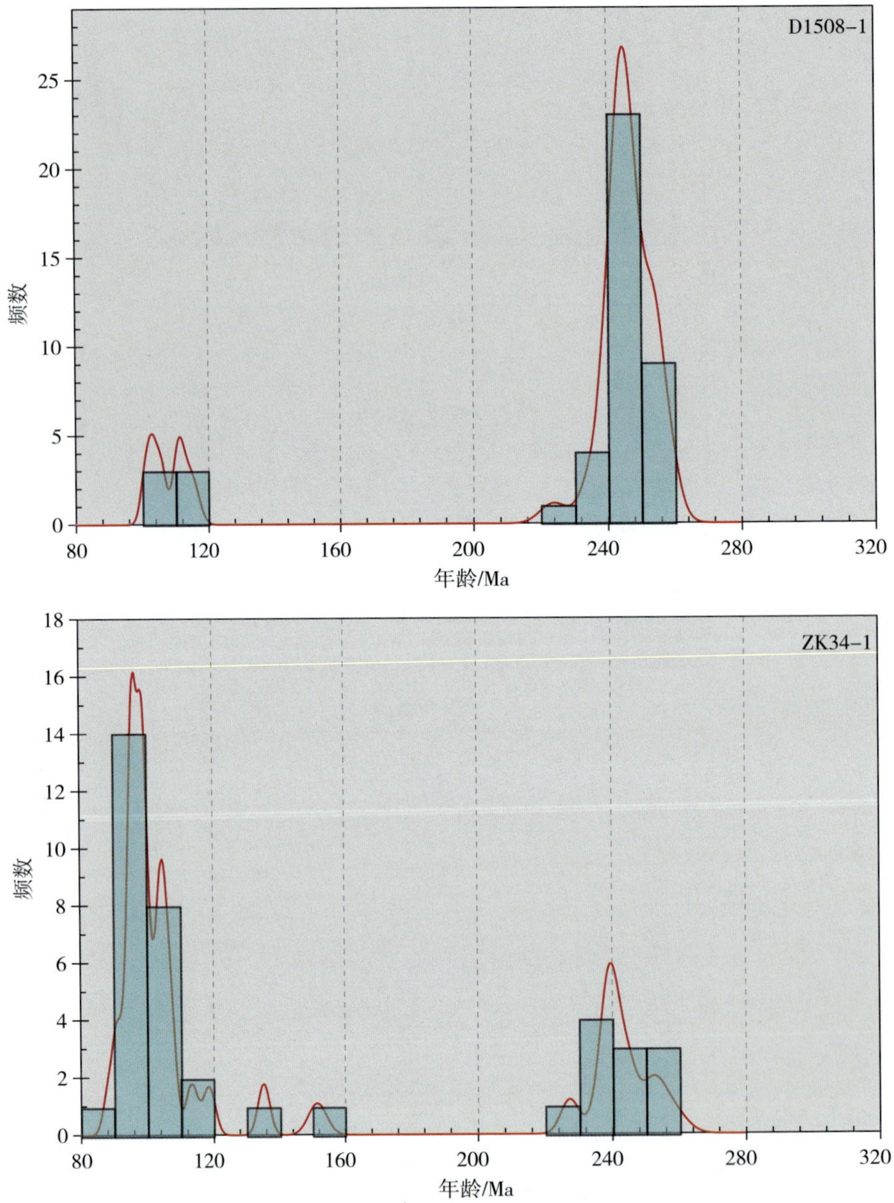

图 2-39 乐东县佛罗镇一带八所组地表碎屑锆石年龄直方图

2. 重矿物特征

本次于研究区八所组采集自然重砂样品 25 件（图 2-34），重矿物以钛铁矿、锐钛矿、白钛石、电气石、锆石、蓝晶石和榍石为主，含少量绿帘石、辉石、黄玉、磁铁矿、红帘石和黄铁矿，从重矿物组合特征来看，八所组物源以变质岩、中基性—酸性岩浆岩为主。前人在该区域采集的八所组样品的重矿物组合类型亦与本次采集的样品大致相同，即没有海相的指相矿物（如海绿石等），也没有海生生物（如海相贝壳等）的痕迹。

综合碎屑锆石 U-Pb 年龄样品和重矿物组合特征，研究区内八所组物源主要为中基性—酸性岩浆岩和变质岩。

七、地球化学元素分析

微量元素比值是判别沉积环境良好标志。本次工作由八所镇海边到内陆连续采集 24 个样品（图 2-34）。

1. Sr/Ba 值

王益友等（1979）对我国 13 个海底样品统计认为，海相沉积物中 Sr/Ba 值>1，而陆相 Sr/Ba 值<1。本次研究工作分析测试的八所组样品中 Sr/Ba 值为 0.11~0.18 之间，指示八所组为陆相沉积环境。八所组样品 Sr 含量小于 90×10^{-6}，从东侧内陆到西侧沿海含量由低变高的趋势，亦指示其为陆相沉积环境。

2. 硼元素法

熊小辉和肖加飞（2011）认为，在海相环境下硼元素含量为 80×10^{-6}~125×10^{-6}，而淡水环境下硼元素含量小于 60×10^{-6}。本次研究工作分析测试的八所组样品中硼元素大部分含量为 5×10^{-6}~60.83×10^{-6} 之间，少部分样品超过 60.83×10^{-6}，但也没有超过 80×10^{-6}，指示其为陆相沉积环境。

3. U/Th 值

熊小辉和肖加飞（2011）认为，对于 U/Th 值，氧化还原环境下沉积物中 U/Th 值>1.25，而氧化环境下沉积物中 U/Th 值<0.75。本次研究工作分析测试的八所组样品中 U/Th 值为 0.11~0.28 之间，指示氧化沉积环境。

八、第四纪沉积物成因划分与地貌类型

第四纪地质学主要是从沉积物的角度研究地球表层的特性，地貌学是从地表形貌的角度研究地球表层的特性，而目前的地表形貌大都形成于第四纪，一些堆积地貌形态的形成过程，也是第四纪沉积物的形成过程，因此，第四纪地质与地貌有不可分割的关系。

研究区地势比较平缓，但第四纪沉积物与地貌依然有一定的对应关系，详细的地貌成因划分需要借助第四纪沉积物的成因分类作为参考。

1. 第四纪沉积物的成因分类

根据研究区第四系岩性特征、层序关系、年龄数据等地质特征，分析其形成地质环境，将研究区第四系划分为 5 个成因类型：河流冲积物（rt）、潟湖沉积物（mcl）、滨岸堆积物（mr）、冲洪积物（alp）、湖积物（l）。各成因类型第四纪沉积物特征及其与岩石地层对应关系见（表 2-10）。

2. 地貌

地貌的形成主要是地球内、外营力长期综合作用的结果。内营力是地球内部各种能量所产生的内力（包括地壳运动、岩浆及火山活动等），是形成地壳表面地貌起伏的基本轮廓；外营力是由于受自然环境改变而产生的能量引起地表变化的力（如水流、冰川、太阳能、生物作用及化学作用等），是对基础地貌格架不断进行风化、剥蚀、搬运及堆积，从而形成现代地表的各种地貌形态。海南省地貌成因与新生代以来的地质构造演化相关密切。研究区地势比较平缓，但第四纪沉积物与地貌依然有一定的对应关系，详细的地貌成因划分需要借助第四纪沉积物的成因分类作为参考。依据研究区第四系成因类型，结合地形特征，按照地貌形态成因，把区内地貌划分出丘陵地貌、河流地貌、湖成地貌、海岸地貌等 4 个主要地貌单元区，在此基础上，把不同地貌区进行次级地貌单元划分，共划分出 5 个次级地貌单元，其中海积阶地进一步划分为潟湖和海积沙堤（表 2-11）。

表 2-10　研究区第四系成因类型划分表

年代地层		岩石地层	成因分类			代号	沉积物特征
			成因系	成因组	成因类		
第四纪	全新统	Qh	陆地沉积系	流水堆积组	河流冲积物	rt	主要分布在罗带河、通天河、感恩河、南港河以及白沙河两岸。岩性主要为砂质黏土、黏土质中细砂、砂以及磨圆度较高的砂砾石，具下粗上细的河流二元结构。可见河流多级阶地沿河道两侧阶梯分布
		烟墩组	海陆过渡沉积系	海陆过渡沉积组	潟湖沉积物	mcl	主要分布于研究区西部沿海罗带乡—新龙镇、感城镇—板桥镇以及莺歌海盐场一带。由全新统烟墩组灰黑色黏土、含黏土质粉砂质细砂等组成，潟湖水草发育
			海洋沉积系	海洋堆积组	滨岸堆积物	mr	分布于研究区西部沿海一带，呈条带状平行海岸线分布。岩性主要为灰色、灰白色、灰黄色粉砂质细砂、中细砂、粗中砂、中粗砂、含砾中粗砂及砂砾等，并含有贝壳、珊瑚等碎屑
第四纪	中—上更新统	八所组	陆地沉积系	混合堆积组	冲洪积物	apl	冲积—洪积平原地貌贯穿整个研究区，此类型地貌夹于剥蚀丘陵与海积沙堤之间，由中—上更新统八所组灰白色、棕红色、棕黄色含砾含黏土质砂、含砾中细砂组成
	下更新统	秀英组		湖积组	湖积物	l	主要呈隐伏状产出，地表仅出露于东方市砖瓦厂以及新龙镇一带，呈孤立的椭圆状。由下更新秀英组杂色黏土或灰褐—黄褐色含砾含砂质黏土组成

注：第四系成因分类参考田明中等主编的《第四纪地质学与地貌学》。

表 2-11　研究区地貌单元划分表

一级地貌	二级地貌	三级地貌	所对应第四纪沉积物成因类型
丘陵地貌（Ⅰ）	构造剥蚀丘陵（Ⅰ$_1$）		
河流地貌（Ⅱ）	冲积—洪积平原（Ⅱ$_1$）		冲洪积物（alp）
	河流阶地（Ⅱ$_2$）		河流冲积物（rt）
湖成地貌（Ⅲ）	湖积平原（Ⅲ$_1$）		湖积物（l）
海岸地貌（Ⅳ）	海积阶地（Ⅳ$_1$）	潟湖（Ⅳ$_{1-1}$）	潟湖沉积物（mcl）
		海积沙堤（Ⅳ$_{1-2}$）	滨岸堆积物（mr）

注：地貌单元划分参考《1∶50000 浅覆盖区区域地质调查细则（DZ/T 0158—95）》。

（1）丘陵地貌

构造剥蚀丘陵（Ⅰ$_1$）：主要分布于中部不磨村大岭以及中南部尖峰镇一带，由蓟县纪、二叠纪、三叠纪、白垩纪花岗岩以及峨文岭组云母石英片岩、石英云母片岩，青天峡组绢云母千枚岩夹条带状大理岩等岩石组成，见基岩出露。标高大部分在 80m 以上，明显高于周边地貌，黑眉村附近的构造剥蚀丘陵高达 280m，为区域上最高点。

（2）河流地貌

河流地貌按类型划分，有冲积—洪积平原以及河流阶地。

冲积—洪积平原（Ⅱ$_1$）地貌贯穿整个研究区，此类型地貌夹于剥蚀丘陵与海积沙堤之间，由中—上更新统八所组棕红色、棕黄色含砾含黏土砂、砂质黏土、黏土质砾砂含砾黏土或灰白色中细砂组成。感城镇以北地貌形态呈波状起伏，地面切割强烈，阶面多呈平岗低丘状，冲沟切沟等微地形发育；板桥镇以及佛罗镇附近地形平坦，切割程度低且水系发育，冲洪积平原标高一般在 3~40m 之间。

河流阶地（$Ⅱ_2$）：主要分布在罗带河、通天河、感恩河、南港河以及白沙河两岸。岩性主要为砂质黏土、黏土质中细砂、砂以及磨圆度较高的砂砾石，具下粗上细的河流二元结构。区域地形上较为平坦，可见河流多级阶地沿河道两侧阶梯分布，河流阶地现多作为耕作地，标高一般为2~15m。

（3）湖成地貌

湖积平原（$Ⅲ_1$）：主要呈隐伏状产出，地表仅出露于东方市砖瓦厂以及新龙镇一带，呈孤立的椭圆状。由下更新秀英组杂色黏土或灰褐色、黄褐色含砾含砂质黏土组成，地形平坦，沉积厚度大，标高25~30m。

（4）海积地貌

主要分布于研究区西部沿海一带，可进一步细分为潟湖和海积沙堤。

潟湖（$Ⅳ_{1-1}$）：主要分布于研究区西部沿海罗带乡—新龙镇、感城镇—板桥镇以及莺歌海盐场一带。由全新统烟墩组灰黑色黏土、粉砂质细砂、中细砂、砂质黏土等组成，潟湖水草发育，表面平坦。遥感图上识别出的潟湖地貌呈狭长状，具有较深的颜色，莺歌海镇附近的潟湖面积较大，呈椭圆状，此类型地貌离海岸距离约600~1000m，标高一般1~5m。

海积沙堤（$Ⅵ_{1-2}$）：分布于研究区西部沿海一带，呈条带状平行海岸线分布。岩性主要为灰白色、灰黄色粉砂质细砂、中细砂、粗中砂、中粗砂、含砾中粗砂及砂砾等，并含有贝壳、珊瑚等生物碎屑，莺歌海镇、八所镇附近海滩上可见胶结程度高的海滩岩，罗带乡高排村烟墩组沙堤下亦见埋藏型海滩岩。沙堤地形略有起伏，标高一般为2~15m。

九、第四纪地质演化

早更新世研究区沉积秀英组分布广泛，沉积物主要为：下部为灰褐—黄褐色含砾含砂质黏土、灰黄色、灰白色砂砾层；上部为杂色砂质黏土、杂色黏土、浅黄色含黏土质细中砂；为冲积扇和湖泊沉积。由此可见，新近纪上新世之后，第四纪早更新世以来，发生大规模海退，海岸线退至八所港—莺歌海镇一带，沉积陆相秀英组。秀英组沉降中心主要有5处：东方市八所镇报坡村、东方市砖瓦厂、罗带乡名山村、东方市感城镇—板桥镇一带以及乐东县尖峰镇长安村，厚度0~35.1m（图2-40）。

早更新世之后，中—晚更新世研究区沉积环境较稳定，继承早更新世沉积环境，湖泊消失，沉积陆相冲积扇八所组，八所组广泛分布于研究区，沉积物主要为：上部为褐红色、灰黄色和灰白色含砾（含黏土）细中砂，中部为铁质结核层，下部为灰黄色、灰白色和褐红色砂砾层。八所组沉降中心主要有3处：罗带乡青山村、东方市感城镇公爱农场四队以及乐东县尖峰镇白沙村—佛罗镇一带，厚度0~19.1m（图2-41）。

晚更新世之后，全新世早期沉积环境发生变化，发生小规模海进，由陆相变为海陆过渡相，全新世中晚期之后海平面发生缓慢海退，海退规模约数百米至现在的海岸线。沉积烟墩组，烟墩组主要分布于研究区海岸一带，沉积物主要为灰黑色黏土、粉砂质黏土，灰色、灰白色、灰黄色粉砂质细砂、中细砂、粗中砂、中粗砂、含砾中粗砂、砂砾和海滩岩，含有贝壳、珊瑚等碎屑，厚约0.8~21.4m。

第七节　地层重矿物特征

重矿物自身具有稳定性，相对于其他碎屑沉积物而言受风化、搬运和成岩作用的影响较小，来自同一母源区的各种重矿物间必然存在着内在联系，即同一来源的沉积物往往具有相同的重矿物特征；锆石的年代同样对沉积物源时代有指示意义。上述二者对地层沉积物的物质来源和沉积环境的分析具有重要的意义。

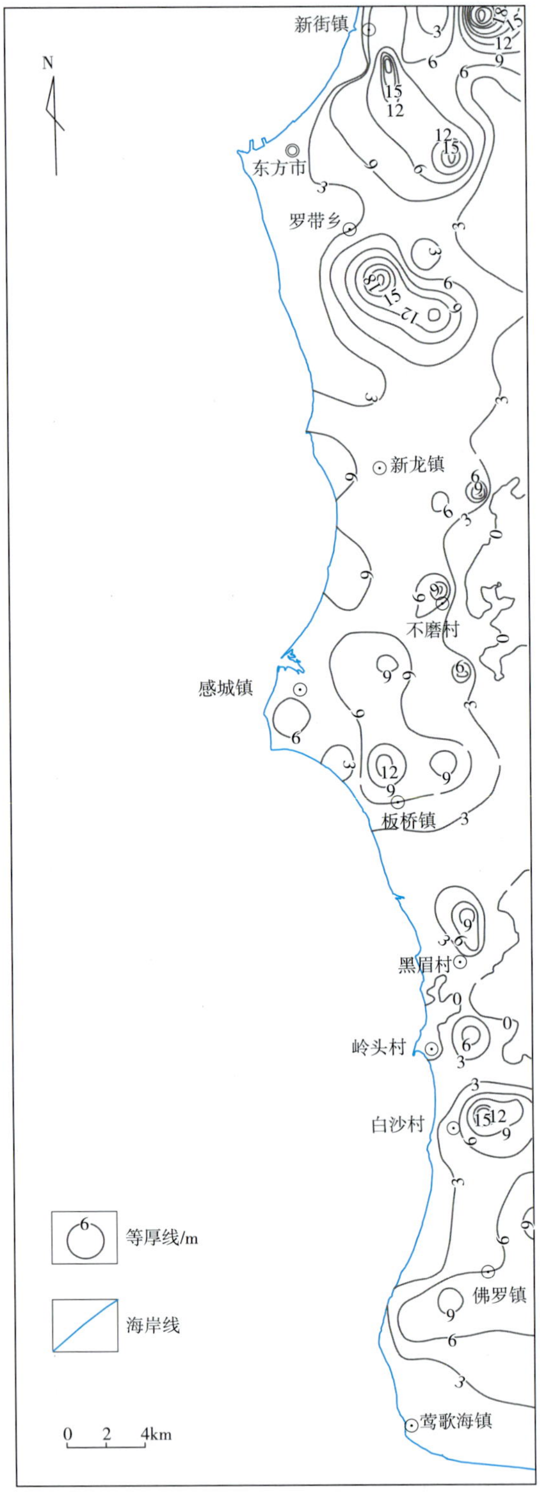

图 2-40 研究区秀英组等厚度图

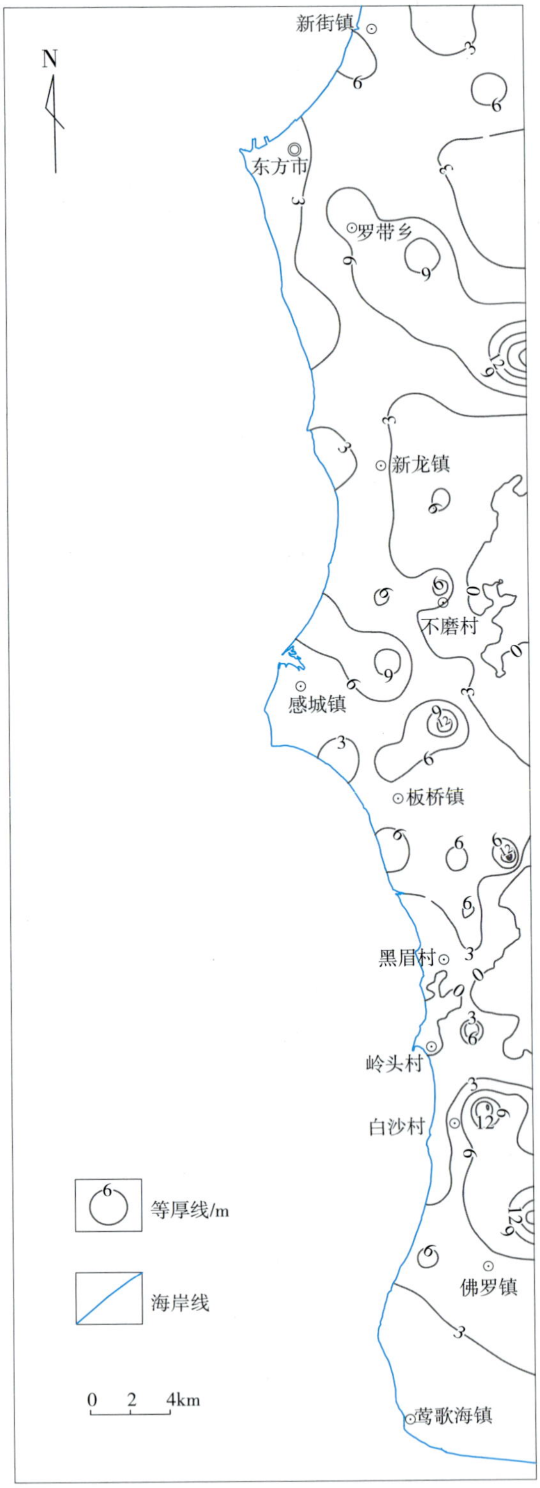

图 2-41 研究区八所组等厚度图

本次工作中对研究区部分地层进行了重砂分析，其重矿物含量及锆石特征分别总结如下（表 2-12 至表 2-14）。

1）研究区峨文岭组重矿物含量总体较低，含量相对较高的重矿物主要有黑云母、绢云母、黄铁矿、褐铁矿、磁铁矿、金红石等，局部含有石榴子石、锆石、钛铁矿等。大部分重矿物磨圆度较好。反映其大部分沉积物所经历的搬运距离较远。从重矿物组合特征来看，该组物源主要来自岩浆岩和变质岩。

表 2-12 研究区部分地层重矿物含量（10^{-6}）

地层		岩性	样品编号	磁铁矿	钛铁矿	绢云母	褐铁矿	黑云母	石榴子石	白云母	磷灰石	锆石	白钛石	方铅矿	黄铁矿	透闪石	赤铁矿	锡石	独居石	金红石	电气石	锐钛石
系	组																					
长城系—蓟县系	峨文岭组	白云母石英片岩	D1571-1	微量	个别	0.56	1.13	0.01	个别			个别			微量					0.01		
石炭系	青天峡组	石英白云母片岩	PMD06-6	微量	微量	0.20	0.93	0.01		少量		微量			微量	个别			微量	个别	0.01	
白垩系	报万组	浅紫灰色石英长石细砂岩	D1576-1	少量	0.005	0.01	0.31		微量			0.01	个别	个别	微量			个别	个别	微量	个别	个别
		紫灰色石英长石粗砂岩	PMD08-8	个别		少量	1.21		微量		个别	个别			个别		0.88				个别	

表 2-13 研究区部分地层锆石形态特征

地层 系	地层 组	样品编号	颜色	光泽	粒径/mm	长：宽	锆石形态
石炭系	青天峡组	PMD06-6	浅玫瑰色、少数为无色	金刚光泽	≤0.1	2：1~3：1	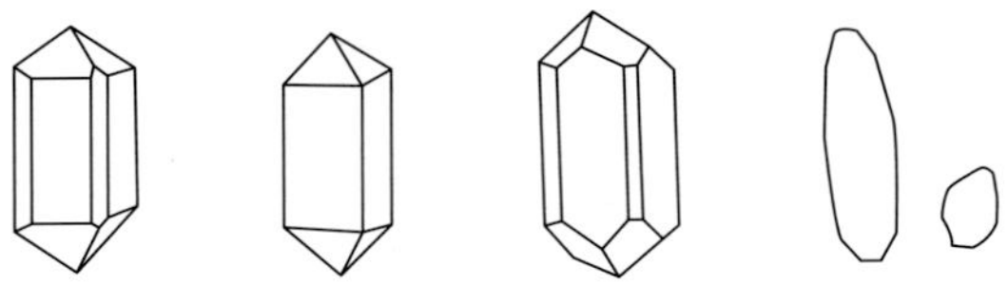
白垩系	报万组	D1576-1	浅玫瑰色、无色，少数为浅褐色	金刚光泽	≤0.3	2：1~3：1	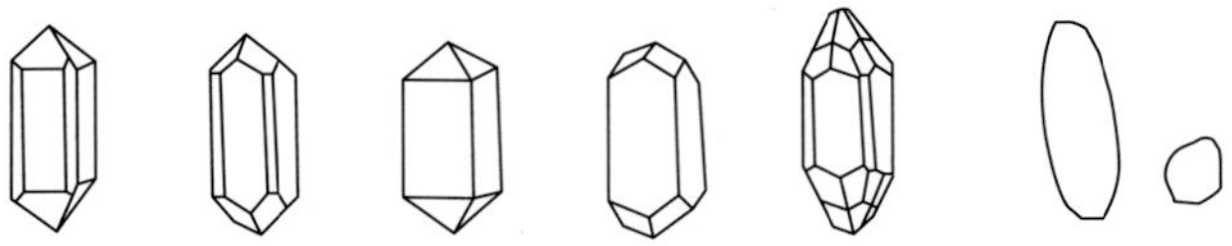
		PMD08-8	浅玫瑰色	金刚光泽	≤0.15	2：1	

表 2-14　研究区烟墩组重矿物含量（10^{-6}）

地层 统	地层 组	沉积物	样品编号	磁铁矿	钛铁矿	独居石	石榴子石	绿帘石	锆石	黄铁矿	锐钛矿	金红石	电气石	白钛石	蓝晶石	辉石	榍石	褐铁矿	黄玉	红帘石	萤石	角闪石
全新统	烟墩组	灰黄色含砾含粉砂质细中砂	D0427-1	4. 68	74. 6	2	少量	216. 75	20. 31		个别	22. 28	19. 05	50. 88	个别	少量	少量	125. 25				117. 60
		灰黄色含砾细中砂	D0849-1	15. 68	21. 86	个别	少量	132. 55	6. 51	少量	个别	12. 52	1. 64	11. 04		少量	个别	44. 9				55. 05
		灰黄色含砾粗中砂	D1700-1	18. 62	331. 49	5. 29	少量	418. 12	50. 52		个别	31. 94	16. 02	65. 09		个别	个别	101. 04				148. 07
		灰黄色含砾粗中砂	D1702-1	11. 76	144. 57	1. 59	少量	600. 26	53. 32	个别	个别	76. 16	22. 56	54. 47		个别	个别	134. 20				208. 31
		灰黄色含砾粗中砂	D1722-1	3. 6	19. 6	少量	少量	39. 2	7. 06	个别	个别	4. 92	4. 48	5. 43		个别	个别	22. 3				30. 67

2）研究区青天峡组重矿物含量总体较低，含量相对较高的重矿物主要有黑云母、绢云母、电气石、褐铁矿等，少量至微量独居石、磁铁矿、黄铁矿、锆石、钛铁矿等。大部分重矿物磨圆度较好。锆石以浅玫瑰色、玫瑰金色、浅褐色为主，少量无色，金刚光泽，粒径长≤0.1mm，宽≤0.04mm，长宽比为2∶1~3∶1，多数晶形呈四方柱形，少量滚圆粒状，反映其大部分沉积物所经历的搬运距离较远。从重矿物组合特征来看，该组物源主要来自岩浆岩和变质岩。

3）研究区报万组重矿物以钛铁矿、锆石、赤铁矿为主，锐钛石、磁铁矿、方铅矿、电气石、白钛石等含量为个别和少量，重矿物磨圆中等。锆石呈浅褐色、浅玫瑰色为主，少量无色，金刚光泽，粒径0.05~3mm，长宽比为2∶1~3∶1，多数晶形呈四方柱形，少量滚圆粒状。从重矿物组合与含量来看其沉积物来源应以岩浆岩区为主。

4）研究区八所组采集自然重砂样品19件，重矿物以钛铁矿、锐钛矿、白钛石、电气石、锆石、蓝晶石和榍石为主，含少量绿帘石、辉石、黄玉、磁铁矿、红帘石和黄铁矿。锆石呈浅黄色、浅玫瑰色为主，少量无色，金刚光泽，粒径0.01~0.25mm，长宽比为2∶1~3∶1，呈四方柱形、粒状。从重矿物组合特征来看，八所组物源以变质岩、中基性—酸性岩浆岩为主。

5）研究区烟墩组本次在东方等沿海地区采集5个自然重砂，重矿物以磁铁矿、钛铁矿、锆石、锐钛矿、榍石、白钛石、电气石和绿帘石较富集，少量石榴子石、辉石、榍石和蓝晶石，磨圆中等。锆石呈浅黄色、浅玫瑰色为主，少量无色，金刚光泽，粒径0.01~0.25mm，长宽比为2∶1~3∶1，呈四方柱形、粒状。从重矿物组合与含量来看其沉积物来源应以岩浆岩和变质岩区为主。

第三章　侵　入　岩

研究区岩浆活动较为强烈，但由于岩石风化强烈及第四系覆盖，地表出露面积较小，出露总面积仅 22.15km^2，占研究区总面积约 2.86%，主要分布于研究区中部的不磨大岭、南部的尖峰岭一带，在北部高坡岭一带零星出露（图 3-1）。本报告采用国家质量技术监督局 1998 年发布的《岩石分类和命名方案——火成岩岩石分类和命名方案》（GB/T 17412.1—1998）对研究区内侵入岩进行实际矿物定量分类，岩石类型主要为正长花岗岩、二长花岗岩，少量花岗闪长岩。根据全国地层委员会《中国地层表》编委会 2014 年 2 月编制的《中国地层表》，侵入时代包括蓟县纪、二叠纪、三叠纪和白垩纪，分属抱板期、华力西期—印支期和燕山期 3 个构造-岩浆旋回。

本次工作在充分利用前人已有成果的基础上，通过野外地质调查和室内综合研究，采用“岩性+典型命名地+时代”的命名方法，将研究区内出露的不同时代、不同类型的侵入岩划分为 7 个侵入岩填图单位（表 3-1）。以下对上述划分的 7 个侵入岩填图单位的地质特征、形成时代、岩石特征及岩石地球化学特征等按侵入时间顺序从早到晚分别给予描述。

表 3-1　研究区侵入岩序列表

构造旋回	地质时代		典型命名地	代号	岩　性	同位素年龄/Ma	主要侵入体	被侵入的主要地层或岩体	侵入的主要地层或岩体
燕山期	白垩纪	早世	红湖村	$\eta\gamma^{h}K_1$	细中粒少斑（角闪）黑云二长花岗岩	103.3±1.4	红湖村	$\xi\gamma^{s}T_2$、$\xi\gamma^{j}T_2$	
华力西期—印支期	三叠纪	中世	瘦岭	$\xi\gamma^{s}T_2$	中细粒二云母正长花岗岩	244.9±3.1	马鞍岭、红兴村	$\eta\gamma^{g}T_1$	$\eta\gamma^{h}K_1$
			尖峰岭	$\xi\gamma^{j}T_2$	粗中粒斑状黑云母正长花岗	245.1±2.8	尖峰岭	$\gamma\delta^{t}P_3$	$\eta\gamma^{h}K_1$
		早世	新水坡	$\xi\gamma^{x}T_1$	含石榴中细粒含斑黑云母正长花岗岩	251.4±3.5	新水坡	Ch-Jxe	
			高坡岭	$\eta\gamma^{g}T_1$	细中粒斑状黑云母二长花岗岩	251.7±1.8	高坡岭		$\xi\gamma^{s}T_2$
	二叠纪	晚世	田头村	$\gamma\delta^{t}P_3$	中细粒角闪黑云花岗闪长岩	253.3±2.3	田头村		$\xi\gamma^{j}T_2$
抱板期	蓟县纪		亚炮	$\eta\gamma^{y}Jx$	片麻状细中粒斑状二云母二长花岗岩	1432±17、1383±23、1384±9.1	不磨村、生旺村	Ch-Jxe	

注：各时代界限年龄据《中国地层表》（2014）：中元古代三分（1000—1400—1600—1800Ma）、二叠纪三分（252—260—272—299Ma）、三叠纪三分（201—235—247—252Ma）、白垩纪两分（66—100—145Ma）。所有年龄均为本次测定，测试方法为 LA-ICP-MS 法。

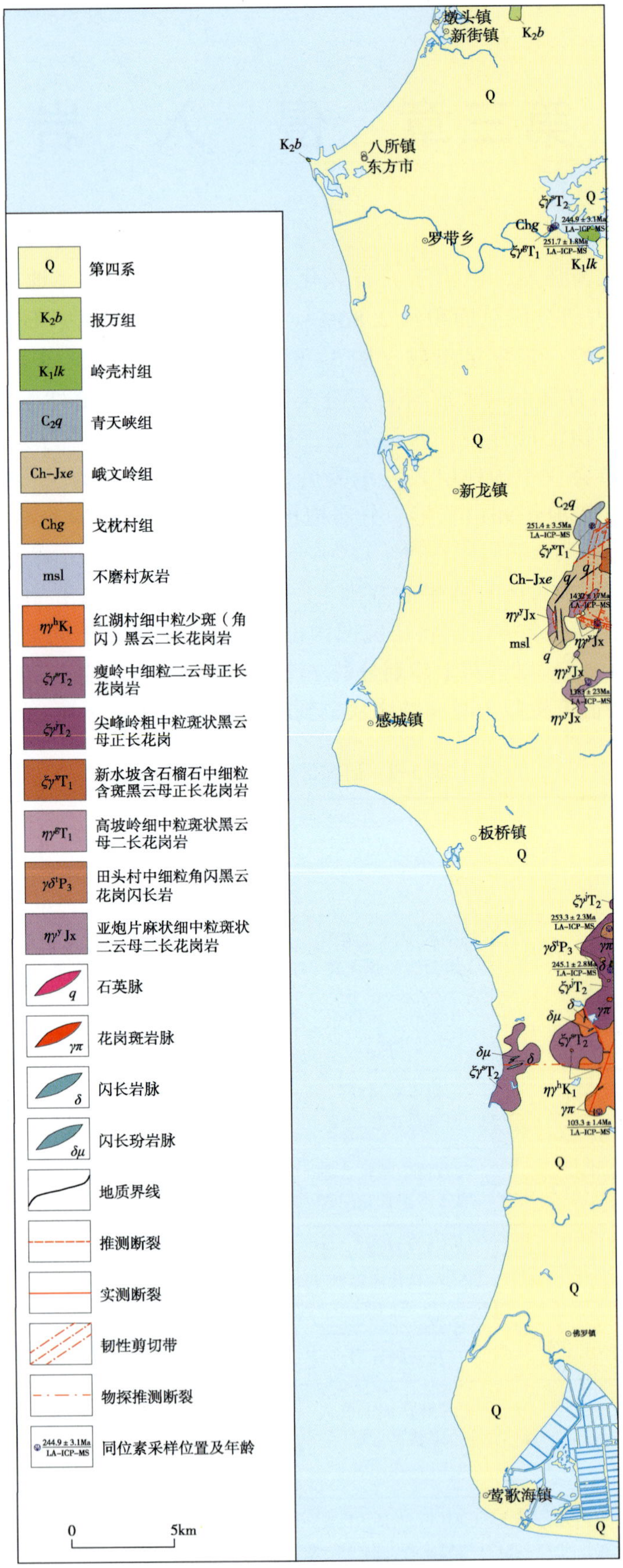

图 3-1　研究区侵入岩分布图

第一节　抱板期侵入岩

研究区抱板期侵入岩主要分布于研究区中部的不磨大岭一带，少量分布于北部的高坡岭水库一带，出露面积约 2.74km^2，仅蓟县纪亚炮片麻状细中粒斑状二云母二长花岗岩（$\eta\gamma^y$Jx）1 个填图单位。

一、地质特征及形成时代

研究区内蓟县纪侵入岩主要分布于研究区中部的不磨大岭一带，研究区北部的高坡岭一带零星出露，主体岩性为亚炮片麻状细中粒斑状二云母二长花岗岩（$\eta\gamma^y$Jx），局部斑晶减少，为少斑或含斑。本次工作在研究区中部的不磨经济场采石场，亚炮岩体中见有长城系—蓟县系峨文岭组（Ch-Jx*e*）片岩残留体，表明亚炮片麻状细中粒斑状二云母二长花岗岩形成时代晚于长城系—蓟县系峨文岭组。本次工作在感城镇不磨村采石场、感城镇生旺村水利沟附近及八所镇高坡岭水库泄闸口分别采集到新鲜的年龄样品，挑选其中的锆石颗粒进行年代学测定，各样品的阴极发光照片分别见图3-2、图 3-3、图 3-4，亚炮花岗岩的锆石形态多为柱状，少部分为粒状，锆石基本晶形完好，锆石 CL 图像显示，所有测定锆石均具明暗相间的环带，且无明显的核，表明其为典型的岩浆锆石，仅 D0488-4 样品中个别锆石颗粒边缘可见受后期构造热事件影响形成宽度 1~5μm 变质新生边。各测年样品运用高精度锆石 U-Pb 测年法（LA-ICP-MS），分别获得年龄 1432±17Ma、1383±23Ma 和1384.5±9.1Ma（图 3-5，图 3-6，图 3-7）。因此将研究区内亚炮片麻状细中粒斑状二云母二长花岗岩（$\eta\gamma^y$Jx）的侵位时代厘定为蓟县纪。

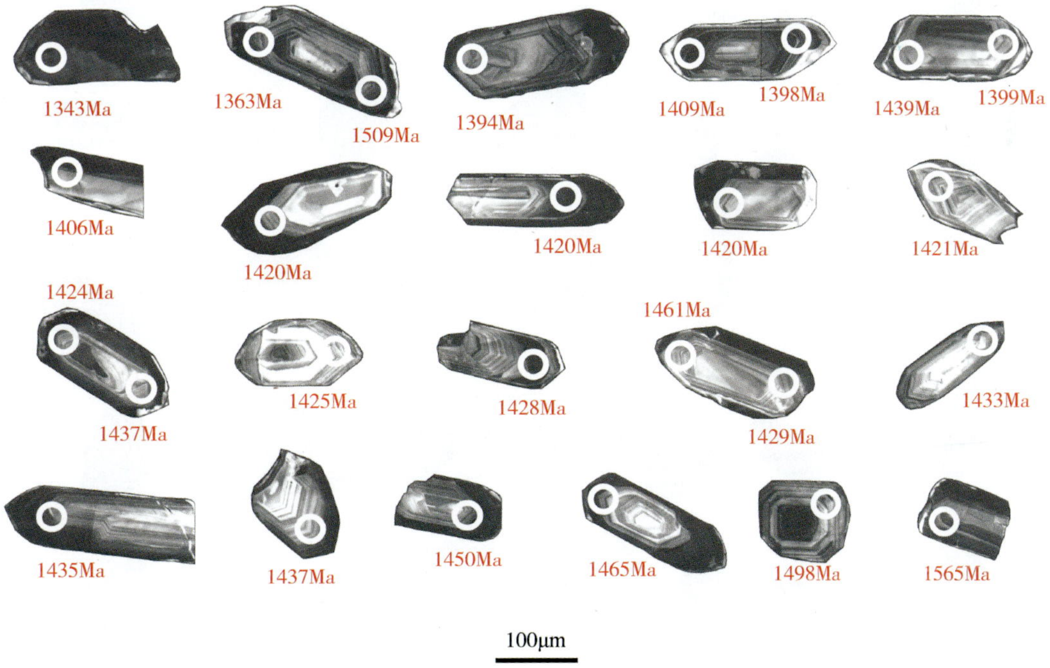

图 3-2　亚炮花岗岩（D0488-4）锆石阴极发光照片及年代学测试数据

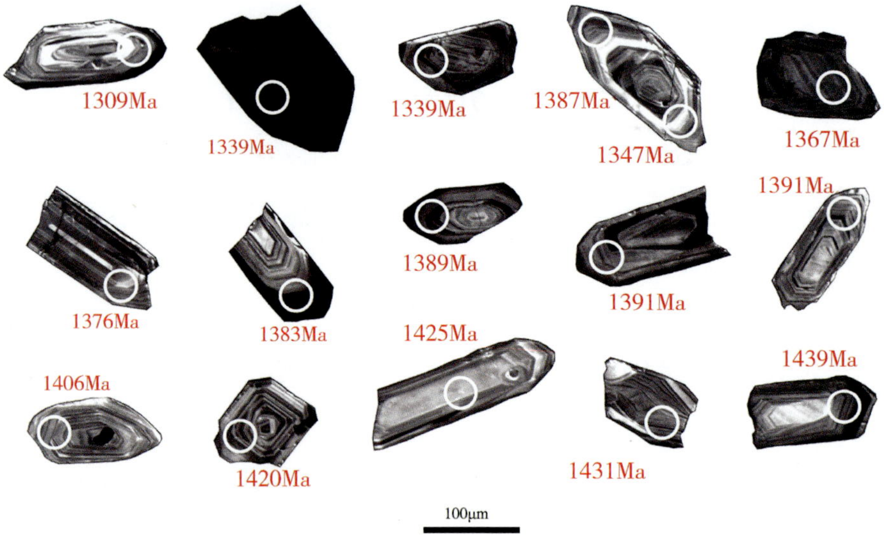

图 3-3 亚炮花岗岩（D1157-1）锆石阴极发光照片及年代学测试数据

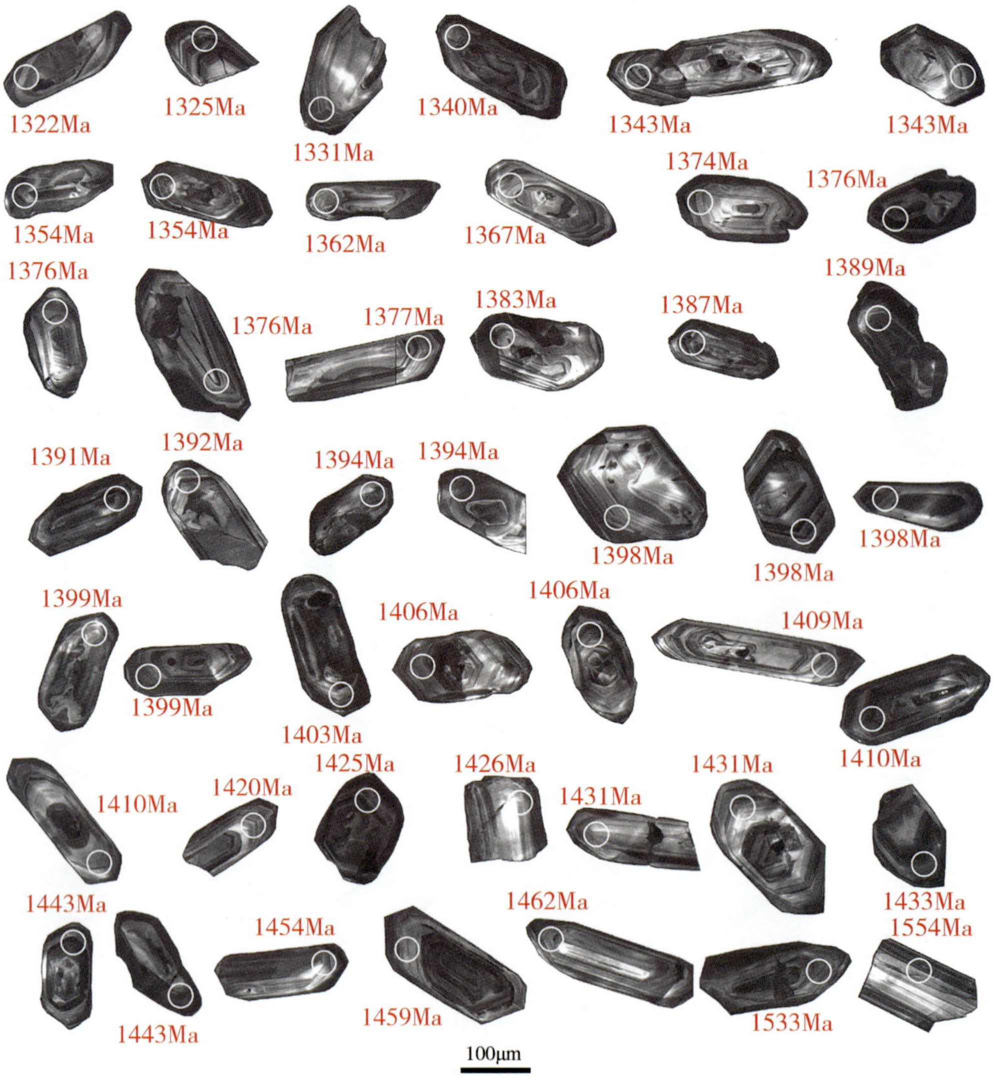

图 3-4 亚炮花岗岩（D0551-5）锆石阴极发光照片及年代学测试数据

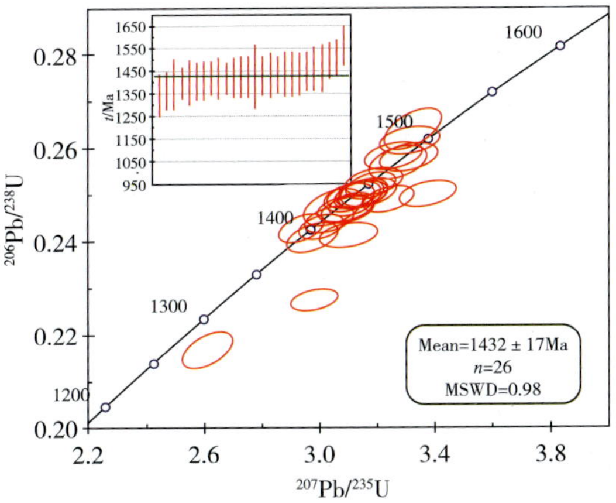

图 3-5　亚炮花岗岩（D0488-4）LA-ICP-MS 锆石 U-Pb 年龄谐和图

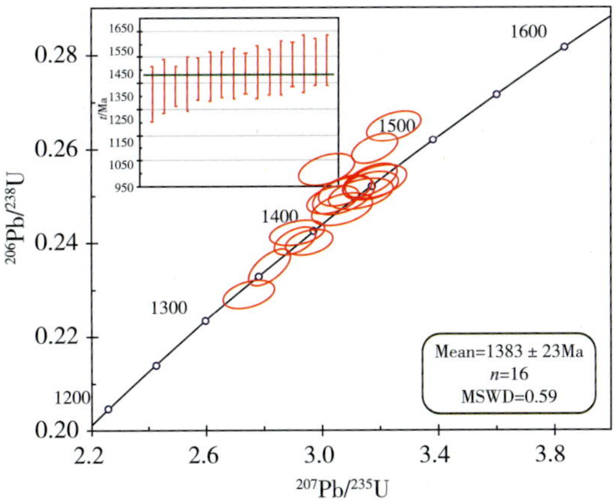

图 3-6　亚炮花岗岩（D1157-1）LA-ICP-MS 锆石 U-Pb 年龄谐和图

二、岩石学特征

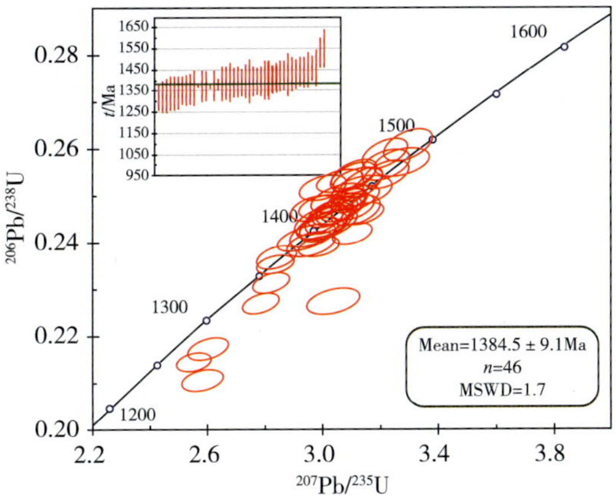

图 3-7　亚炮花岗岩（D0551-5）LA-ICP-MS 锆石 U-Pb 年龄谐和图

岩石呈灰白色，似斑状结构，片麻状构造、眼球状构造。斑晶为钾长石，含量 5%~12%，大小 1cm×2cm~2cm×3cm，受构造影响，斑晶呈眼球状，两端见拖尾现象（图 3-8a，b），以不磨村经济场为界，北部斑晶定向方向 35°~55°，南部斑晶定向方向 90°~120°，斑晶定向方向与岩石的片麻理走向一致。基质为细中粒花岗结构，主要矿物为石英（24%~30%），钾长石（30%~45%），斜长石（25%~30%），黑云母（1%~4%），白云母（4%~10%）。石英为他形粒状，粒径大小 0.3~0.7mm，晶粒间多以平直边镶嵌呈条带状集合体分布（图 3-8c）或呈眼球状集合体（图 3-8d）；钾长石为柱粒状，粒径大小多为 0.3~0.85mm，少量 2.0~3.2mm，大多发生高岭石化，颗粒大的边缘普遍见蠕英结构，有一小部分长石已被细碎，细碎物质呈条带状或透镜状集合体分布；斜长石为柱粒状，晶粒间紧密镶嵌呈条带状分布，长石已发生高岭石化或绢云母化；云母为片状，沿片轴方向呈条链状定向分布，显示岩石的片麻状构造，局部可见因受力作用，白云母被挤压呈“云母鱼”，有的两端呈尖灭现象，以不磨村经济场为界，北部片麻理产状 125°~145°∠40°~54°，南部片麻理产状 0°~30°∠42°~55°，其中，白云母无色透明，具闪突起，黑云母具褐—黄褐多色性，解理缝较细密，有的云母见扭曲现象。该岩体普遍受韧性变形作用，钾长石多被拉长，呈条带状、透镜状集合体，呈现拖尾现象，石英呈眼球状集合体或条带状集合体分布。

副矿物总含量较低（$<180\times10^{-6}$），主要有磁铁矿、褐铁矿、黄铁矿、锆石、磷灰石、钛铁矿、独居石等，另外含少量硬锰矿、石榴子石、电气石。磁铁矿，黑色，金属光泽，呈碎屑状、粒状；褐铁矿，棕黑色，半金属光泽，呈碎屑状、粒状，部分呈立方体黄铁矿假象，应为后期形成；黄铁矿，黄色，金属光泽，呈碎屑状、立方体粒状；锆石，以无色为主，少数为浅褐色，油脂光泽—金刚光泽，大多呈四方柱状，部分呈浑圆柱状、粒状；磷灰石，白色，玻璃光泽，呈半浑圆、浑圆六方柱状；钛铁矿，黑色，金属光泽，呈半浑圆粒状；独居石，浅黄色，油脂光泽，呈半浑圆扁粒

状；硬锰矿，暗黑色，半金属光泽，呈半浑圆粒状；石榴子石，浅粉色，玻璃光泽，呈碎屑状、粒状；电气石，褐黑色，玻璃光泽，呈三方柱状。

图 3-8　亚炮花岗岩野外照片及镜下显微照片

a—野外露头，眼球状斑晶（D0618）；b—野外露头，斑晶两端拖尾现象（D1157）；c—石英条带状集合体（D1153）；d—石英眼球状集合体（D1151）

三、地球化学特征

本次研究对具代表性的亚炮片麻状细中粒斑状二云母二长花岗岩新鲜岩石样品进行了测试。其 SiO_2 含量为 69.91%~75.72%，属酸性岩类；碱含量（Na_2O+K_2O=6.04%~7.85%）相对较高，K_2O / Na_2O 高（介于 1.19~2.24 之间），富 K 贫 Na；分异指数 *DI* 很高，为 77.79~93.93，平均值为 87.96，暗示岩体可能经历了高分异演化或形成花岗岩体的岩浆熔融程度很低。里特曼指数（σ 值）为 1.34~1.89，均小于 3.3，表明岩体为钙碱性花岗岩。在 TAS 图解中（图 3-9），亚炮花岗岩均落入亚碱性岩类区，除 D0551-5 样品落入花岗闪长岩类区外，其余均落入花岗岩类区，与野外和镜下的定名片麻状细中粒斑状二云母二长花岗岩基本一致；在 SiO_2-K_2O 图解（图 3-10）中均落入高钾钙碱性系列范围；岩石的 A/CNK 值为 1.12~1.54，均大于 1.1，CIPW 刚玉分子均大于 1%（介于 2.16~5.50 之间），属于强过铝质花岗岩。稀土总含量为 123.48×10^{-6}~252.78×10^{-6}，低于维氏酸性岩值（258），球粒陨石标准化稀土分配模式为中等右倾曲线（Sun and McDonough，1989，下同）（图 3-11），轻稀土富集，重稀土亏损。LREE/HREE 值为 4.75~14.37，轻、重稀土分异指数 $(La/Yb)_N$ 值为 4.71~32.14，且轻稀土分馏较强，重稀土基本不分馏；δEu 值为 0.36~0.46，具中等负铕异常，表明在岩浆分馏结晶过程中经历了斜长石的分离结晶或岩浆源区有斜长石的大量残留。在原始地幔微量元素标准化蛛网图上（Sun and McDonough，1989，下同）（图 3-12），所有样品均富集 Rb、Th、U、K 等大离子亲石元素（LILE）和 Zr、Hf、Y 等高场强元素（HFSE）以及稀土元素，明显亏损 Ta、Nb、Ti（具

TNT 谷，Nb/La 值为 0.27~0.43），说明其源区与陆壳或俯冲带有亲缘性；同时岩石还强烈亏损 Ba、Sr、P、Ti，这一方面是其源自陆壳的反映，也与其源区斜长石等矿物的残留有关。

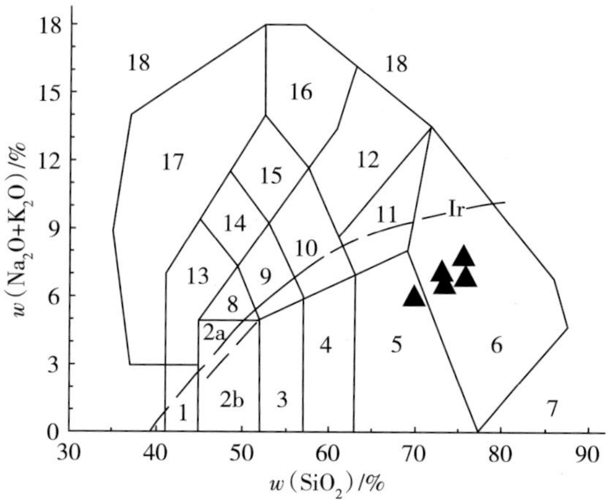

图 3-9　亚炮花岗岩 TAS 分类图解

Ir-Irvine 分界线，上方为碱性，下方为亚碱性。

1—橄榄辉长岩；2a—碱性辉长岩；2b—亚碱性辉长岩；3—辉长闪长岩；4—闪长岩；5—花岗闪长岩；6—花岗岩；7—硅英岩；8—二长辉长岩；9—二长闪长岩；10—二长岩；11—石英二长岩；12—正长岩；13—副长石辉长岩；14—副长石二长闪长岩；15—副长石二长正长岩；16—副长正长岩；17—副长深成岩；18—霓方钠岩/磷霞岩/粗白榴岩

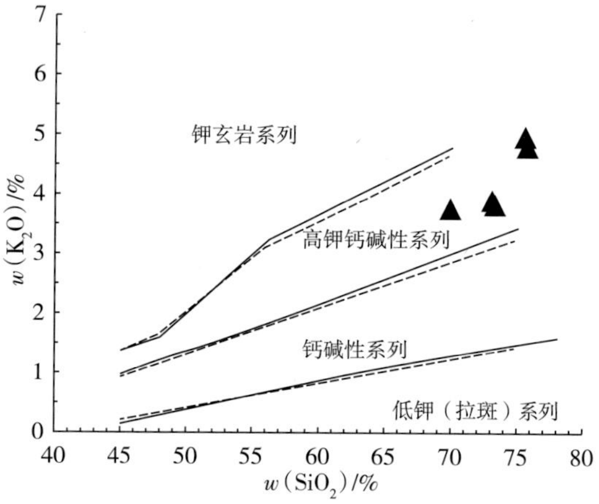

图 3-10　亚炮花岗岩 K_2O-SiO_2 图解

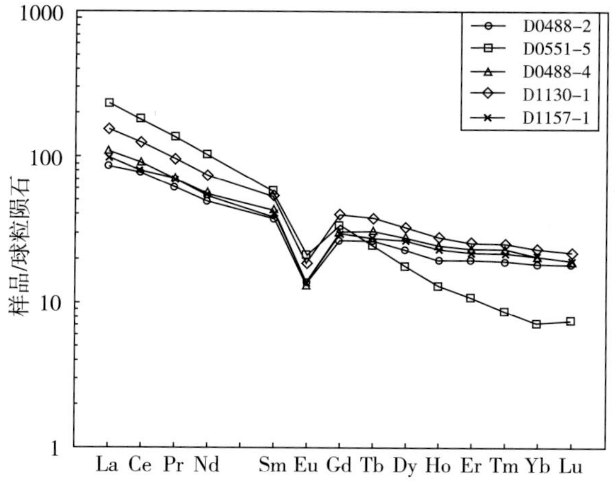

图 3-11　亚炮花岗岩稀土元素球粒陨石标准化分布型式图

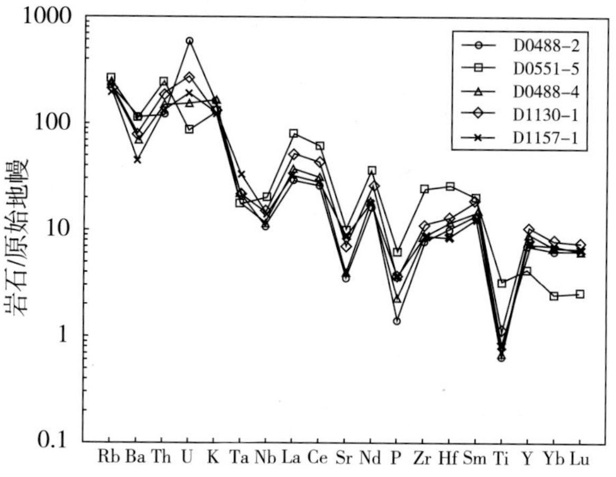

图 3-12　亚炮花岗岩微量元素原始地幔标准化蛛网图

第二节　华力西期—印支期侵入岩

研究区华力西期—印支期侵入岩主要分布于研究区中部的不磨大岭、南部的尖峰岭一带，少量分布于北部的高坡岭水库，出露总面积约 14.47km²，从早到晚划分为晚二叠世田头村中细粒角闪黑云花岗闪长岩（$\gamma\delta^{t}P_3$）、早三叠世高坡岭细中粒斑状黑云母二长花岗岩（$\eta\gamma^{g}T_1$）、早三叠世新水坡中细粒含石榴含斑黑云母正长花岗岩（$\xi\gamma^{x}T_1$）、中三叠世尖峰岭粗中粒斑状黑云母正长花岗岩（$\xi\gamma^{j}T_2$）以及中三叠世瘦岭中细粒二云母正长花岗岩（$\xi\gamma^{s}T_2$）5 个填图单位。岩石类型以正长花岗岩为主，少量二长花岗岩和花岗闪长岩。

一、晚二叠世田头村中细粒角闪黑云花岗闪长岩（$\gamma\delta^{t}P_3$）

1. 地质特征及形成时代

研究区内晚二叠世侵入岩仅出露田头村中细粒角闪黑云花岗闪长岩（$\gamma\delta^{t}P_3$）1个填图单位，为本次工作新厘定的侵入岩填图单位，零星分布于研究区南部的尖峰岭一带，出露面积约0.47km^2。通过本次研究工作，在研究区中部的黑眉村农场东侧见中三叠世尖峰岭粗中粒斑状黑云母正长花岗岩侵入田头村中细粒角闪黑云花岗闪长岩，接触面呈锯齿状，在靠近尖峰岭岩体一侧见宽度2~5cm细粒边（图3-13），表明田头村花岗闪长岩形成时代早于中三叠世尖峰岭花岗岩。本次工作在板桥镇田头村南侧采集到新鲜的年龄样品，挑选其中的锆石颗粒进行年代学测定，样品的阴极发光照片见图3-14，田头村花岗岩的锆石形态均为柱状，基本晶形完好，锆石CL图像显示，所有测定锆石均具明暗相间的振荡环带，且无明显的核，表明其为典型的岩浆锆石。测年样品运用高精度锆石U-Pb测年法（LA-ICP-MS）（图3-15），获得年龄253.3±2.3Ma。因此将研究区内田头村中细粒角闪黑云花岗闪长岩（$\gamma\delta^{t}P_3$）的侵位时代厘定为晚二叠世。

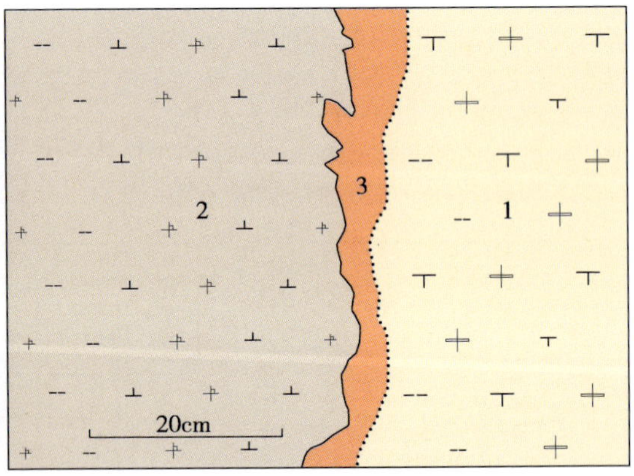

图3-13　尖峰岭斑状正长花岗岩侵入田头村花岗闪长岩野外露头照片及素描图（D1015）

1—尖峰岭斑状正长花岗岩；2—田头村花岗闪长岩；3—尖峰岭岩体细粒边缘相

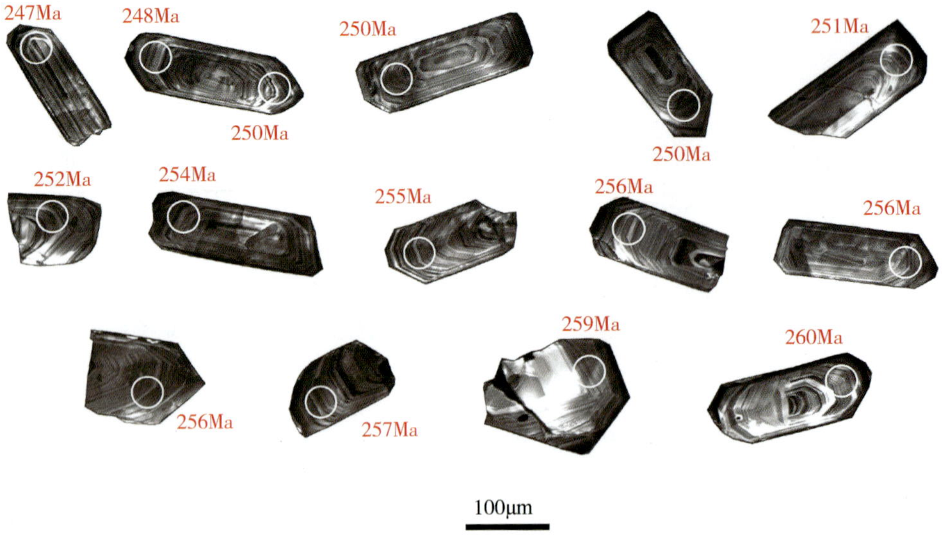

图3-14　田头村花岗岩（D1004-4）锆石阴极发光照片及年代学测试数据

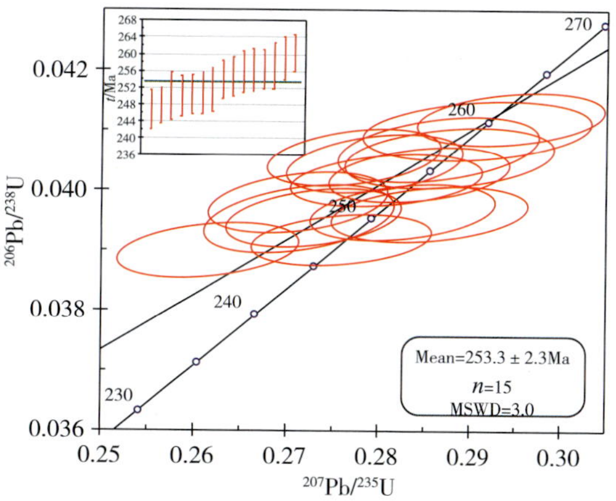

图 3-15　田头村花岗闪长岩（D1004）LA-ICP-MS 锆石 U-Pb 年龄谐和图

2. 岩石学特征

岩石呈灰白色，中细粒花岗结构，块状构造（图 3-16），局部含个别斑晶。斑晶为钾长石，灰白色，半自形板状，大小约 0.5cm×0.8cm~1cm×1cm。基质矿物颗粒大小为 0.3~3mm，以 0.3~2mm 为主，矿物组成：石英 21%~22%，他形粒状，多以单个颗粒或小团块状集合体分布在长石颗粒间隙中，波状消光不明显；斜长石 49%~55%，为半自形柱状，发生弱绢云母化，聚片双晶和环带结构发育，用垂直（010）晶带法测得 $N'_p \wedge$（010）≈18°~20°，An 35~38，为中长石；钾长石 10%~21%，为柱粒状，弱高岭石化，卡斯巴双晶发育；黑云母 8%~10%，片状，具褐—深棕多色性，内部见包裹有磷灰石；角闪石为柱状，具褐—绿多色性，柱状解理发育，一般分布在黑云母边缘。岩石中可见细粒闪长质包体（图 3-17），包体呈灰黑色，椭圆状，大小在 1cm×2cm~3cm×4cm，密度 1~2 个/m^2，与寄主岩界线清楚。包体岩性为细粒黑云角闪石英闪长岩，矿物组成：斜长石约 69%，半自形柱状，聚片双晶和环带结构发育，有的从中心发生绢云母化；石英约 17%，他形粒状，充填在斜长石颗粒间隙中，波状消光不明显；角闪石和黑云母约 13%，一般共同产出，而且都已绿泥石化，两者含量相当。细粒闪长质包体中磷灰石，长宽比达 20∶1，反映其岩浆经历了快速冷却结晶过程。

图 3-16　田头村花岗岩野外露头照片（D1015）

图 3-17　田头村花岗岩中的闪长质包体（D1015）

副矿物总含量较低（448.78×10^{-6}），主要有绿帘石、磁铁矿、锆石、褐铁矿、钛铁矿、磷灰石等。绿帘石，浅黄绿色，玻璃光泽，呈碎屑状、粒状；磁铁矿，黑色，金属光泽，呈碎屑状、粒状；锆石，以浅褐色为主，少数为无色、浅玫瑰色，金刚光泽，呈四方柱状；褐铁矿，棕褐色、黑色，半金属光泽，呈碎屑状、粒状，部分呈立方体黄铁矿假象，为后期形成；钛铁矿，黑色，金属光泽，呈碎屑状、粒状；磷灰石，白色，玻璃光泽，呈六方柱状。

3. 地球化学特征

田头村花岗闪长岩具有较高的 SiO_2 含量（67.74%～68.43%），属酸性岩类，碱含量（Na_2O+K_2O=6.48%～7.09%）相对较高，K_2O/Na_2O 值较高（介于 1.36～1.40 之间），富钾贫钠，里特曼指数（σ 值）为 1.67～2.02，均小于 3.3，表明岩体为钙碱性花岗岩。在 TAS 图解中（图 3-18），田头村花岗闪长岩均落入亚碱性岩类区，属花岗闪长岩类，与野外和镜下的定名中细粒角闪黑云花岗闪长岩一致；在 SiO_2-K_2O 图解（图 3-19）中落入高钾钙碱性系列范围。岩石的 A/CNK 值为 1.01～1.03，属于弱过铝质花岗岩。稀土总含量为 205.70×10^{-6}～301.64×10^{-6}，球粒陨石标准化稀土分配模式表现为轻稀土富集，重稀土亏损的右倾曲线（图 3-20），LREE/HREE 值为 7.31～10.64，轻、重稀土分异指数 $(La/Yb)_N$ 值为 8.98～13.72，轻稀土分馏明显，重稀土分馏不明显。δEu 值为 0.42～0.51，具中等负铕异常，表明在岩浆分馏结晶过程中经历了斜长石的分离结晶或岩浆源区有斜长石的大量残留。在原始地幔微量元素标准化蛛网图上（图 3-21），所有样品均富集 Rb、Th、U、K 等大离子亲石元素（LILE）和 Zr、Hf、Y 等高场强元素（HFSE）以及稀土元素，明显亏损 Ta、Nb、Ti（具 TNT 谷，Nb/La 值为 0.27～0.43），说明其源区与陆壳或俯冲带有亲缘性；同时岩石还强烈亏损 Ba、Sr、P、Ti，这一方面是其源自陆壳的反映，也与其源区斜长石等矿物的残留有关。结合闪长质包体的存在，表明田头村花岗岩是壳幔混合的产物。

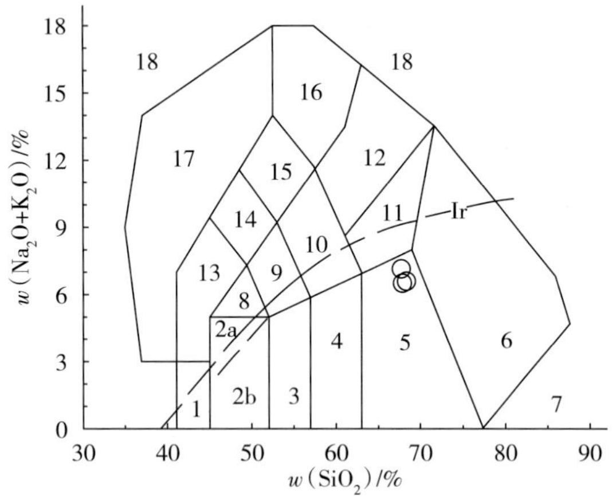

图 3-18　田头村花岗闪长岩 TAS 分类图解

各分区岩石类型同图 3-9

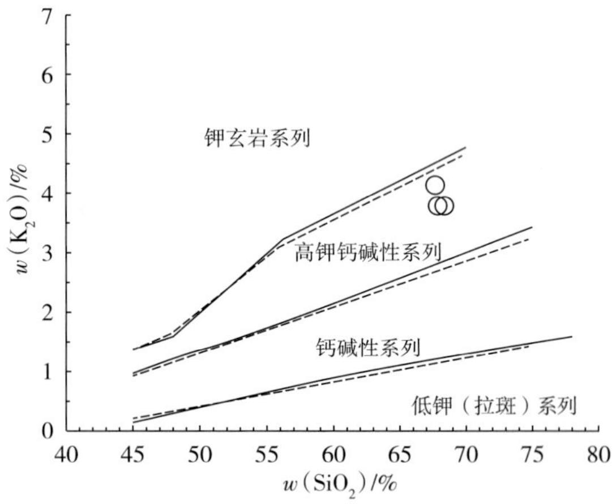

图 3-19　田头村花岗闪长岩 K_2O-SiO_2 图解

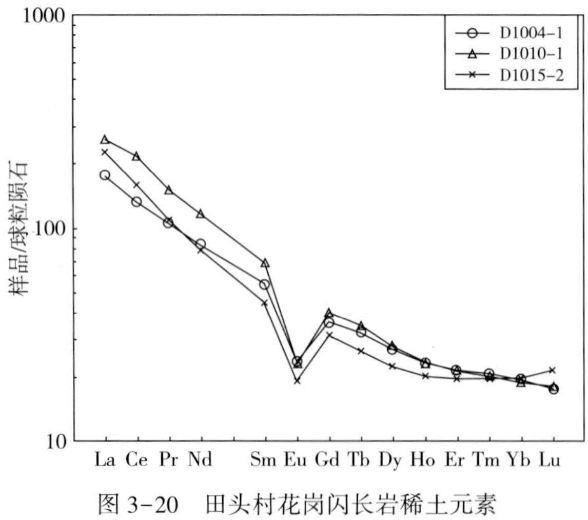

图 3-20　田头村花岗闪长岩稀土元素

球粒陨石标准化分布型式图

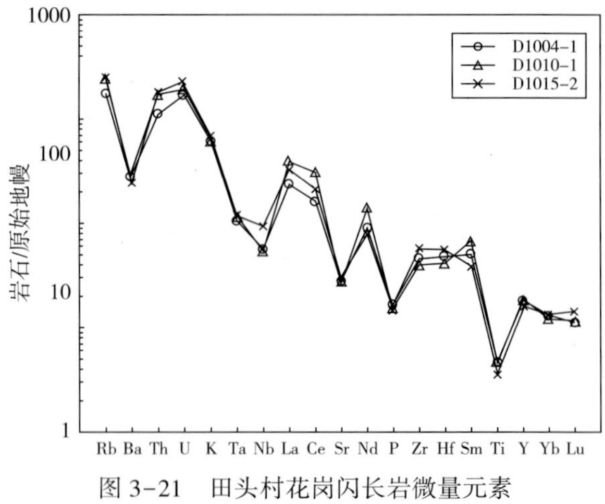

图 3-21　田头村花岗闪长岩微量元素

原始地幔标准化蛛网图

二、早三叠世侵入岩

早三叠世侵入岩主要分布于研究区北部的高坡岭水库和中部的不磨大岭，包括高坡岭细中粒斑状黑云母二长花岗岩（$\eta\gamma^{g}T_1$）和新水坡含石榴中细粒含斑黑云母正长花岗岩（$\xi\gamma^{x}T_1$）2个侵入岩填图单位，出露总面积约为0.56km²。

（一）高坡岭细中粒斑状黑云母二长花岗岩（$\eta\gamma^{g}T_1$）

1. 地质特征及形成年代

高坡岭细中粒斑状黑云母二长花岗岩（$\eta\gamma^{g}T_1$）为本次调查新发现的侵入岩填图单位，经野外调查及钻探工程揭露该岩体主要分布于研究区北部八所镇高坡岭水库—青山村一带，大部分为第四系覆盖，仅在高坡岭水库泄闸口见零星出露，出露面积仅0.02km²。本次工作在高坡岭水库坝泄闸口见中三叠世瘦岭中细粒二云母正长花岗岩（$\xi\gamma^{s}T_2$）呈脉状侵入高坡岭细中粒斑状黑云母二长花岗岩（图3-22），二者接触面平直，表明高坡岭细中粒斑状黑云母二长花岗岩形成时代早于中三叠世瘦岭细粒二云母正长花岗岩。此外，在高坡岭水库见早白垩世晚期的岭壳村组（K_1lk）流纹岩喷发不整合覆盖于高坡岭细中粒斑状黑云母二长花岗岩之上，流纹岩层理面与花岗岩风化面起伏情况一致（图3-23），表明高坡岭细中粒斑状黑云母二长花岗岩形成时代早于早白垩世晚期的岭壳村组流纹岩。本次研究工作在高坡岭水库坝泄闸口采集到新鲜的年龄样品，挑选其中的锆石颗粒进行年代学测定，锆石样品的阴极发光照片见图3-24，田头村花岗岩的锆石形态多为柱状，个别为粒状，基本晶形完好，锆石CL图像显示，所有测定锆石均具明暗相间的振荡环带，且无明显的核，表明其为典型的岩浆锆石。测年样品运用高精度锆石U-Pb测年法（LA-ICP-MS）（图3-25），获得年龄251.7±1.8Ma。因此将研究区内高坡岭细中粒斑状黑云母二长花岗岩的侵位时代厘定为早三叠世。

图3-22　瘦岭正长花岗岩脉状侵入高坡岭花岗岩（PMH04）
浅色为瘦岭花岗岩，灰色为高坡岭花岗岩
中部暗色为闪长岩脉

图3-23　岭壳村组流纹岩喷发不整合于高坡岭花岗岩之上（TC003）

2. 岩石学特征

岩石呈灰白色，似斑状结构，定向构造（图3-26）。斑晶钾长石含量10%~12%，大小1cm×2cm~2cm×3cm，个别可达3cm×8cm，斑晶定向方向300°。基质为细中粒花岗结构，矿物粒径0.4~4.3mm，基质矿物组成：石英20%~29%，他形粒状，以集合体分布在长石颗粒间隙中，石英颗粒间以齿形边紧密镶嵌，波状消光，局部受力作用，石英发生破裂，有的边部被细碎，裂隙中充

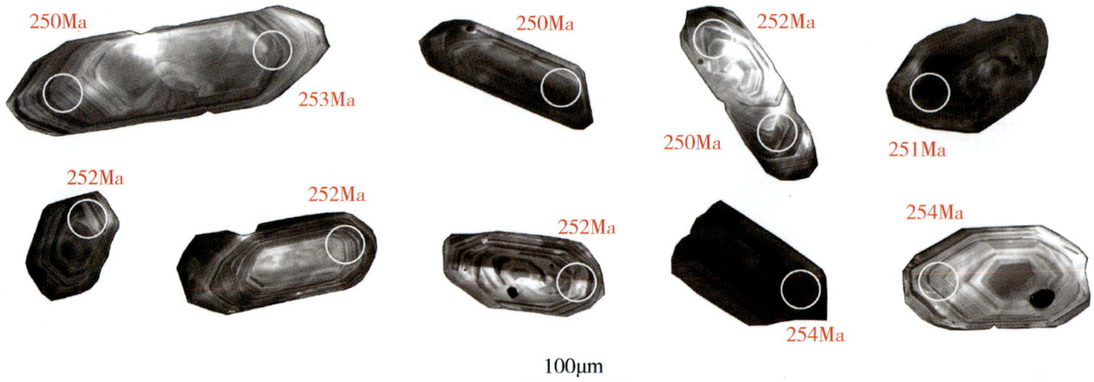

图 3-24　高坡岭花岗岩（D0551-3）锆石阴极发光照片及年代学测试数据

填细碎的石英；斜长石 25%～50%，为柱状，已发生钠黝帘石或绢云母化，聚片双晶发育，局部双晶纹扭曲；钾长石 22%～39%，为柱粒状，发生一定程度高岭石化，格子双晶发育，因受力作用，钾长石发生破裂，少量被细碎，裂隙中见充填绢云母，粒径较大的钾长石内部见包裹有细小的斜长石、石英和黑云母；黑云母 6%～10%，为片状，已绿泥石化，且沿解理缝和边缘析出磁铁矿，个别黑云母内部包裹较多的粒状磷灰石。

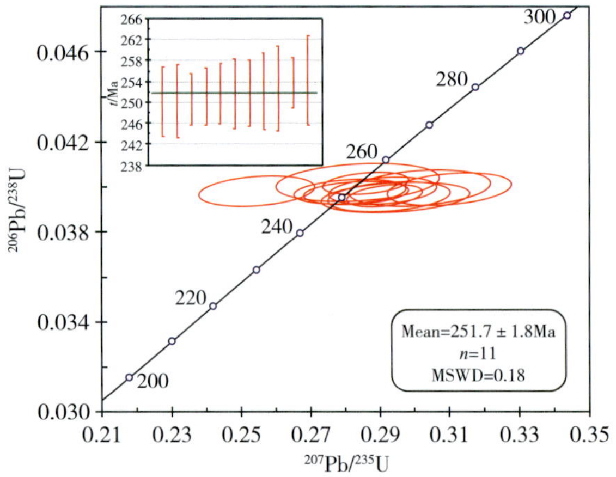

图 3-25　高坡岭斑状二长花岗岩（D0551-3）LA-ICP-MS 锆石 U-Pb 年龄谐和图

图 3-26　高坡岭斑状二长花岗岩野外露头照片（D0551）

岩石副矿物总含量较低（597.45×10^{-6}），主要有磁铁矿、锆石、磷灰石、黄铁矿、绿帘石、褐铁矿、钛铁矿、独居石等。磁铁矿，黑色，金属光泽，呈碎屑状，少数八面体粒状；锆石，无色为主，少数为褐色、玫瑰色，金刚光泽，呈四方柱状；磷灰石，白色，玻璃光泽，呈半浑圆至浑圆六方柱状、粒状；黄铁矿，黄色，金属光泽，呈碎屑状，少数呈立方体粒状；绿帘石，黄绿色，玻璃光泽，呈碎屑状、粒状；褐铁矿，棕黑色，半金属光泽，呈碎屑状、粒状；钛铁矿，黑色，金属光泽，呈碎屑状、半浑圆粒状；独居石，浅黄色，油脂光泽，呈半浑圆扁粒状。

3. 地球化学特征

高坡岭斑状二长花岗岩具有较高的 SiO_2 含量（60.29%～68.11%），属中酸性岩类，碱含量（Na_2O+K_2O=6.01%～8.04%）相对较高，K_2O/Na_2O 值介于 0.85～1.16 之间，里特曼指数（σ 值）为 1.55～3.61，均值 2.27，属钙碱性花岗岩。在 TAS 图解中（图 3-27），高坡岭斑状二长花岗岩均落入亚碱性岩类区；在 SiO_2-K_2O 图解（图 3-28）中，两个分析样品落入高钾钙碱性系列范围，一个落入钾玄岩系列范围。岩石的 A/CNK 值变化较大（介于 0.96～1.11 之间），属于准铝质—强过铝质花岗岩。稀土总含量为 105.94×10^{-6}～120.11×10^{-6}，球粒陨石标准化稀土分配模式为右倾平滑曲线（图 3-29），稀土分馏明显，轻稀土富集，重稀土亏损。LREE/HREE 值为 7.49～12.07，轻、重稀土分异指数 $(La/Yb)_N$ 值为 11.81～20.11，δEu 值为 0.63～0.95，具弱负铕异常，结合其 Sr 含量较高（326.54×10^{-6}～521.18×10^{-6}）和 CaO、Al_2O_3 含量较高，暗示岩浆源区很少有斜长石的残余。原始地幔微量元素标准化蛛网图（图 3-30）为右倾曲线，所有样品均富集 Rb、Th、U、K 等大离子亲石元素（LILE）和轻稀土元素，明显亏损 Ba、Ta、Nb、Ti。

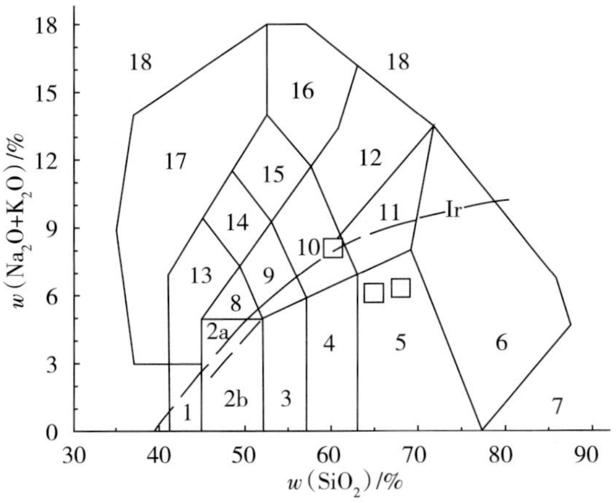

图 3-27　高坡岭斑状二长花岗岩 TAS 分类图解
各分区岩石类型同图 3-9

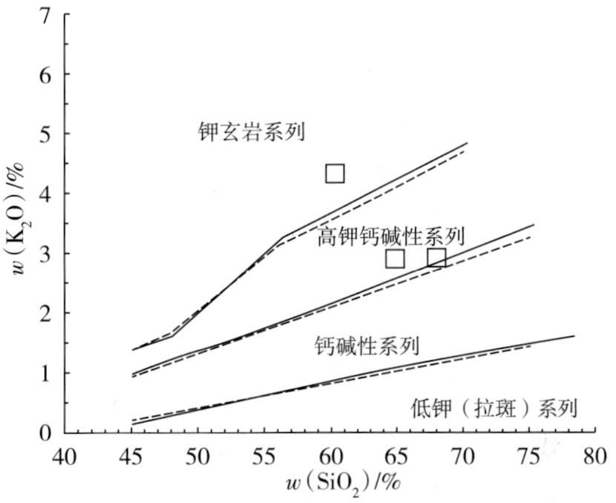

图 3-28　高坡岭斑状二长花岗岩 K_2O-SiO_2 图解

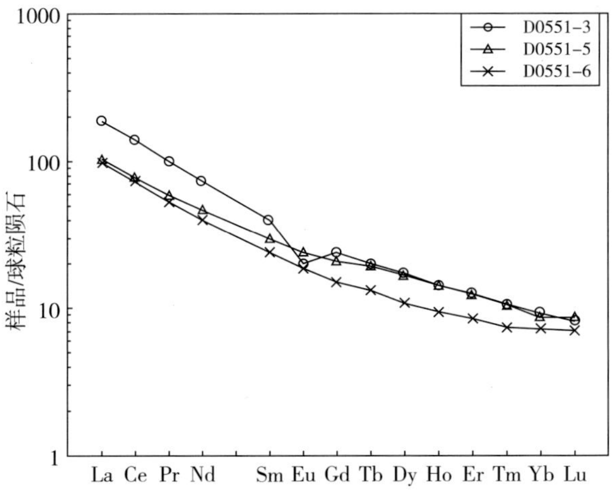

图 3-29　高坡岭斑状二长花岗岩稀土元素球粒陨石标准化分布型式图

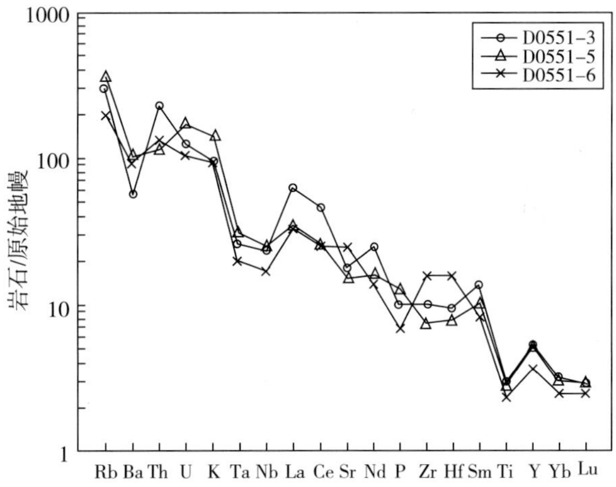

图 3-30　高坡岭斑状二长花岗岩微量元素原始地幔标准化蛛网图

（二）新水坡含石榴中细粒含斑黑云母正长花岗岩（$\xi\gamma^{x}T_1$）

1. 地质特征及形成年代

研究区内新水坡含石榴中细粒含斑黑云母正长花岗岩（$\xi\gamma^{x}T_1$）为本次研究工作新厘定的侵入岩填图单位，主要呈小岩株分布于研究区中部的不磨大岭一带，出露面积仅 0.54km²。本次工作在东方市感城镇金山公墓采石场见新水坡含石榴中细粒含斑黑云母正长花岗岩呈脉状侵入中元古界峨文岭组（Ch-Jx*e*）片岩（图 3-31），在二者接触带，靠近新水坡正长花岗岩一侧见宽约 1cm 细粒边，在靠近峨文岭组片岩一侧见宽约 10cm 烘烤边，表明新水坡含石榴中细粒含斑正长花岗岩形成时代晚于中元古界峨文岭组。本次区调工作在金山公墓一带采集到新鲜的年龄样品，挑选其中的锆石颗粒进行年代学测定，锆石样品的阴极发光照片见图 3-32，新水坡花岗岩的锆石形态多为柱状，个别为粒状，基本晶形完好，锆石 CL 图像显示，所有测定锆石均具明暗相间的环带，且无明显的核，表明其为典型的岩浆锆石。测年样品运用高精度锆石 U-Pb 测年法（LA-ICP-MS）（图 3-33），获得年龄 251. 4±3. 5Ma。因此将研究区内新水坡中细粒斑状黑云母二长花岗岩（$\xi\gamma^{x}T_1$）的侵位时代厘定为早三叠世。

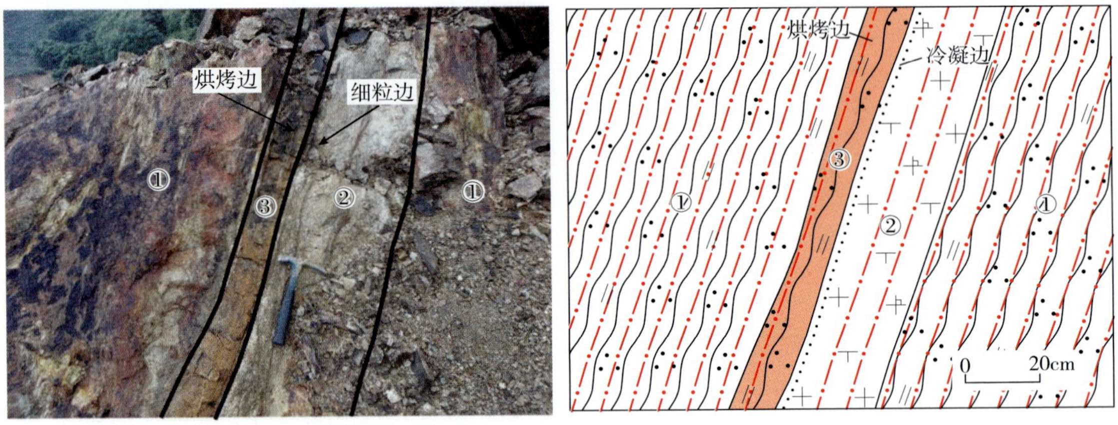

图 3-31　新水坡花岗岩脉状侵入峨文岭组云母石英片岩野外露头照片及素描图（D0635）

1—峨文岭组糜棱岩化云母石英片岩；2—新水坡糜棱岩化细粒含斑黑云母正长花岗岩；3—烘烤边

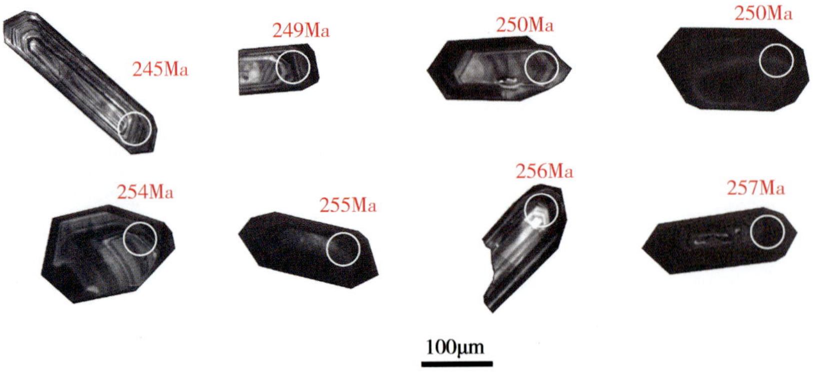

图 3-32　新水坡花岗岩（D1565-3）锆石阴极发光照片及年代学测试数据

2. 岩石学特征

岩石呈灰白色，似斑状结构，块状构造。斑晶钾长石含量 2%～4%，大小 0. 8cm×1cm～1cm×1. 5cm。基质为中细粒花岗结构，矿物粒径 0. 4～4mm，以 0. 4～2mm 为主，基质矿物组成：石英 24%～28%，他形粒状，多以集合体分布在长石颗粒间隙中，石英颗粒间以弧形边、齿形边紧密接触，波状消光；斜长石 18%～25%，为柱状，已发生钠黝帘石或绢云母化，聚片双晶发育；钾长石 43%～51%，为柱粒状，部分高岭石化较强，部分蚀变较弱，微纹结构和纺锤状格子双晶发育；黑云母 2%～3%，为片状，已绿泥石化；石榴子石少量，为粒状，全消光。

岩石副矿物含量高（$>1000\times10^{-6}$），以石榴子石为主，占副矿物总量的 95%以上，其他主要副矿物有锆石、独居石、磁铁矿、褐铁矿、电气石、黄铁矿、磷灰石等。石榴子石，浅红色，玻璃光泽，呈碎屑状、粒状；锆石，以浅玫瑰色为主，少数无色，金刚光泽，呈四方柱状；独居石，浅黄

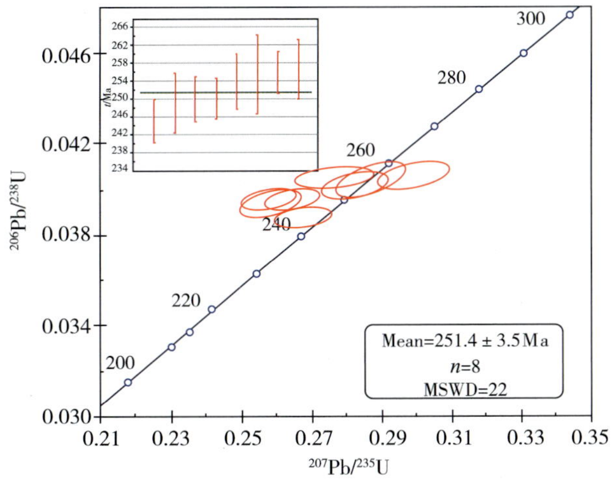

图 3-33　新水坡正长花岗岩 LA-ICP-MS 锆石 U-Pb 年龄谐和图（D1565-3）

色，油脂光泽，呈半浑圆扁粒状；磁铁矿，黑色，金属光泽，呈碎屑状、粒状；电气石，褐黑色，玻璃光泽，呈碎屑状、粒状；黄铁矿，黄色，金属光泽，呈碎屑状、粒状，少数立方体粒状；磷灰石，白色，玻璃光泽，呈碎屑状、粒状。

3. 地球化学特征

新水坡含石榴中细粒含斑黑云母正长花岗岩具有较高的 SiO_2 含量（70.97%～75.29%），属酸性岩类，碱含量（Na_2O+K_2O=7.46%～8.99%）相对较高，富钾贫钠，K_2O/Na_2O 介于 1.94～2.54 之间；里特曼指数（σ 值）为 1.97～2.51，均小于 3.3，表明岩体为钙碱性花岗岩。分异指数 *DI* 较高，为 87.65～94.61，平均值为 92.14，暗示岩体可能经历了高分异演化或形成花岗岩体的岩浆熔融程度较低。在 TAS 图解中（图 3-34），高坡岭斑状二长花岗岩均落入亚碱性岩类区，属花岗岩类；在 SiO_2-K_2O 图解（图 3-35）中，新水坡正长花岗岩均落入钾玄岩系列范围。岩石的 A/CNK 值为 1.11～1.16，属于强过铝质花岗岩。稀土总含量为 56.31×10^{-6}～247.88×10^{-6}，低于维氏酸性岩值（258），球粒陨石标准化稀土分配模式为右倾曲线（图 3-36），轻稀土富集，重稀土亏损。LREE/HREE 值为 4.52～20.30，轻、重稀土分异指数 $(La/Yb)_N$ 值为 2.96～38.02，轻稀土分馏明显，重稀土分馏不明显；δEu 值为 0.28～0.65，具中等负铕异常，表明岩浆源区有斜长石的大

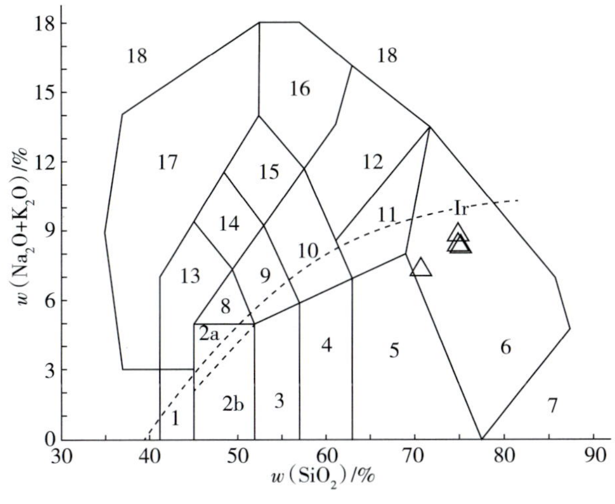

图 3-34　新水坡含斑正长花岗岩 TAS 分类图解
各分区岩性同图 3-9

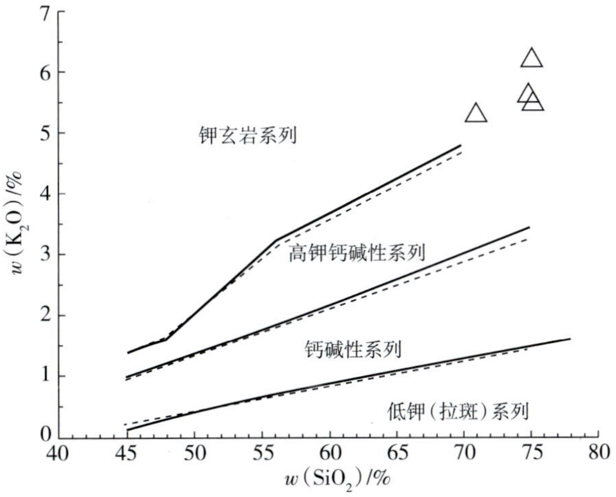

图 3-35　新水坡含斑正长花岗岩 K_2O-SiO_2 图解

量残留。在原始地幔微量元素标准化蛛网图（图3-37）上，所有样品均富集Rb、Th、U、K等大离子亲石元素（LILE）和Zr、Hf、Y等高场强元素（HFSE）以及稀土元素，明显亏损Ba、Ta、Nb、Ti，显示出与大陆地壳的亲缘性；同时Rb、Ba、Sr、Ti含量的变化主要受造岩矿物控制，Rb升高和Sr、Ba的降低是钾长石、斜长石、黑云母分离结晶造成的。

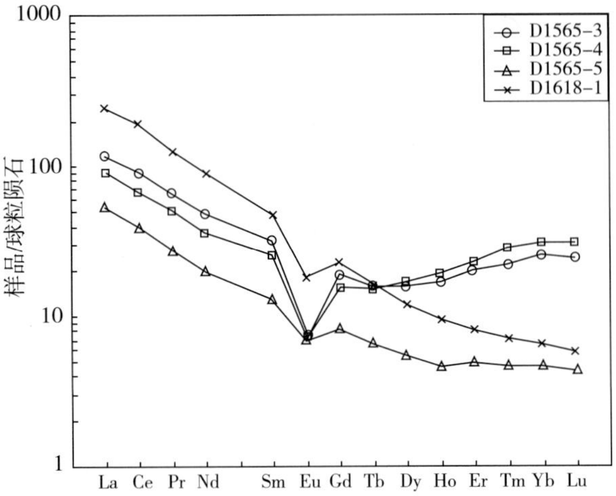

图3-36 新水坡含斑正长花岗岩稀土元素球粒陨石标准化分布型式图

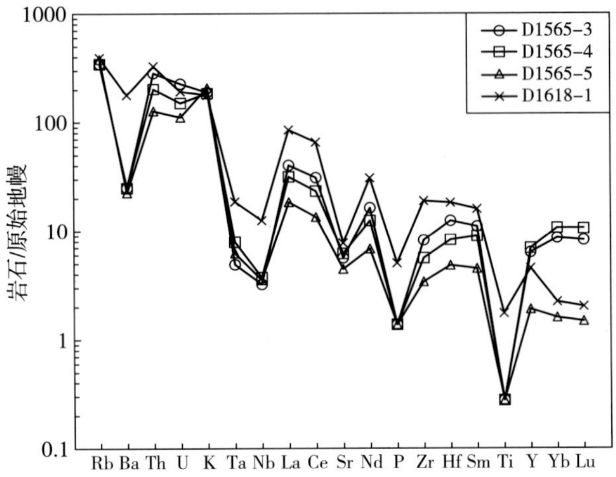

图3-37 新水坡含斑正长花岗岩微量元素原始地幔标准化蛛网图

三、中三叠世侵入岩

中三叠世侵入岩主要出露于研究区南部的尖峰岭一带，研究区北部高坡岭一带零星分布，出露总面积约13.43km²，从早到晚包括尖峰岭粗中粒斑状黑云母正长花岗岩（$\xi\gamma^{j}T_2$）、瘦岭中细粒二云母正长花岗岩（$\xi\gamma^{s}T_2$）2个侵入岩填图单位，为同一岩浆演化序列。

（一）尖峰岭粗中粒斑状黑云母正长花岗岩（$\xi\gamma^{j}T_2$）

1. 地质特征及形成年代

尖峰岭粗中粒斑状黑云母正长花岗岩（$\xi\gamma^{j}T_2$）主要分布于研究区南部田头村—黑眉水库一带，出露面积约5.26km²。本次工作在研究区南部的黑眉村农场东侧见尖峰岭粗中粒斑状黑云母正长花岗岩侵入晚二叠世田头村中细粒角闪黑云花岗闪长岩（$\gamma\delta^{t}P_3$），接触面呈锯齿状，在靠近尖峰岭岩体一侧见宽度2~5cm细粒边（图3-13），表明尖峰岭粗中粒斑状黑云母正长花岗岩形成时代晚于晚二叠世田头村中细粒角闪黑云花岗闪长岩。此外，在研究区中部的黑眉水库一带，早白垩世晚期的红湖村细中粒少斑黑云母二长花岗岩（$\eta\gamma^{h}K_1$）中见有大小20cm×30cm的棱角状尖峰岭粗中粒斑状黑云母正长花岗岩捕虏体（图3-38），表明尖峰岭粗中粒斑状黑云母正长花岗岩形成时代早于早白垩世红湖村细中粒少斑黑云母二长花岗岩。本次研究工作在中沙乡农场一带采集到新鲜的年龄样品，挑选其中的锆石颗粒进行年代学测定，锆石样品的阴极发光照片见图3-39，新水坡花岗岩的锆石形态多为柱状，个别为粒状，基本晶形完好，锆石CL图像显示，所有测定锆石均具明暗相间的环带，且无明显的核，表明其为典型的岩浆锆石。测年样品运用高精度锆石U-Pb测年法（LA-ICP-MS）（图3-40），获得年龄245.1±2.8Ma。因此，将研究区内尖峰岭粗中粒斑状黑云母正长花岗岩（$\xi\gamma^{j}T_2$）的侵位时代厘定为中三叠世。

2. 岩石学特征

岩石呈浅肉红色，似斑状结构，块状构造（图3-41）。斑晶钾长石含量10%~18%，局

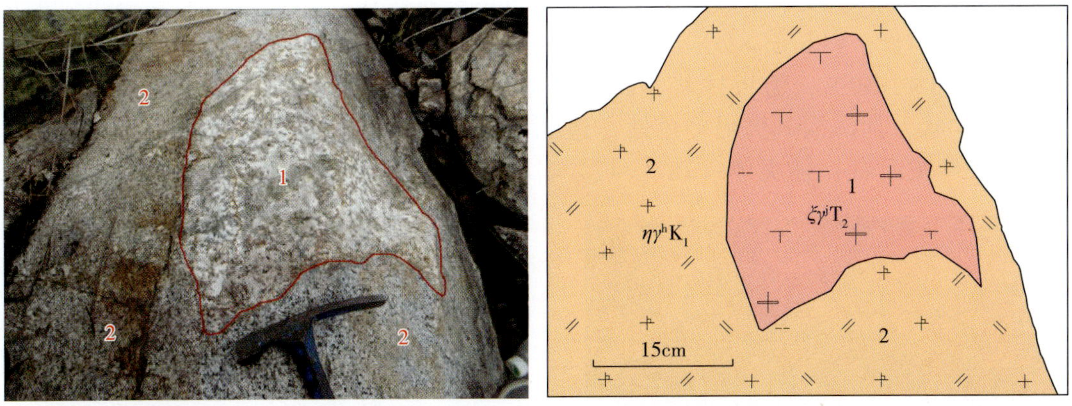

图 3-38　红湖村二长花岗岩中的尖峰岭正长花岗岩捕虏体野外露头照片及素描图（D1026）

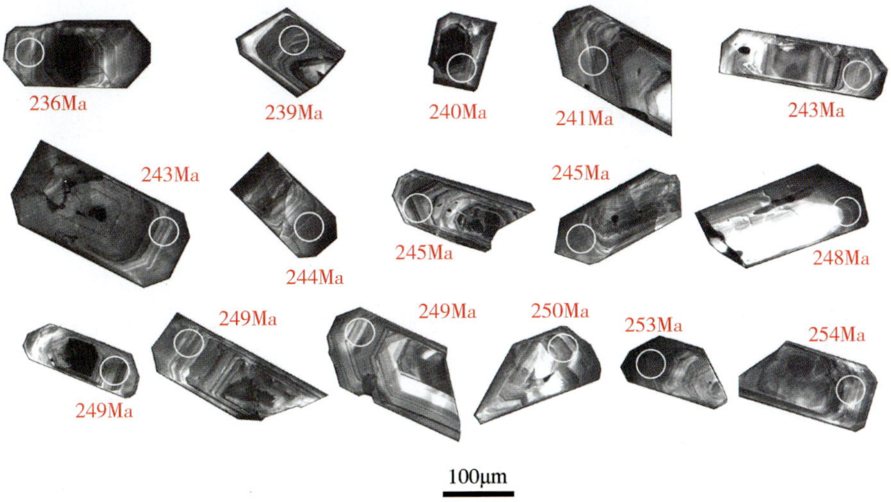

图 3-39　尖峰岭花岗岩（D0296-1）锆石阴极发光照片及年代学测试数据

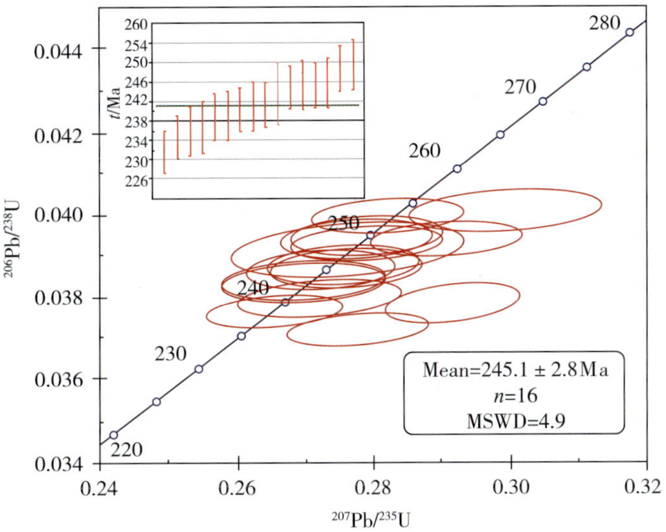

图 3-40　尖峰岭斑状正长花岗岩 LA-ICP-MS 锆石 U-Pb 年龄谐和图（D0296-1）

部富集，可达 25%以上，浅肉红色，板柱状，大小 1cm×2cm～2cm×3cm，个别可达 3cm×5cm。基质为粗中粒花岗结构，矿物粒径 2～7mm，以 2～5mm 为主，基质矿物组成：石英

23%~28%，他形粒状，以单个颗粒或集合体分布在长石颗粒间隙中，石英颗粒间以齿形边接触，波状消光不明显；斜长石 8%~27%，为柱状，绢云母化较强，聚片双晶发育，双晶纹较细密；钾长石 25%~50%，为板柱状，高岭石化较强，格子双晶和卡斯巴双晶发育；黑云母 2%~8%，为片状，具深褐—黑褐多色性，边缘见绿泥石化。岩体中局部可见早期花岗岩（细微粒斑状黑云母花岗岩）捕虏体（图 3-42）。

图 3-41　尖峰岭斑状正长花岗岩野外露头照片（D1018）

图 3-42　尖峰岭花岗岩中的细微粒斑状黑云母花岗岩捕虏体（D1022）

岩石副矿物总量低（114×10^{-6}），主要有褐帘石、锆石、磁铁矿、钛铁矿、独居石、电气石、褐铁矿、黄铁矿、绿帘石等。褐帘石，黑色，断口处沥青光泽，多数呈碎屑状，少数呈板状、板柱状；锆石，以无色为主，少数为浅褐色、褐色、玫瑰色，部分表面被铁质染成浅黄褐色，金刚光泽，呈四方柱状；磁铁矿，黑色，金属光泽，多数呈碎屑状，少数为八面体粒状；钛铁矿，黑色，金属光泽，呈半浑圆粒状；独居石，浅黄色，油脂光泽，呈半浑圆扁粒状；电气石，浅褐色，玻璃光泽，呈半浑圆三方柱状；褐铁矿，棕黑色，半金属光泽，呈半浑圆粒状；黄铁矿，黄色，金属光泽，呈碎屑状、立方体粒状；绿帘石，黄绿色，玻璃光泽，呈碎屑状、粒状。

3. 地球化学特征

尖峰岭粗中粒斑状黑云母正长花岗岩具有较高的 SiO_2 含量（70.67%~76.13%），属酸性岩类，碱含量（$Na_2O+K_2O=8.32\%\sim8.72\%$）相对较高，富钾贫钠，$K_2O/Na_2O$ 介于 1.65~2.43 之间；里特曼指数（σ 值）为 2.09~2.63，均小于 3.3，表明岩体为钙碱性花岗岩。分异指数 *DI* 较高，为 86.51~93.89，平均值为 90.38，暗示岩体可能经历了高分异演化或形成花岗岩体的岩浆熔融程度很低。在 TAS 图解中（图 3-43），尖峰岭斑状正长花岗岩均落入亚碱性岩类区，其中 3 个样品落入花岗岩类区，1 个样品落入花岗闪长岩类区；在 SiO_2-K_2O 图解（图 3-44）中，尖峰岭正长花岗岩有 3 个样品落入钾玄岩系列，1 个样品落入高钾钙碱性系列范围。岩石的 A/CNK 值为 1.01~1.07，属于弱过铝质花岗岩。稀土总含量为 $171.67\times10^{-6}\sim507.41\times10^{-6}$，球粒陨石标准化稀土分配模式为右倾曲线（图 3-45），轻稀土富集，重稀土亏损。LREE/HREE 值为 14.50~17.63，轻、重稀土分异指数 $(La/Yb)_N$ 值为 21.23~24.99，轻稀土分馏明显，重稀土分馏不明显；δEu 值为 0.31~0.64，具中等负铕异常，表明岩浆源区有斜长石的大量残留。在原始地幔微量元素标准化蛛网图（图 3-46）上，与原始地幔相比，除 Ti 外，所有不相容元素都有不同程度富集，在不相容元素富集的背景下，出现了 Rb、Th、U、K 等大离子亲石元素（LILE）和 Zr、Hf、Y 等高场强元素（HFSE）以及稀土元素的不同程度正异常，而 Ba、Ta-Nb、Sr、P、Ti 出现负异常。

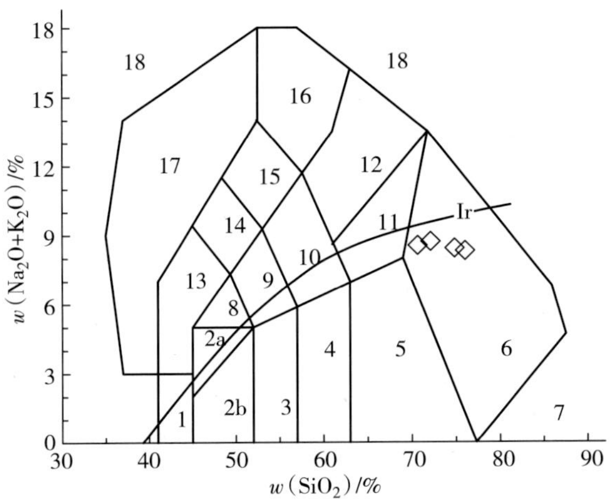

图 3-43　尖峰岭斑状正长花岗岩 TAS 分类图解
各分区岩性同图 3-9

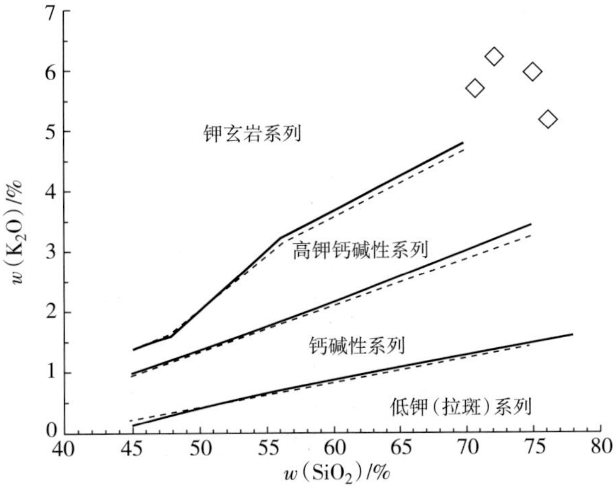

图 3-44　尖峰岭斑状正长花岗岩 K_2O-SiO_2 图解

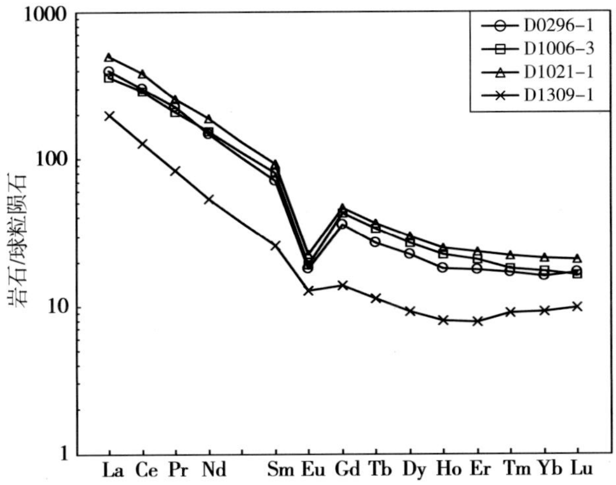

图 3-45　尖峰岭斑状正长花岗岩稀土元素
球粒陨石标准化分布型式图

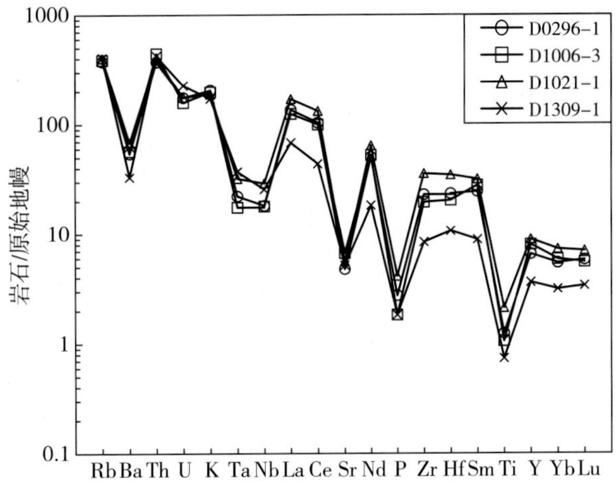

图 3-46　尖峰岭斑状正长花岗岩微量元素
原始地幔标准化蛛网图

（二）瘦岭中细粒二云母正长花岗岩（$\xi\gamma^{s}T_2$）

1. 地质特征及形成年代

瘦岭中细粒二云母正长花岗岩（$\xi\gamma^{s}T_2$）分布于研究区南部马鞍岭、岭头村农场一带，北部的高坡岭水库亦见零星出露，出露面积约 8.17km²。前人研究成果显示，瘦岭细粒二云母正长花岗岩涌动侵入同一岩浆演化序列的黑岭细粒斑状黑云母正长花岗岩，而黑岭细粒斑状黑云母正长花岗岩脉动侵入尖峰岭粗中粒斑状黑云母正长花岗岩（宜昌地质矿产研究所和海南省地质调查院，2004）。本次工作在研究区南部的红湖村一带，见早白垩世红湖村细中粒少斑黑云母二长花岗岩（$\eta\gamma^{h}K_1$）呈脉状侵入瘦岭中细粒二云母正长花岗岩（图 3-47），表明瘦岭中细粒二云母正长花岗岩形成时代早于早白垩世红湖村细中粒少斑黑云母二长花岗岩。此外，在研究区北部高坡岭水库泄闸口处，见瘦岭中细粒二云母正长花岗岩呈脉状侵入早三叠世高坡岭细中粒斑状黑云母二长花岗岩（$\gamma\delta^{t}P_3$）（图 3-22），二者接触面平直，表明瘦岭细粒二云母正长花岗岩形成时代晚于早三叠世高坡岭细中粒斑状黑云母二长花岗岩。本次区调工作在高坡岭水库泄闸口采集到新鲜的年龄样品，挑选其中的锆石颗粒进行年代学测定，锆石样品的阴极发光照片见图 3-48，新水坡花岗岩的锆石形态多为柱状，个别为粒状，基本晶形完好，锆石 CL 图像显示，所有测定锆石均具明暗相间的环带，且无明显的核，表明其为典型的岩浆锆石。测年样品运用高精度锆石 U-Pb 测年法（LA-ICP-MS）（图 3-49），获得年龄 244.9±3.1Ma。因此将研究区内瘦岭中细粒二云母正长花岗岩（$\xi\gamma^{s}T_2$）的侵位时代厘定为中三叠世。

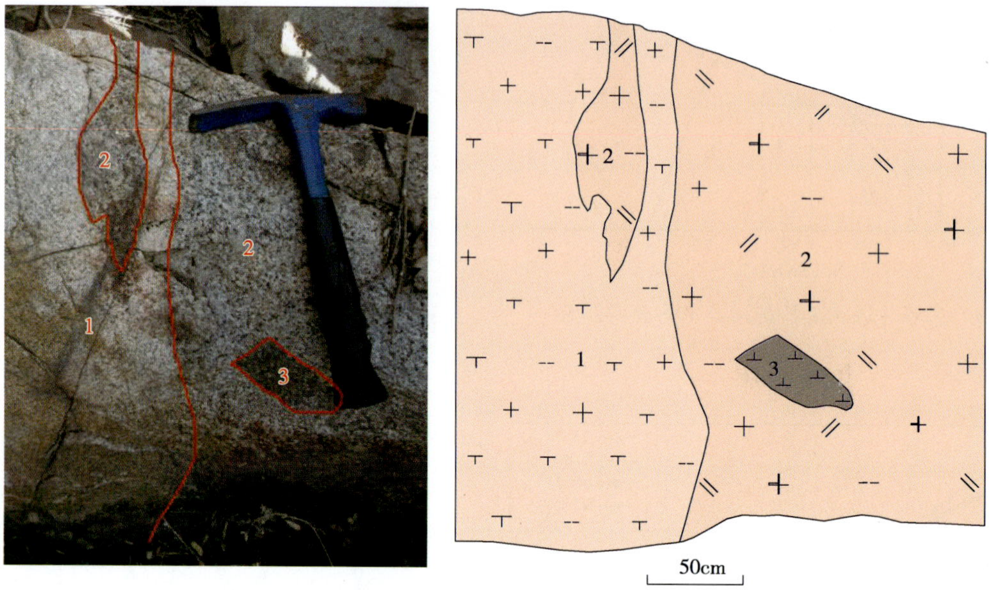

图 3-47 红湖村斑状二长花岗岩脉状侵入瘦岭正长花岗岩野外露头照片及素描图（D1029）
1—瘦岭正长花岗岩；2—红湖村斑状二长花岗岩；3—闪长质包体

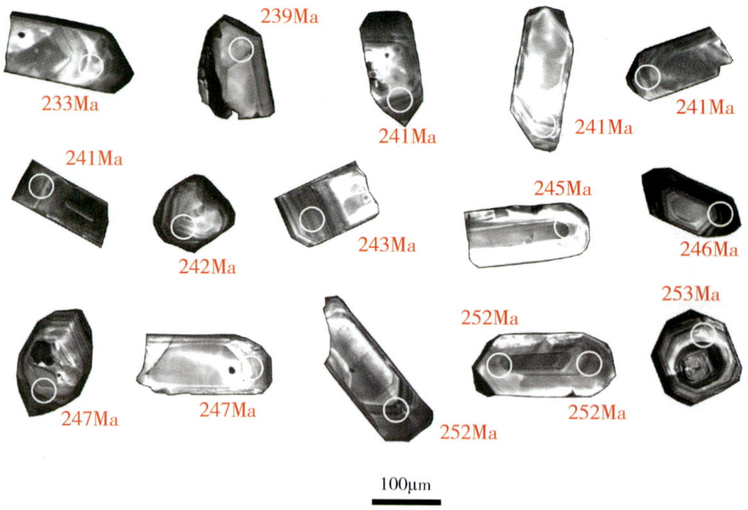

图 3-48 瘦岭花岗岩锆石阴极发光照片及年代学测试数据（D0551-1）

2. 岩石学特征

岩石呈浅肉红色，中细粒花岗结构，块状构造。矿物粒径 0.35~2.5mm，以 0.35~2mm 为主，矿物组成：石英 21%~27%，他形粒状，多以集合体分布在长石颗粒间隙中，石英颗粒间以弧形边接触，波状消光不明显；斜长石 20%~32%，为柱状，绢云母化较强，聚片双晶和环带结构发育；钾长石 46%~54%，柱粒状，已发生较强高岭石化，卡斯巴双晶和格子双晶发育；黑云母 1%~6%，为片状，具黄—黄绿—棕多色性，解理见扭曲，部分已绿泥石化；白云母 1%，为片状，无色透明，闪突起明显，干涉色鲜艳。

岩石副矿物总量变化大，主要有磁铁矿、钛铁矿、锆石、磷灰石、绿帘石、褐铁矿、黄铁矿、金红石、独居石等。磁铁矿，黑色，金属光泽，呈碎屑状，少数呈八面体粒状；钛铁矿，黑色，金属光泽，呈碎屑状、粒状；锆石，以褐色为主，其次为无色，少数玫瑰色，金刚光泽，呈四方柱状；磷灰石，白色，玻璃光泽，呈半浑圆六方柱状；绿帘石，黄绿色，玻璃光泽，呈碎屑状、粒状；褐铁矿，棕褐色、黑色，半金属光泽，多数呈立方体黄铁矿假象的粒状、碎屑状；黄铁矿，黄色，金属光泽，呈碎屑状、立方体粒状；金红石，黑色，金刚光泽，呈浑圆粒状；独居石，浅黄色，油脂光泽，呈半浑圆扁粒状。

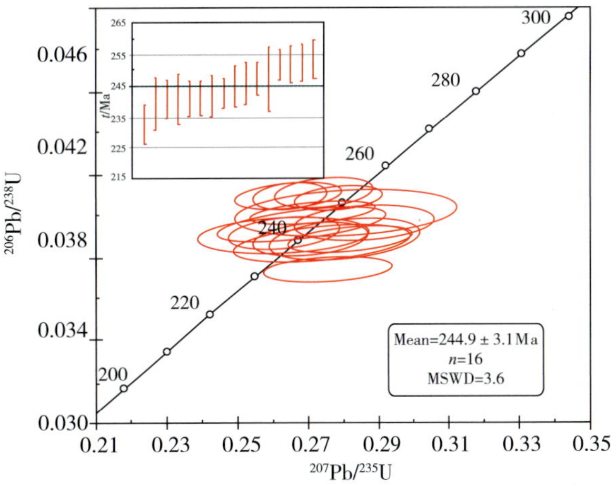

图 3-49 瘦岭正长花岗岩 LA-ICP-MS 法锆石 U-Pb 年龄谐和图（D0551-1）

3. 地球化学特征

瘦岭中细粒二云母正长花岗岩具有较高的 SiO_2 含量（70.78%~74.42%），属酸性岩类，碱含量（Na_2O+K_2O=8.64%~9.28%）相对较高，富钾贫钠，K_2O/Na_2O 介于 1.95~2.84 之间；里特曼指数（σ 值）为 2.40~3.07，均小于 3.3，表明岩体为钙碱性花岗岩。分异指数 *DI* 较高，为 90.11~92.60，平均值为 91.83，暗示岩体可能经历了高分异演化或形成花岗岩体的岩浆熔融程度较低。在 TAS 图解中（图 3-50），瘦岭正长花岗岩均落入亚碱性岩类区，属花岗岩类；在 SiO_2-K_2O 图解（图 3-51）中，瘦岭正长花岗岩样品均落入钾玄岩系列范围。岩石的 A/CNK 值为 1.07~1.26，属于弱过铝质—强过铝质花岗岩。稀土总含量变化较大（介于 131.63×10^{-6}~939.64×10^{-6}），球粒陨石标准化稀土分配模式为右倾曲线（图 3-52），稀土分馏明显，轻稀土富集，重稀土亏损。LREE/HREE 值为 8.72~33.66，轻、重稀土分异指数 $(La/Yb)_N$ 值为 7.85~88.18；除 D0551-1 的 δEu 值为 1.05 外，其余样品的 δEu 值为 0.45~0.79，具中等—弱负铕异常。在原始地幔微量元素标准化蛛网图（图 3-53）上，与尖峰岭花岗岩相似，与原始地幔相比，除 Ti 外，所有不相容元素都有不同程度富集，在不相容元素富集的背景下，出现了 Rb、Th、U、K 等大离子亲石元素（LILE）和 Zr、Hf、Y 等高场强元素（HFSE）以及稀土元素的不同程度正异常，而 Ta-Nb、P、Ti 出现负异常。

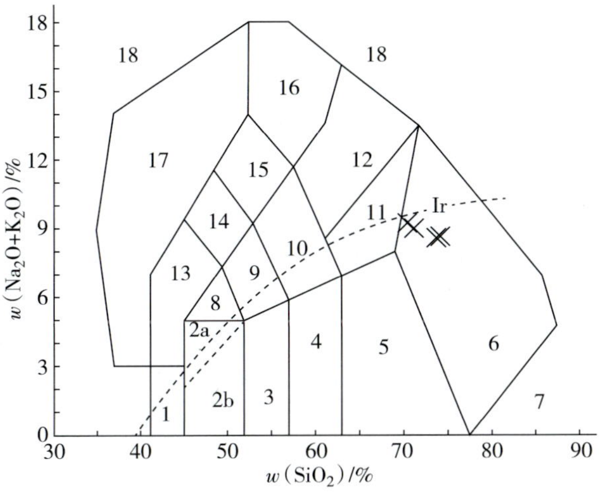

图 3-50 瘦岭正长花岗岩 TAS 分类图解

各分区岩性同图 3-9

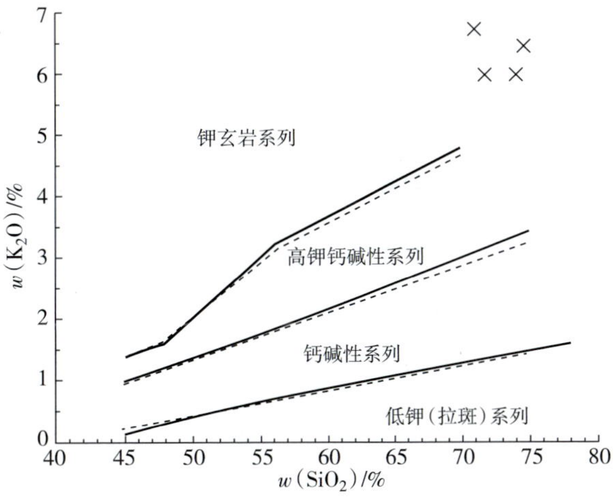

图 3-51 瘦岭正长花岗岩 K_2O-SiO_2 图解

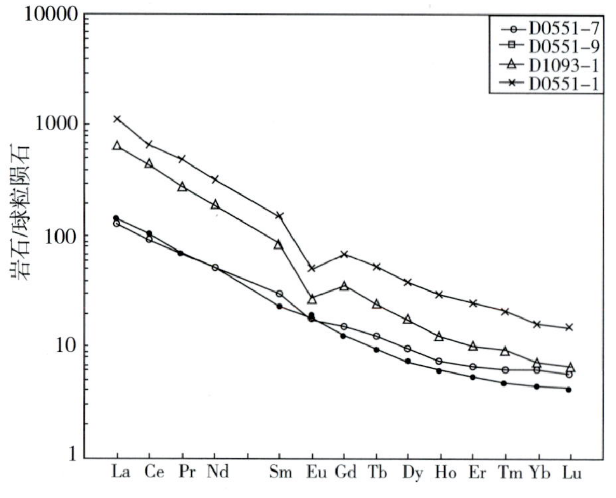

图 3-52　瘦岭正长花岗岩稀土元素球粒陨石标准化分布型式图

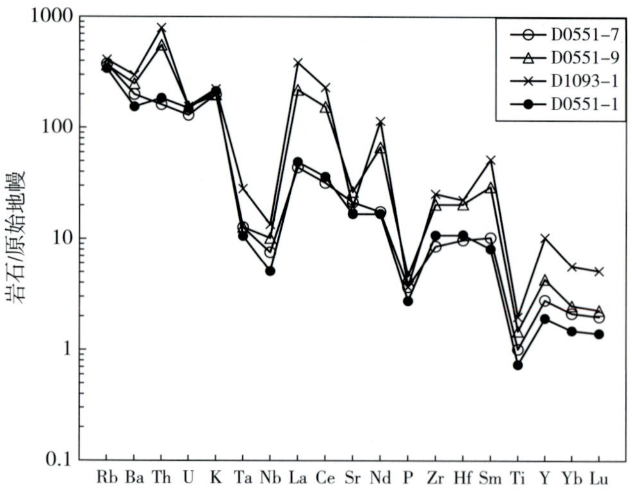

图 3-53　瘦岭正长花岗岩微量元素原始地幔标准化蛛网图

第三节　燕山期侵入岩

研究区燕山期侵入岩主要分布于研究区南部的尖峰岭一带，仅早白垩世红湖村细中粒少斑（角闪）黑云二长花岗岩（$\eta\gamma^{h}K_{1}$）1 个侵入岩填图单位。

一、地质特征及形成年代

红湖村细中粒少斑（角闪）黑云二长花岗岩（$\eta\gamma^{h}K_{1}$）分布于研究区南部的黑眉水库—红门老村一带，出露面积约 4.94km^2。本次研究工作在研究区南部的黑眉水库一带，红湖村细中粒少斑角闪黑云二长花岗岩中见有大小 20cm×30cm 的棱角状中三叠世尖峰岭粗中粒斑状黑云母正长花岗岩（$\xi\gamma^{j}T_{2}$）捕虏体（图 3-38），表明红湖村细中粒少斑角闪黑云二长花岗岩形成时代晚于中三叠世尖峰岭粗中粒斑状黑云母正长花岗岩；同时，在研究区南部的红湖村一带，见红湖村细中粒少斑黑云母二长花岗岩呈脉状侵入中三叠世瘦岭中细粒二云母正长花岗岩（$\xi\gamma^{s}T_{2}$）（图 3-47），表明红湖村细中粒少斑黑云母二长花岗岩形成时代晚于中三叠世瘦岭中细粒二云母正长花岗岩。本次研究工作在乐东县尖峰镇红湖村北侧的采石场采集到新鲜的年龄样品，挑选其中的锆石颗粒进行年代学测定，锆石样品的阴极发光照片见图 3-54，新水坡花岗岩的锆石形态均为柱状，基本晶形完好，锆

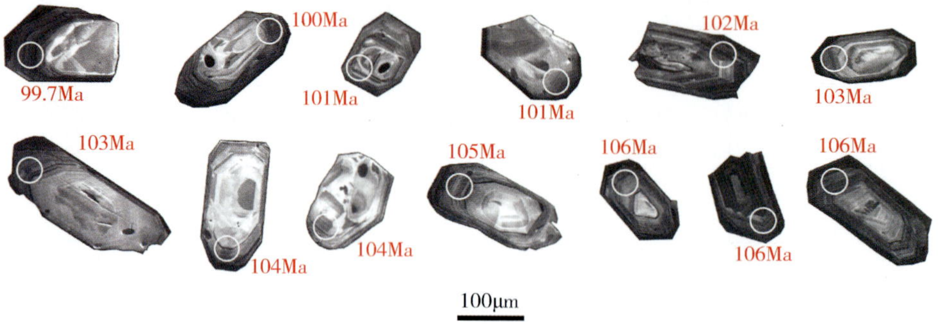

图 3-54　红湖村花岗岩（D1321-1）锆石阴极发光照片及年代学测试数据

石 CL 图像显示，所有测定锆石均具明暗相间的环带，且无明显的核，表明其为典型的岩浆锆石。测年样品运用高精度锆石 U-Pb 测年法（LA-ICP-MS）（图 3-55），获得年龄 103.3±1.4Ma。根据野外侵入接触关系和新获得的锆石 U-Pb 年龄，将研究区内前人划归为晚二叠世的红湖村细中粒少斑（角闪）黑云二长花岗岩的侵位时代重新厘定为早白垩世。

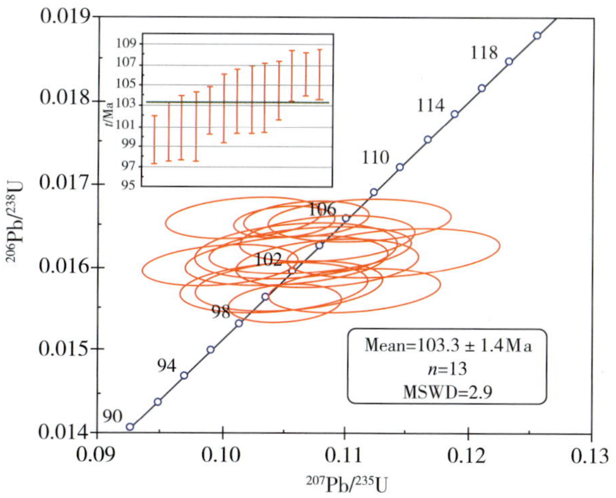

图 3-55　红湖村少斑二长花岗岩（D1321-1）LA-ICP-MS 锆石 U-Pb 年龄谐和图

二、岩石学特征

岩石呈灰白色，似斑状结构，块状构造（图 3-56）。斑晶钾长石含量 5%~8%，浅肉红色，板柱状，大小 1cm×1cm~1.5cm×3cm。基质为细中粒花岗结构，矿物粒径 0.2~4mm，以 2~4mm 为主，基质矿物组成：石英 20%~27%，他形粒状，以集合体分布在长石颗粒间隙中，石英颗粒间以齿形边紧密接触，波状消光；斜长石 30%~53%，为半自形柱状，弱钠黝帘石化，聚片双晶和环带结构发育，用垂直（010）晶带法测得 $N'_p \wedge$（010）≈21°，An=40，为中长石；钾长石 23%~40%，为柱粒状，弱高岭石化，卡斯巴双晶和格子双晶发育；黑云母 2%~8%，为片状，具深褐—黑褐多色性，一组完全解理，边缘见绿泥石化；角闪石 0~4%，为柱粒状，柱状解理和菱形解理发育，具褐绿—深绿多色性。岩体中可见细粒闪长质包体（图 3-57），椭圆状，大小 2cm×2cm~5cm×10cm，包体密度 1~3 个/m^2。包体岩性为细粒黑云母闪长岩，矿物粒径 0.2~0.7mm，矿物成分为斜长石 75%，半自形柱状，聚片双晶发育，见环带结构，用垂直（010）晶带法测得 $N'_p \wedge$（010）≈23°，An=43，为中长石；黑云母 24%，为片状，具黄褐—黑褐多色性，一组完全解理发育；少量石英。

图 3-56　红湖村含斑二长花岗岩野外露头照片（D0024）

图 3-57　红湖村少斑二长花岗岩中的闪长质包体（D0024）

岩石副矿物总量较高（>1000×10^{-6}），主要有磁铁矿、榍石、锆石、磷灰石、黄铁矿、褐铁矿、钛铁矿、褐帘石等。磁铁矿，黑色，金属光泽，呈碎屑状、粒状，少数呈八面体粒状；榍石，棕褐色、棕黄色，玻璃光泽，呈碎屑状、粒状，部分呈信封状；锆石，以无色为主，少数褐色、玫瑰色，呈四方柱状；磷灰石，白色，玻璃光泽，呈半浑圆六方柱状；黄铁矿，黄色，金属光泽，呈碎屑状、立方体粒状；褐铁矿，棕黑色，半金属光泽，呈碎屑状、粒状；钛铁矿，黑色，金属光泽，呈碎屑状、粒状；褐帘石，黑色，端口处沥青光泽，呈碎屑状、板柱状。

三、地球化学特征

红湖村细中粒少斑（角闪）黑云二长花岗岩具有较高的 SiO_2 含量（70.61%~73.70%），属酸性岩类，碱含量（Na_2O+K_2O=6.87%~7.68%）相对较高，富钾贫钠，K_2O/Na_2O 介于 1.46~1.99 之间；里特曼指数（σ 值）为 1.70~1.99，均小于 3.3，属钙碱性花岗岩。在 TAS 图解中（图 3-58），红湖村少斑二长花岗岩均落入亚碱性岩类区，属花岗岩类；在 SiO_2-K_2O 图解（图 3-59）中，红湖村少斑二长花岗岩均落入高钾钙碱性系列范围。岩石的 A/CNK 值为 0.98~1.02，属于准铝质—弱过铝质花岗岩。稀土总含量为 105.67×10^{-6}~155.50×10^{-6}，球粒陨石标准化稀土分配模式表现为轻稀土富集，重稀土亏损的右倾平滑曲线（图 3-60）。LREE/HREE 值为 8.49~13.34，轻、重稀土分异指数 $(La/Yb)_N$ 值为 9.19~17.66，同时轻稀土分馏较强，重稀土基本不分馏；δEu 值为 0.63~0.75，具弱负铕异常。原始地幔微量元素标准化蛛网图（图 3-61）为右倾曲线，所有样品均富集 Rb、Th、U、K 等大离子亲石元素（LILE）和 Zr、Hf、Y 等高场强元素（HFSE）以及 La、Ce 等轻稀土元素，明显亏损 Ba、Ta、Nb、Ti。结合包体特征，反映红湖村二长花岗岩为壳幔岩浆混合来源。

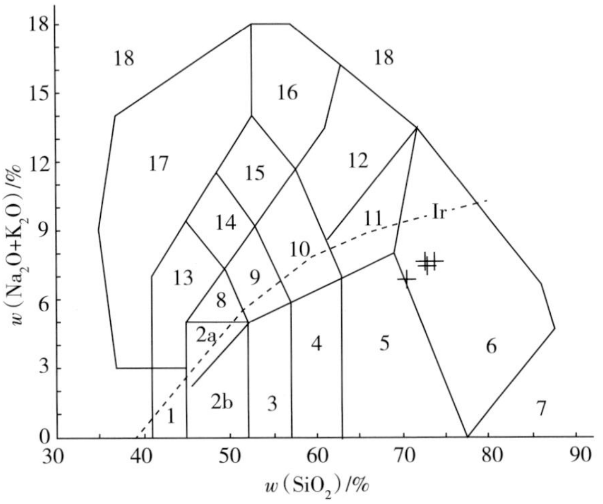

图 3-58　红湖村少斑二长花岗岩 TAS 分类图解

各分区岩性同图 3-9

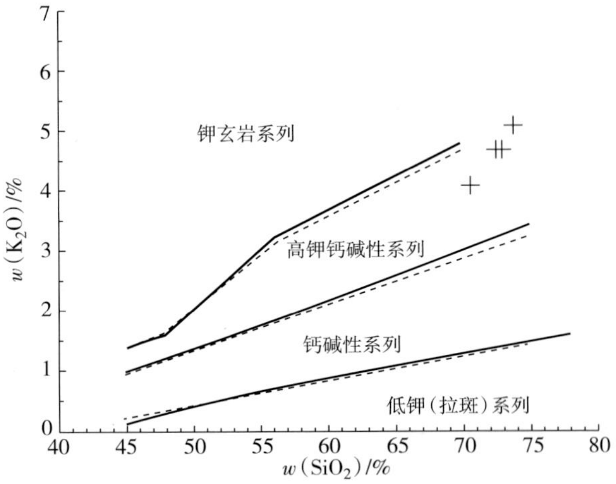

图 3-59　红湖村少斑二长花岗岩 K_2O-SiO_2 图解

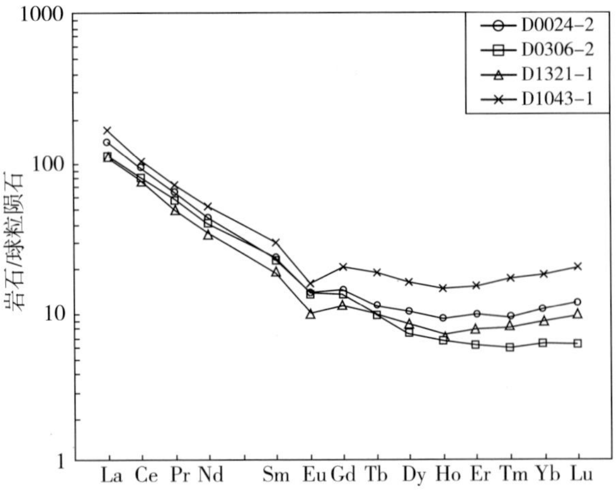

图 3-60　红湖村少斑二长花岗岩稀土元素

球粒陨石标准化分布型式图

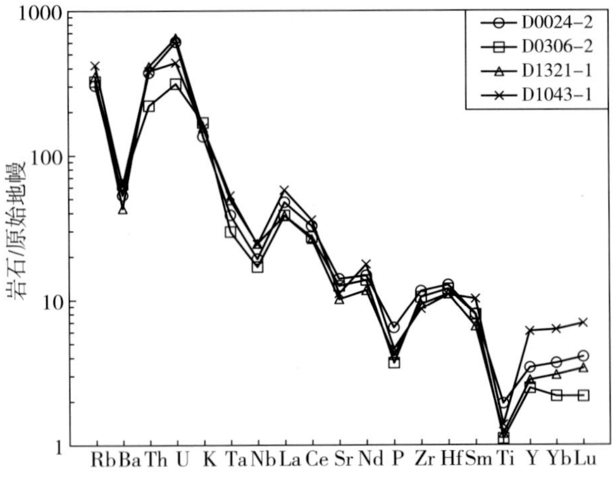

图 3-61　红湖村少斑二长花岗岩微量元素

原始地幔标准化蛛网图

第四节　脉　　岩

研究区内脉岩不甚发育或覆盖严重而未观测到，仅在基岩出露较好地段才能见到，主要岩性有闪长（玢）岩、花岗斑岩和石英脉等，在不同时代的岩体内部和地层（中元古界峨文岭组）中均可见及。

一、闪长（玢）岩脉

分布范围最广，各时代地质体中均可见及。岩脉走向主要有北东向、北西向、南北向，个别东西向。岩脉倾角较大（多数大于60°或近直立），脉体宽度2cm至2m不等，长数米至数百米（研究区南部马鞍岭一带出露的闪长玢岩脉长度大于500m）脉壁平直，部分脉体中可见围岩捕虏体，局部受构造控制明显，成群充填节理。岩石呈灰黑色，斑状结构或微细粒结构，块状构造。斑晶主要为斜长石、角闪石，可见少量辉石。矿物组成主要为角闪石、斜长石、黑云母、辉石，少量石英。

二、花岗斑岩脉

在中三叠世尖峰岭侵入体和早白垩世红湖村侵入体中见及，呈南北向、北东向、东西向展布，脉宽40cm至5m不等。岩石呈斑状结构，块状构造，斑晶含量7%~15%，斑晶主要由钾长石、石英、斜长石构成，有时可见少量黑云母斑晶。钾长石斑晶板柱状，肉红色，粒径大小为0.2~1.7mm不等，卡斯巴双晶发育；石英斑晶为近四方粒状，部分被基质熔蚀呈圆滑状或港湾状，波状消光；斜长石斑晶为柱状，聚片双晶隐约可见。基质为隐晶质或微粒结构，常见球粒结构和花斑结构，主要由长英质构成，石英和钾长石常形成显微文象结构。

三、石英脉

主要见于研究区中部不磨大岭一带中元古界峨文岭组片岩中，呈南北向或北东向展布，脉宽5~50m不等，长数百米至上千米。

第五节　侵入岩的岩石成因类型和构造环境

一、侵入岩的岩石成因类型

花岗岩的成因历来是岩石学家争论不休的问题。马大铨等（1991）曾将海南岛花岗岩类划分为I型和S型两类。宜昌地质矿产研究所（1995）在1∶5万和乐、中原市、博鳌港幅区域地质调查报告中将该区内的侵入岩划分为I型、S型和幔熔分异型（富碱侵入岩）三类。而在1∶25万乐东县、陵水县幅区域地质调查报告（宜昌地质矿产研究所和海南省地质调查院，2004）中，又将研究区侵入岩划分为壳源重熔型（C型）、壳幔混合型（H型）、A型及铁镁质岩四个成因大类，其中A型又分铝质A型和碱质A型两个亚类。

在继承前人划分方案的基础上，根据本次研究的最新成果，本书将区内侵入岩划分为I型和

S 型两个成因大类。各成因类型的具体含义分别为：I 型用来表示幔源岩浆与壳源岩浆混合成因的火成岩类，其源区岩石多为变质火成岩，也包括地幔岩部分熔融的贡献，对于中酸性岩来说，其岩石学标志主要是含有钙质闪石类矿物、普遍含镁铁质微粒包体、磁铁矿及榍石含量较高等；S 型花岗岩为由地壳中变质沉积岩深熔形成的花岗岩类。研究区侵入岩成因类型划分及其主要判别标志见表 3-2。

表 3-2　研究区侵入岩成因类型划分及其主要特征

成因大类		I 型	S 型
岩体归类		田头村、高坡岭、红湖村	亚炮、新水坡、尖峰岭、瘦岭
岩性组合		花岗闪长岩、二长花岗岩、正长花岗岩	二长花岗岩、正长花岗岩
构造		早期定向构造，晚期块状构造	早期定向构造，晚期块状构造
造岩矿物		色率中，一般>5%，早期岩体较高；常见黑云母、角闪石；斜长石多为中更长石，环带发育，一般无钠长石；钾长石中钠长石条纹一般较少。黑云母为镁铁质—铁质黑云母	色率低，一般<7%，不含角闪石；含铁质黑云母、白云母或石榴子石等富铝矿物；斜长石环带不发育；钾长石中钠长石条带较发育
副矿物		磁铁矿、榍石、磷灰石、锆石	磁铁矿、锆石、独居石、钛铁矿、石榴子石
包体		主要是闪长质火成岩包体	无，仅尖峰岭中可见围岩捕虏体
岩石化学		SiO_2 一般<73%；FeO^T/MgO 中等；A/CNK<1.1，大多属偏铝质至弱过铝质，*DI* 中等	SiO_2>69%，FeO^T/MgO 中等—低；A/CNK>1，属弱过铝质—强过铝质花岗岩，DI 较高，早期 CaO/Na_2O 一般<0.3，早期 CaO/Na_2O 一般>0.3，CIPW 刚玉分子一般>1%
稀土	总量	中等	变化大
	LREE/HREE	中等	中等至低
	δEu	中等至较低	中等
微量元素		Rb、Ba、Th、U 较高，Ti 较低，K/Rb 值中等，Rb/Sr 值中等	Rb、Ba、Th、U 较高—高，Ti 较低，K/Rb 值中等，Rb/Sr 值中等至较高

1. I 型花岗岩

研究区 I 型花岗岩产出于华力西期—印支期和燕山期两个构造环境，包括华力西期—印支期的田头村中细粒角闪黑云花岗闪长岩、高坡岭细中粒斑状黑云母二长花岗岩以及燕山期的红湖村细中粒少斑（角闪）黑云二长花岗岩等 3 个侵入岩填图单位。这类岩体的最主要特点有：岩体中含有大量镁铁质微粒包体（MME）。MME 常为浑圆状外形，包体内常见寄主岩石的长石捕虏晶及反映包体岩浆高温快速冷凝结晶的针状磷灰石等。包体和寄主岩中都可见到长石的环带结构，上述岩相学现象是岩浆混合包体的典型特征，说明有地幔物质混入。副矿物中磁铁矿较多，钛铁矿相对较少；铝饱和指数 A/CNK<1.1，属偏铝质至弱过铝质花岗岩类，CIPW 标准矿物中未出现大量刚玉分子（0.22 %~0.92%）（高坡岭花岗岩由于蚀变较强，铝饱和指数及刚玉分子含量较高），SiO_2 与 P_2O_5 均呈负相关关系，Rb/Nb 值为 10.62~17.03，平均值为 13.28，与 I 型花岗岩平均值（13.73）（Rudnick and Foutain，1995）近似，并且均低于世界 S 型花岗岩的平均值（18.08）（Whalen et al.，1987）。在 Whalen 等（1987）提出的 A 型花岗岩判别图中，研究区内上述侵入岩填图单位均落入 I-S-M 型花岗岩范围中（图 3-62），在 SiO_2-Ce 和 SiO_2-Y 判别图解中（图 3-63）进一步判别，亦落入 I 型花岗岩范围中。综上所述，厘定田头村、高坡岭、红湖村 3 个侵入岩填图单位为 I 型花岗岩。

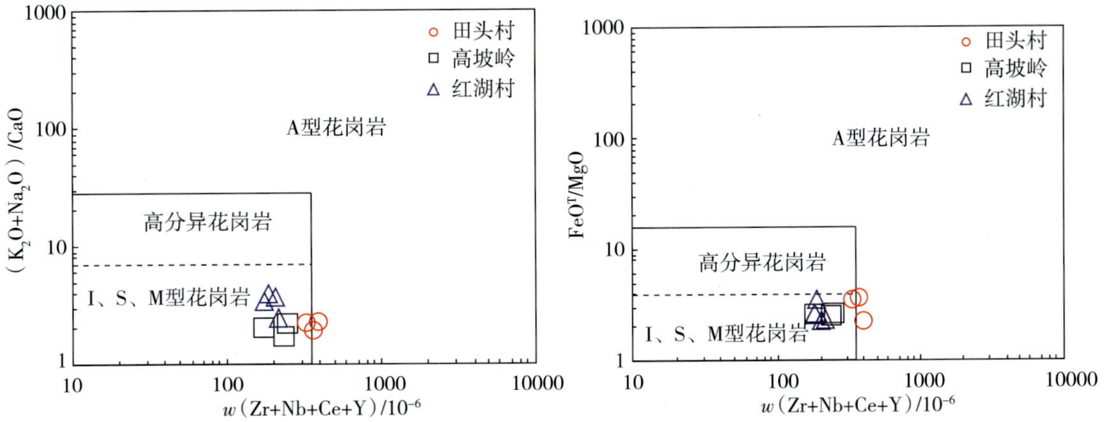

图 3-62　研究区花岗岩 Zr+Nb+Ce+Y 判别图解

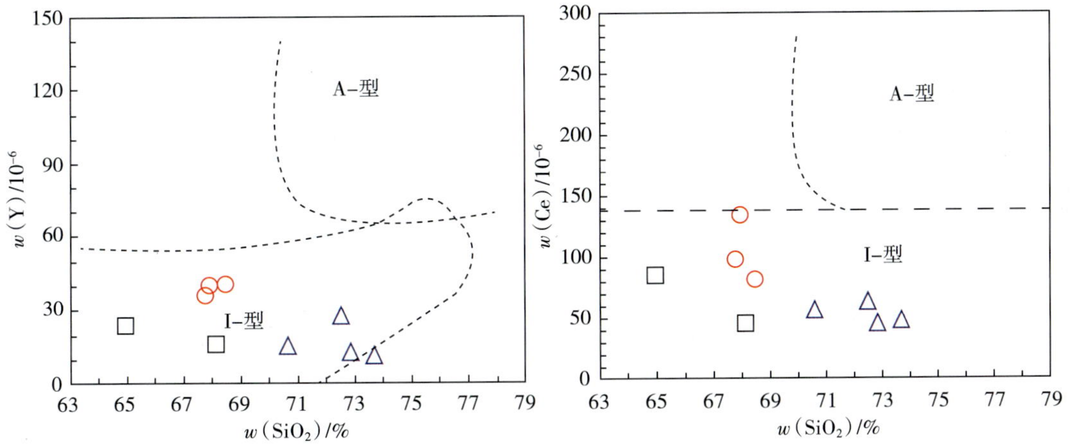

图 3-63　研究区花岗岩 SiO_2-Y 与 SiO_2-Ce 判别图解

2. S 型花岗岩

研究区 S 型花岗岩产出于抱板期和华力西期—印支期两个构造环境，包括抱板期的亚炮细中粒斑状二云母二长花岗岩和华力西期—印支期的新水坡含石榴中细粒含斑黑云母正长花岗岩、尖峰岭粗中粒斑状黑云母正长花岗岩、瘦岭中细粒二云母正长花岗岩等 4 个侵入岩填图单位。这类岩体的主要特点有：岩石中含有白云母、石榴子石等富铝矿物，SiO_2 含量大于 69%，铝饱和指数 A/CNK>1，属弱过铝质—强过铝质花岗岩类，CIPW 标准矿物中出现大量刚玉分子（绝大多数>1%），在 ACF 花岗岩成因分类图解中，绝大多数样品落入 S 型花岗岩区（图 3-64）。综合上述岩相学和地球化学特征，表明上述 4 个侵入岩填图单位为 S 型花岗岩。

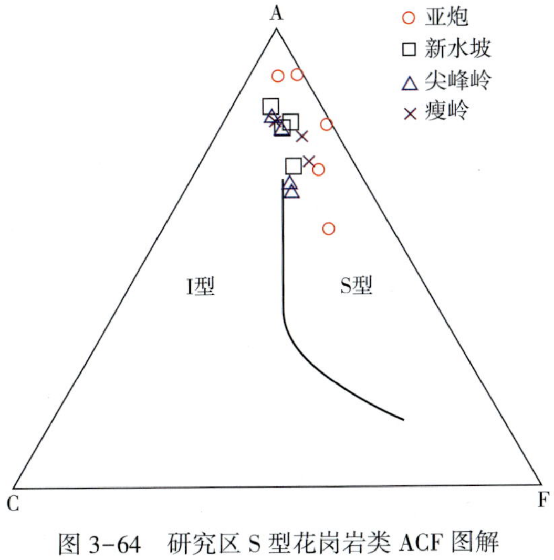

图 3-64　研究区 S 型花岗岩类 ACF 图解

$A=(Al_2O_3+Fe_2O_3)-(Na_2O+K_2O)$；

$C=CaO-3.3P_2O_5$；$F=MgO+MnO+FeO$

S 型花岗岩的 CaO/Na_2O 大小主要依赖于斜长石/黏土比值，在泥质岩原岩中 CaO/Na_2O 值低（因为贫斜长石），在杂砂岩原岩中 CaO/Na_2O 值高（因为贫黏土），S 型花岗岩的 CaO/Na_2O 值是判断原岩的重要标志，以 $CaO/Na_2O=0.3$ 为界，小于 0.3 者为泥质岩石局部熔浆组成，大于 0.3 者为杂砂岩的局部熔浆组成。研究区内早期 S 型花岗岩 CaO/Na_2O 值绝大多数<0.3，暗示其原岩为泥质岩，晚期 S 型花岗岩的 CaO/Na_2O 值绝大多数>0.3，暗示其原岩为杂砂岩，在 Rb/Sr- Rb/Ba 图解上早期新水坡花岗岩主要落入富黏土的原岩范围，而晚期的尖峰岭花岗岩、瘦岭花岗岩样品主要落入贫黏土的原岩范围（图 3-65），在 *C/MF-A/MF* 图解上，早期亚炮花岗岩主要落入变泥质岩部分熔融区，晚期的新水坡花岗岩、尖峰岭花岗岩、瘦岭花岗岩主要落入变杂砂岩部分熔融区（图 3-66）。

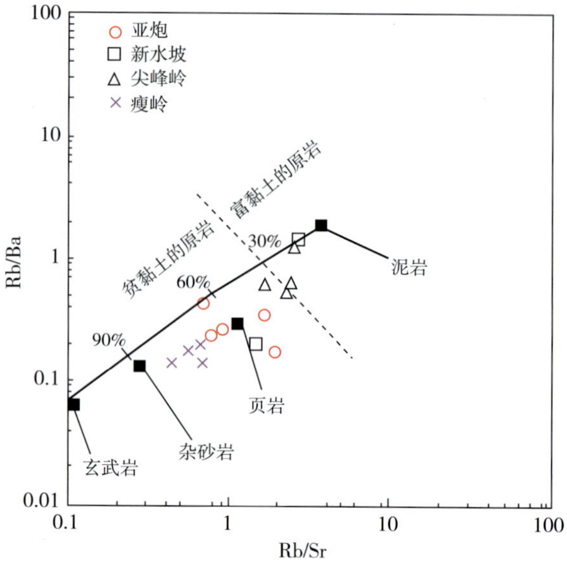

图 3-65 研究区 S 型花岗岩 Rb/Sr-Rb-Ba 图解

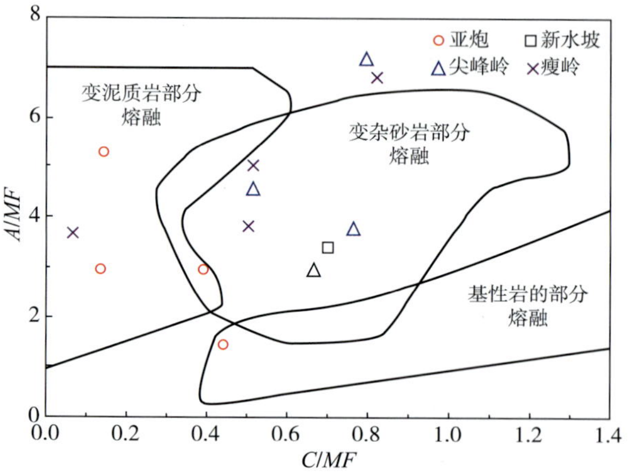

图 3-66 研究区 S 型花岗岩 *C/MF-A/MF* 图解

$C/MF=CaO_n/(MgO_n+FeO_n^T)$；$A/FM=Al_2O_{3n}/(MgO_n+FeO_n^T)$

二、构造环境

花岗岩构造环境划分是花岗岩成因分类研究的基础，只有对花岗岩形成的构造环境有了比较切合实际的认识，花岗岩的成因分类才可能建立在比较切实可靠的基础上。本次工作将碰撞造山岩浆旋回划分为碰撞前（活动及被动陆缘）、同碰撞、后碰撞 3 个阶段。“同碰撞”的含义与 Harris 等（1986）的相一致，指洋盆消失后的陆—陆碰撞及其后的继续会聚作用，是一个较广义的含义；“后碰撞”则指碰撞松弛后到进入板内构造-岩浆平静期以前的一个阶段，它是板块碰撞基本停止后由碰撞引发的后续地质作用阶段，它包含了 Batchelor 等（1985）的碰撞后隆起、晚造山、后造山等几个阶段，或者说 Harris 等（1986）的晚碰撞和后碰撞（后造山）阶段，我们将后造山归入后碰撞阶段是因为后造山也是碰撞作用导致的后续过程，仍然是应该包含在造山威尔逊旋回中的，是碰撞造山旋回中的最后阶段，该阶段 A 型花岗岩的出现标志着整个造山期的结束；随后进入板内构造-岩浆平静期，构造活动和岩浆作用都很微弱，直至另一期构造-岩浆旋回的发生。

1. 抱板期

研究区内中元古代亚炮片麻状细中粒斑状二云母二长花岗岩遭受了强烈的韧性变形作用，其岩体边界与围岩（峨文岭组）片理一致，该期花岗岩强烈过铝，属地壳重熔成因，在 Batchelor 等（1985）R_1-R_2 多阳离子构造环境判别图（图 3-67）上，样品均落入同造山区附近，在 Pearce（1984）的 Y-Nb 构造环境判别图解（图 3-68）上，样品投影点落入同碰撞花岗岩区，且该套花岗岩的形成年龄约为 14 亿年，为蓟县纪末期。综合判断，该套花岗岩形成于碰撞造山环境。

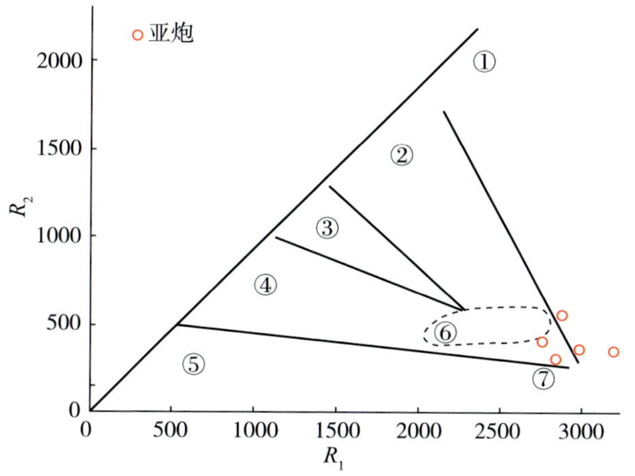

图 3-67　亚炮花岗岩 R_1-R_2 构造环境判别图解

①地幔斜长花岗岩；②破坏性活动板块边缘（板块碰撞前）花岗岩；③板块碰撞后隆起期花岗岩；④晚造山期花岗岩；⑤非造山区 A 型花岗岩；⑥同碰撞花岗岩；⑦造山期后 A 型花岗岩

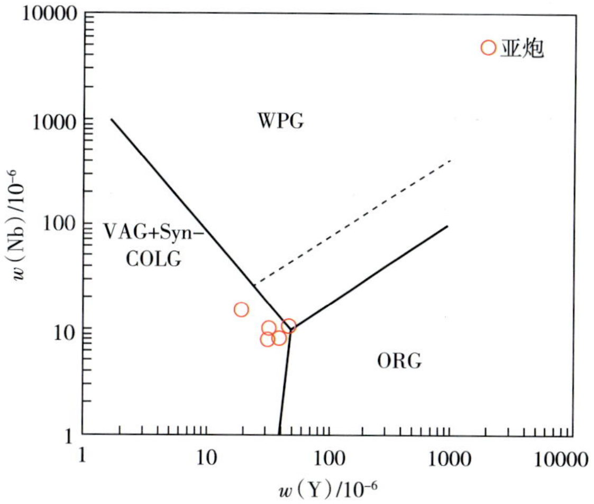

图 3-68　亚炮花岗岩 Y-Nb 构造环境判别图解

Syn-COLG—同碰撞花岗岩；VAG—火山弧花岗岩；WPG—板内花岗岩；ORG—洋脊花岗岩

2. 华力西期—印支期

海南岛中二叠世—三叠纪的岩浆岩组合为（强）过铝花岗岩+钾玄质侵入岩+高钾钙碱性侵入岩。这一岩石组合与阿尔卑斯（Venturelli et al.，1984；Sylvester，1998）、华力西期（López-Moro et al.，2004）、古元古代瑞芬造山带（Eklund et al.，1998；Väisänen et al.，2000）、新元古代东非造山带（Küster and Harms，1998）、北非地区的泛非造山带（Liégeois et al.，1998）等许多造山带的后碰撞环境中岩石组合一致或基本一致，是后碰撞环境的常见岩石组合（Liégeois，1998）。二叠纪的岩浆岩组合普遍发育叶理构造而线理不发育，常见微粒交生体结构，属同构造岩体（谢才富，2002），并且其遭受的应力主要为挤压应力，所以形成于 Liégeois 等（1998）所划分的后碰撞阶段的同逆冲期，即后碰撞阶段的早期。同时，晚期发育的石榴花岗岩等强过铝花岗岩也标志着华力西期造山带后碰撞事件以及岩石圈伸展的开始。

研究区内晚二叠世、早三叠世和中三叠世发育了少量幔源岩浆与壳源岩浆混合成因的 I 型花岗岩和大量由地壳中变质沉积岩深熔形成的 S 型花岗岩，形成时代介于 253.3～244.9Ma。早期侵入体（高坡岭花岗岩）具同侵位定向构造，由于出露面积小，仅见北西向定向构造；晚期侵入体（尖峰岭花岗岩、瘦岭花岗岩）向完全的块状构造转化；新水坡花岗岩为块状构造，由于受韧性剪切带的影响，局部发生糜棱岩化，岩石中石英拉长定向方向与韧性剪切带方向一致，为北东向。

在 Batchelor 等（1985）的花岗岩类 R_1-R_2 多阳离子构造环境判别图解（图 3-69）上，研究区内 I 型花岗岩基本上落入同碰撞花岗岩区至碰撞后（晚造山）花岗岩交界区域，田头村花岗岩及高坡岭花岗岩由于混入较多的幔源物质而落入破坏性板块边缘区范围。在 Pearce 的（Y+Nb）-Rb（1984）构造环境判别图解（图 3-70）上，样品投影点基本落入后碰撞花岗岩区，与在 R_1-R_2 图上反映的特点基本一致。大陆主碰撞期（最大会聚期）不利于岩浆上升，而所谓板内时期的岩浆作用虽然分布广泛，但非常稀疏，大量的岩浆作用发生在主碰撞期之后，即后碰撞阶段，因此研究区内华力西期—印支期花岗岩应形成于后碰撞环境。

3. 燕山期

华夏陆块在燕山期经历了强烈的岩浆活动，形成了大面积分布的侵入岩和火山岩，其岩浆活动大致可分为两期：燕山早期（侏罗纪）岩浆岩主要分布于华夏内陆；燕山晚期（白垩纪）形成总体呈北东向展布于东南沿海的中国东南沿海岩浆岩带，燕山晚期早阶段岩浆岩活动以准铝质花岗岩类为主，以及呈面状分布的英安岩—流纹岩，晚期出现辉长岩和 A 型花岗岩、准铝质花岗闪长岩类，以及以单个盆地形式出露的玄武岩—英安岩、流纹岩和双峰式火山岩（毛建仁等，2014）。

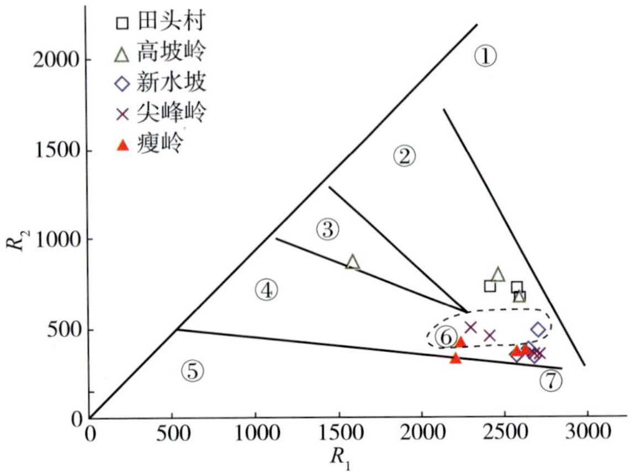

图 3-69 研究区华力西期—印支期花岗岩 R_1-R_2 构造环境判别图解

各分区含义同图 3-67

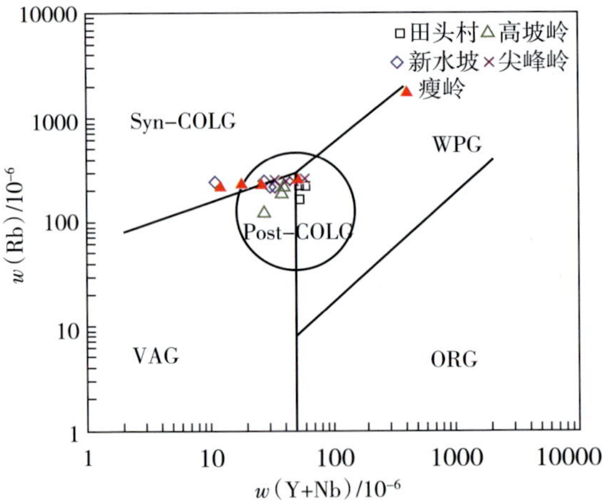

图 3-70 研究区华力西期—印支期花岗岩（Y+Nb）-Rb 构造环境判别图解

VAG—火山弧花岗岩；WPG—板内花岗岩；Syn-COLG—同碰撞花岗岩；Post-COLG—后碰撞花岗岩；ORG—洋中脊花岗岩

大量研究表明，中国东南沿海燕山期大规模火山-侵入活动与古太平洋板块俯冲有关（Otsuki，1992；毛建仁等，2014）。海南岛燕山早期岩浆活动很微弱，属于板内构造-岩浆平静期；燕山晚期受古太平洋板块正向俯冲影响，形成由双峰式火山岩、单峰式高钾钙性中酸性火山岩、壳幔混合型高钾钙碱性花岗岩、石英二长岩—石英正长岩（A 型花岗岩）组成的岩浆岩组合，与东南沿海的岩浆岩组合相似。分布范围上，海南岛燕山晚期岩浆活动整体呈北东向展布，与华南晚中生代岩浆岩带整体上呈北东向、近于平行海岸分布的特征吻合，且由南东向北西，活动强度逐渐减弱、产出层位变高，成分由以流纹岩为主的单峰式变为流纹岩、安山岩平分秋色的双峰式，这种格局暗示古太平洋板块向海南岛之下消减。

研究区燕山期红湖村高钾钙碱性 I 型花岗岩侵位时代为 103Ma，同时期华南以及海南也发育了广泛的钙碱性 I 型花岗岩代表了伸展作用的开始，其形成与洋壳俯冲有关，是在伸展的背景下经壳幔混合作用下形成的。在 Batchelor 等（1985）的花岗岩类 R_1-R_2 多阳离子构造环境判别图解（图 3-71）上，该 I 型花岗岩基本上落入同碰撞区域，在 Pearce 的（Nb+Y）-Rb（1984）构造环境判别图解中（图 3-72），落入火山弧花岗岩区与后碰撞花岗岩重叠区。综上所述，红湖村 I 型花岗岩形成于弧后拉张环境，动力学机制可能是古太平洋板块向华南板块俯冲引起弧后拉张，导致幔源岩浆底侵并使上覆的下地壳岩石发生部分熔融，形成壳幔混源岩浆岩。

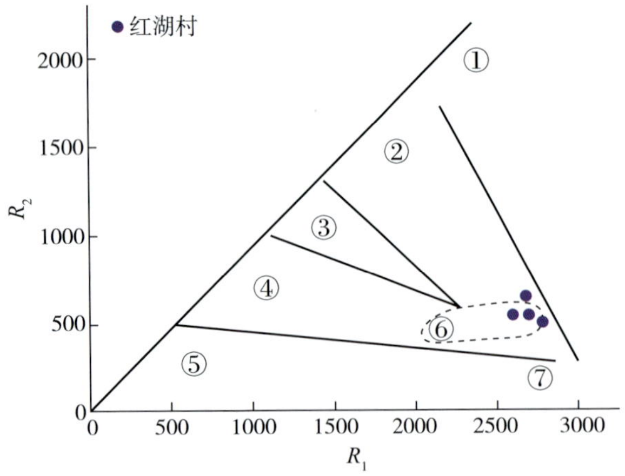

图 3-71 研究区燕山期花岗岩 R_1-R_2 判别图解

各分区含义同图 3-67

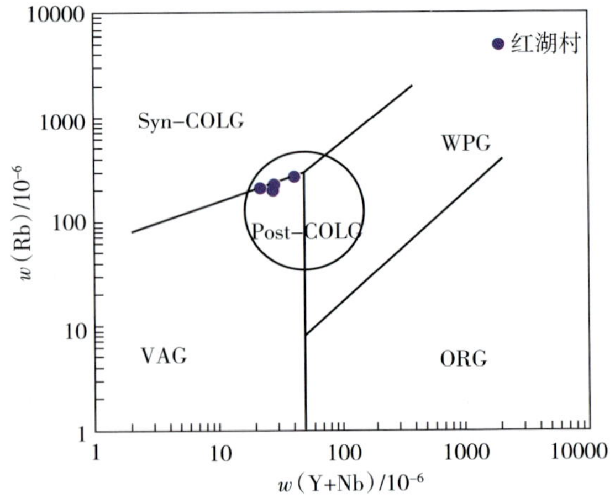

图 3-72 研究区燕山期花岗岩（Y+Nb）-Rb 判别图解

各代号含义同图 3-70

第四章　火　山　岩

第一节　地质特征及形成时代

研究区内的火山岩分布范围较小，仅分布在研究区北部高坡岭水库一带（图 4-1），为一套新发现的中生代的酸性火山岩，岩性为球粒流纹岩（图 4-2），出露面积约 0.02km^2。该火山岩四周为中—晚更新统八所组红褐色含砾含黏土粗中砂所覆盖，探槽工程揭露显示其与下伏的早三叠世高坡岭细中粒斑状黑云母二长花岗岩呈喷发不整合接触，接触面呈凹凸不平的波浪状，产状与花岗岩风化面大致平行（见图 2-15，图 2-16）。

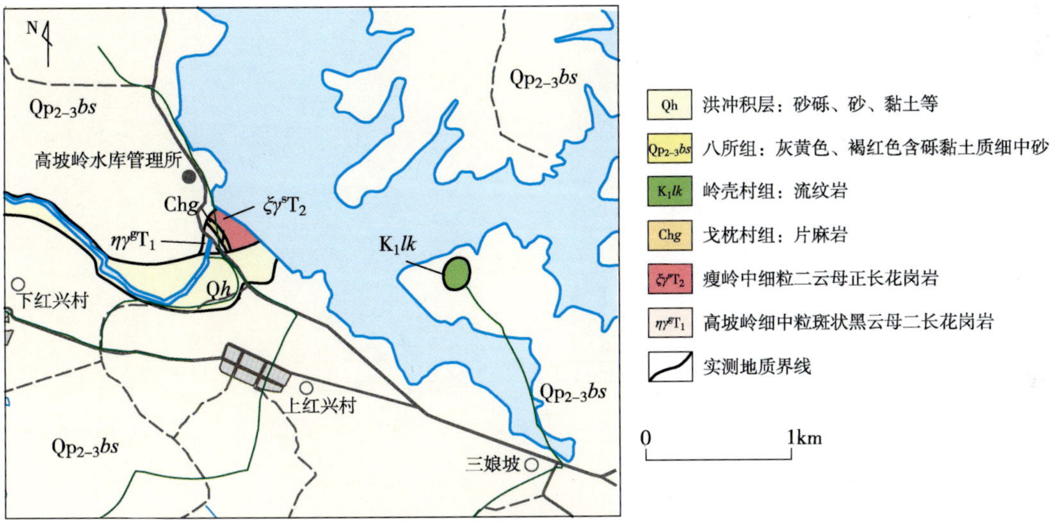

图 4-1　研究区火山岩分布图

图 4-2　球粒流纹岩野外照片（D0281）

本次工作在研究区北部高坡岭水库采集到了球粒流纹岩年龄样品，并运用高精度锆石 U-Pb 测年法（LA-ICP-MS），获得了锆石$^{206}Pb/^{238}U$加权平均年龄 98±2Ma（图 2-20）。根据同位素年龄值和岩性对比，将该套球粒流纹岩归属于岭壳村组，其形成时代为早白垩世晚期。

第二节　岩石学特征

球粒流纹岩：岩石呈灰白色，斑状结构，流纹构造、球粒构造。斑晶矿物有钾长石、透长石、斜长石及黑云母，局部亦见少量石英斑晶，斑晶含量 1%~9%，粒径大小为 0.3~1.2mm，钾长石斑晶已完全云英岩化，分解出显微鳞片状的绢云母和显微粒状石英集合体，但柱状外形仍保留完好；透长石斑晶被熔蚀呈圆滑状；斜长石斑晶为长柱状，聚片双晶发育，内部发生硅化；黑云母斑晶为长条片状，已经退色。基质由隐晶质和长英质球粒组成，隐晶质和长英质球粒相间定向排列，构成流纹构造（图 4-3），长英质球粒呈不规则球粒状（见图 2-13），在球粒边缘出现反应边亮线（见图 2-14），部分长英质球粒已泥化（图 4-4）。

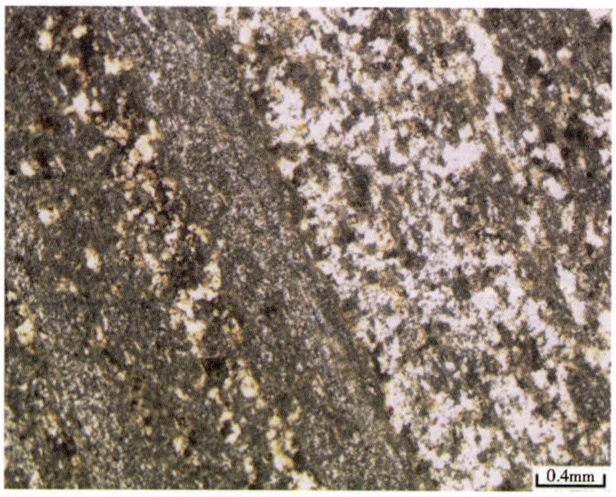

图 4-3　流纹构造图（D0281）

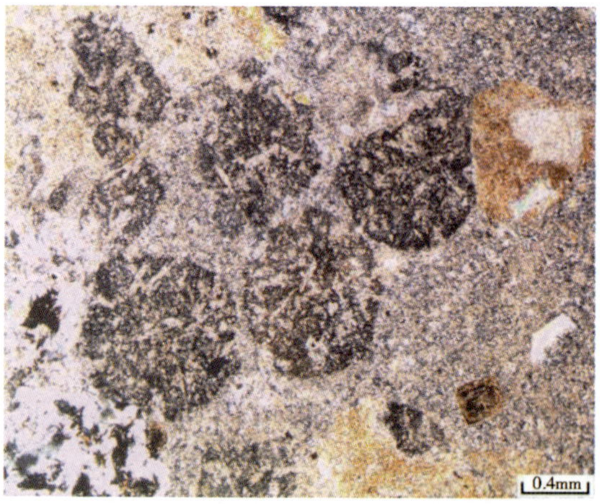

图 4-4　泥化的长英质球粒（D0988）

第三节　岩石地球化学特征

一、主量元素化学特征

本次工作于研究区岭壳村组火山岩中采集了 4 个岩石化学样，岩石化学分析表明岩石的 SiO_2 含量普遍较高，在 74.31%~79.27%（平均 76.88%），显示了富硅的特征，属酸性岩。Na_2O 含量在 0.07%~0.32%之间，K_2O 的含量为 4.00%~7.75%，K_2O/Na_2O 值在 23.13~59.88 之间，平均值为 36.59，显示了富钾的特征。样品的 Al_2O_3 含量为 12.61%~14.19%，CaO 含量为 0.04%~0.10%。样品 TiO_2、Fe_2O_3 和 MgO 含量较低，分别为 0.14%~0.21%、0.56%~0.68%和 0.32%~0.45%。A/CNK 值为 1.57~2.80（平均值为 2.18），显示为强过铝质。

在全碱-二氧化硅（TAS）分类图上（图 4-5），全部落入亚碱性系列，属流纹岩类。经 FAM 图（图 4-6）进一步划分为钙碱性系列；由 SiO_2-K_2O 图（图 4-7）可知，岭壳村组火山岩主要属高钾钙碱性系列和钾玄岩系列。镁铁指数（*MF*）是反映岩浆分离结晶作用程度的岩石化学参数，

岭壳村组火山岩 *MF* 值较大，为 71.21~73.46（平均值为 72.29），表明岩浆分离结晶作用程度高。分异指数（*DI*）和固结指数（*SI*）是用来反映岩浆分异程度和岩石基性程度的重要岩石化学参数，研究区岭壳村组火山岩分异指数（*DI*）较大，为 88.99~92.54（平均值为 90.60），显示岩浆的分异演化程度高；而固结指数（*SI*）值较小，为 3.45~7.79（平均值为 5.64），显示岩石的酸性程度较高。

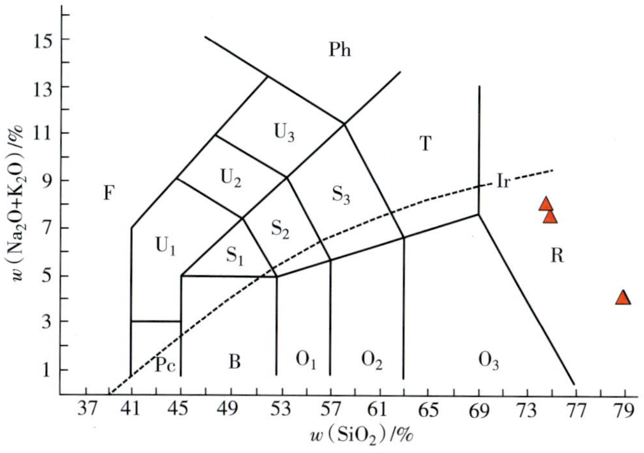

图 4-5　研究区早白垩世火山岩全碱-二氧化硅图

Pc—苦橄玄武岩；B—玄武岩；O_1—玄武安山岩；O_2—安山岩；O_3—英安岩；R—流纹岩；S_1—粗面玄武岩；S_2—玄武质粗面安山岩；S_3—粗面安山岩；T—粗面岩、粗面英安岩；F—副长石岩；U_1—碱玄岩、碧玄岩；Ir—Irvine 分界线，上方为碱性系列，下方为亚碱性系列

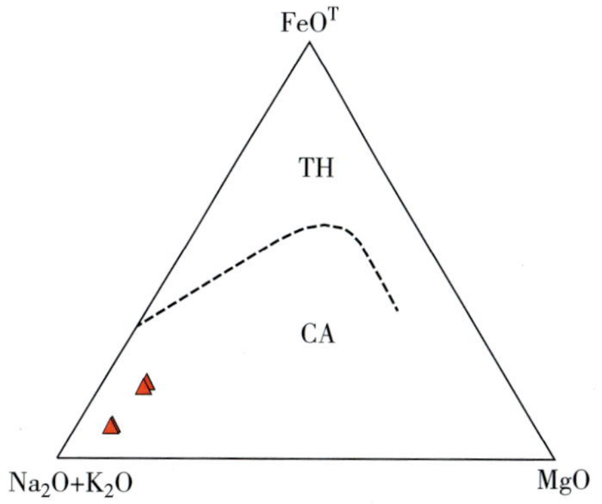

图 4-6　研究区早白垩世火山岩 FAM 图

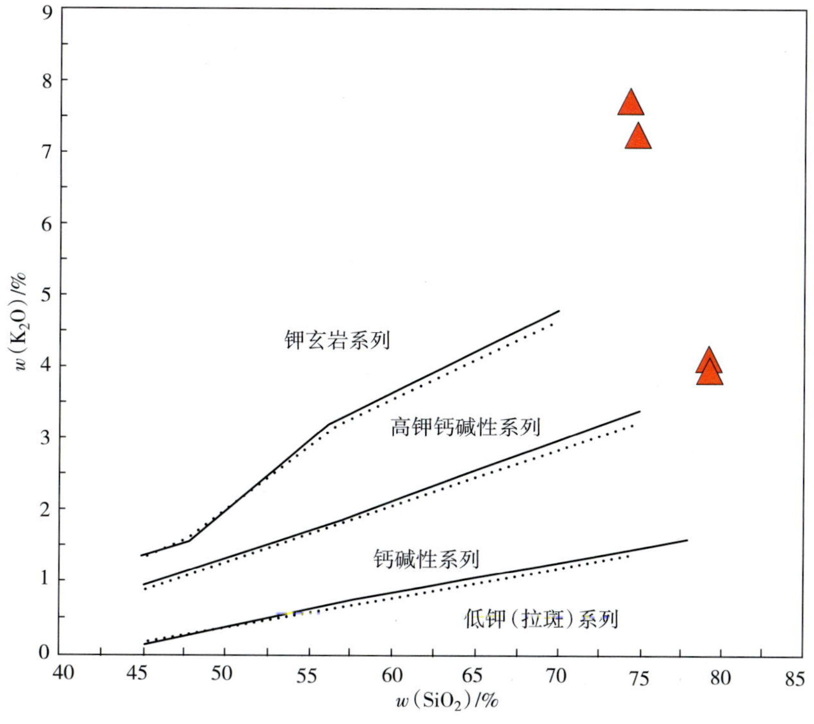

图 4-7　研究区早白垩世火山岩 SiO_2-K_2O 图

二、稀土元素地球化学特征

本次工作于研究区岭壳村组火山岩中采集了 4 个稀土元素分析样，分析结果表明岭壳村组火山岩的稀土总量变化不大，为 $199.43\times10^{-6}\sim242.12\times10^{-6}$（稀土总量不包含钇元素，平均 222.76×10^{-6}）之间，4 个岩石样品总体具有相似的稀土配分模式（图 4-8），均表现为呈右倾的轻稀土富集型，其中轻稀土部分比较陡，重稀土部分比较平缓。LREE/HREE 值为 18.75～25.37（平均 21.34）；$(La/Yb)_N$ 值介于 25.40～36.40（平均 30.14），$(Ce/Yb)_N$ 值介于 18.73～26.50（平均 22.00），表明轻、重稀土分异较强，$(La/Sm)_N$ 值为 6.08～7.47（平均 6.77），说明轻稀土之间分馏作用中等至强，$(Gd/Yb)_N$ 值为 1.96～2.22（平均 2.09），表明重稀土之间分馏作用也不明显，且轻稀土分馏程度略比重稀土强。δEu 值变化于 0.54～0.60（平均 0.57），均小于 1，铕元素具有中等负异常，δCe 值介于 0.99～1.02（平均 1.00），铈元素分异不明显。

三、微量元素地球化学特征

本次工作于岭壳村组火山岩中采集了 4 个微量元素分析样，其分析结果表明岭壳村组火山岩的微量元素的含量变化不大，与维氏酸性岩平均值对比，岩石 Rb、Ba、Hf、U、Th、Cs 等元素含量比维氏值略高，而 Cu、Pb、Zn、Be、Sr、Zr、Co、Y 等元素含量与维氏酸性岩的平均含量相近或者略比维氏值低。

在微量元素蛛网图上（图 4-9），火山岩的微量元素各曲线基本一致，表现为强不相容元素 Rb、Ba、Th、K 等较中等不相容元素 Sr、Nb、P、Zr 更富集，其中 Rb、Th、U、La、Nd、Sm 在微量元素蛛网图上明显正异常，而 Ba、Nb、Sr、P、Ti 具明显的负异常。

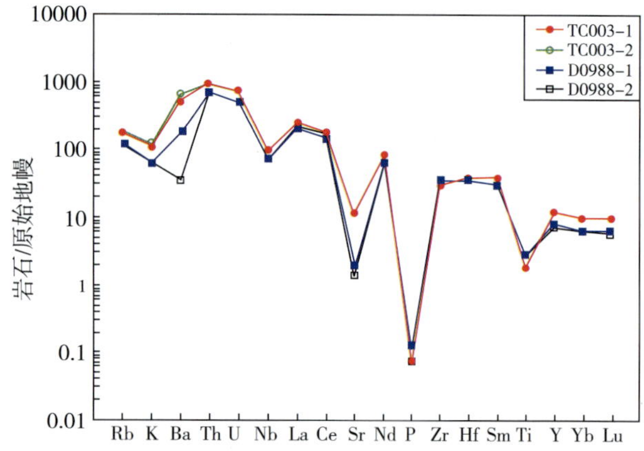

图 4-8　研究区早白垩世火山岩稀土元素球粒陨石标准化图

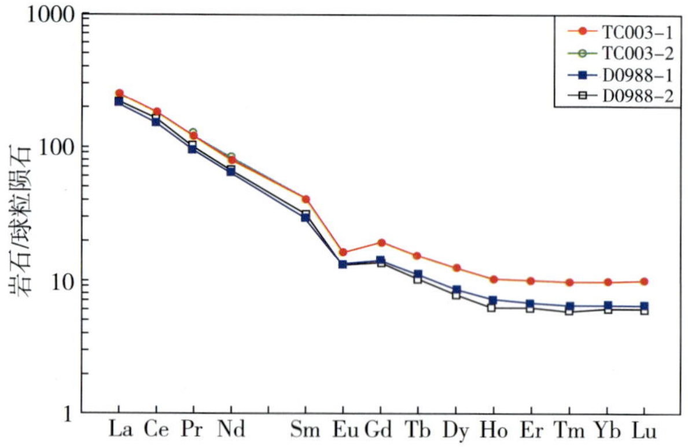

图 4-9　研究区岭壳村组火山岩微量元素原始地幔标准化蛛网图

第四节　火山岩浆源区及形成的构造环境

一、岩浆源区

本研究区内的岭壳村组火山岩具有较高的 SiO_2 含量，较低的 MgO、TiO_2 含量，其 A/CNK 值非常大，为强过铝质岩石，这些特征与地幔岩浆直接熔融产生的岩浆明显不同。锆石测年样阴极发光图（见图 2-19）显示，岭壳村组火山岩锆石中未见明显的残余核，研究区内岭壳村组火山岩也不可能由古老下地壳直接部分熔融形成。因此，岭壳村组火山岩不是简单的玄武质岩浆结晶分异或地壳部分熔融的产物。值得注意的是，岭壳村组火山岩的地球化学组成中有类似“岛弧火山岩”的地球化学特征，如 Nb-Ti 亏损、富集 LILE（Ba、K、Rb 等）与典型的“岛弧火山岩”相似（Kimura and Nagahashi，2007），通过收集同时期岩浆岩资料对比发现，在这一时期的华南沿海岩浆构造属性下不大可能产生岛弧岩浆（Gilder et al.，1991；Griffin et al.，1992），因此它们源区中的俯冲组分如高 ΣREE、富 LREE，LILE、亏损 Nb、Ta、Sr、Ti 等的特点更可能是受古老俯冲物质改造的结果，具有继承性的特点，而不是受同期俯冲作用的影响。通过对比发现，东南沿海的一些早白垩世晚期酸性岩浆岩是幔源玄武质岩浆与壳源酸性岩浆发生较低程度混合的产物（邢光福等，1999；董传万等，2007）。因此，岭壳村组火山岩的源区更有可能是玄武质岩浆底侵于下地壳后再部分熔融的产物。

二、构造环境

中国东南大陆沿海中生代火山带，位于环太平洋构造-岩浆带的西南端，又处欧亚大陆板块的东南缘，自三叠纪印支运动以来，该区受到特提斯构造域和环太平洋构造域双重构造运动的制约和影响，中生代构造岩浆活动异常强烈和复杂。海南岛中生代火山岩是中国东南大陆沿海中生代火山岩带的一部分，海南岛中生代，特别是燕山期构造运动以断块运动为主，它引发了古老构造带重新活动，呈带状展布特征。

研究区内的岭壳村火山岩为高钾钙碱性—钾玄岩岩石，在相关图解中部分样品也落入了火山弧花岗岩范围内（图 4-10），但如前所述，花岗岩类岩石的地球化学特征反映的是其源区、熔融和结晶分异的历史，其地球化学特征主要受到源区岩石成分和岩浆演化过程等因素的制约，而构造环境的影响相对于源区组成而言要小得多，岛弧岩浆具有典型的 Nb-Ta-Ti 亏损，但出现 Nb-Ta-Ti 亏损的并不一定是形成于岛弧环境（Ionov and Hofmarnn，1995），而可能由于源区受到古老俯冲组分的影响。在 Pearce 的构造环境判别图中（图 4-11），本区样品落入后碰撞花岗岩区域，与东南沿海地区相对比，结合它们的源区特征和形成环境，该时期东南沿海一带发生了岩石圈伸展作用，本区的酸性火山岩应该与中国东部同期的岩浆岩具有类似的形成环境，动力学机制可能是古太平洋板块向华南板块俯冲引起弧后拉张，导致幔源岩浆底侵并使上覆的下地壳岩石发生部分熔融，形成壳幔混源岩浆岩。

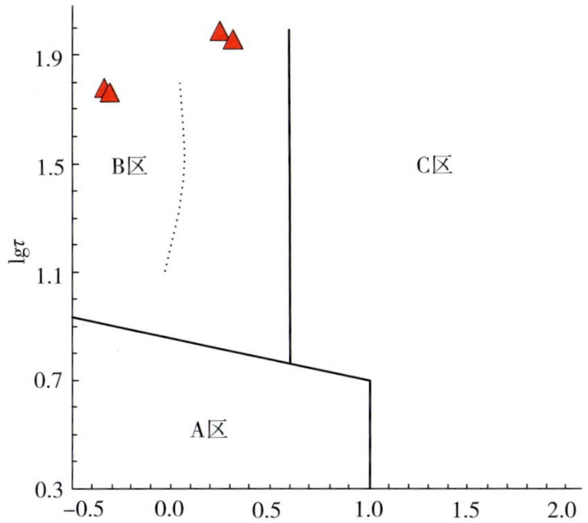

图 4-10　岭壳村组火山岩类里特曼-戈蒂图解

A 区—非构造带（板块内部稳定构造区）火山岩；B 区—造山带（岛弧及活动大陆边缘区）火山岩；C 区—A、B 区火山岩派生的碱性岩

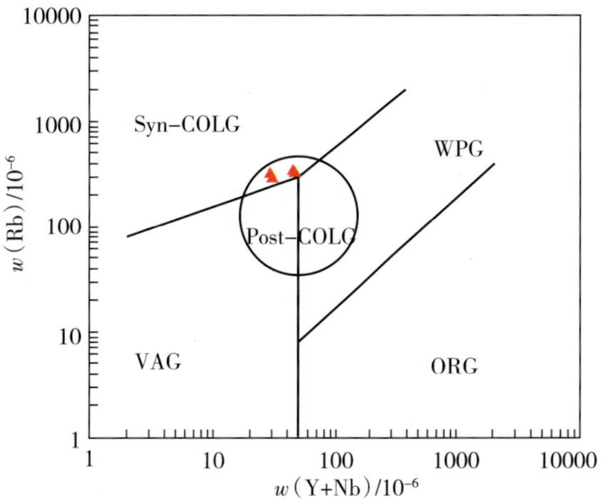

图 4-11　火山岩非活动性元素的环境判别图

（据 Pearce 等，1984）

VAG—火山弧火山岩；WPG—板内火山岩；Syn-COLG—同碰撞火山岩；Post-COLG—后碰撞火山岩；ORG—洋中脊火山岩

第五章　变　质　岩

研究区内多为第四系和古生代—中生代侵入岩出露，变质岩出露范围有限，呈零星分布。此外，由于区内变质岩风化强烈，制约对变质类型的认识。按变质岩的成因类型，区内变质岩有区域变质岩、动力变质岩、接触变质岩和气-液蚀变岩，以区域变质岩为主。

第一节　区域变质岩

区域变质岩，为研究区变质岩的主要类型。研究区出露地层主要为中元古界、石炭系、不磨村灰岩、白垩系和第四系。其中，区域变质岩主要见于中元古界峨文岭组、戈枕村组和石炭系青天峡组中，少量见于不磨村灰岩中，而中生代—新生代地层中未见区域变质作用迹象。

一、岩石类型及特征

根据岩石的矿物组成、含量及结构、构造特征，可将区内区域变质岩划分为5类岩石，主要包括片麻岩类、大理岩类、片岩类、千枚岩类和结晶灰岩。

1. 片麻岩类

研究区片麻岩主要见于高坡岭水库坝泄闸口的戈枕村组中，岩石类型包括黑云钾长片麻岩和黑云二长片麻岩。岩石呈褐色，鳞片粒状变晶结构，片麻状构造，主要矿物组成为斜长石、钾长石、石英和黑云母。斜长石呈变晶粒状，均匀分布；钾长石为他形变晶粒状，格子双晶发育，镜下未见明显蚀变特征；石英呈他形粒状镶嵌于长石间；黑云母呈褐—红棕色多色性，片状变晶，且沿片轴方向断续定向分布，显示岩石的片麻状构造（图5-1）。

图5-1　黑云二长片麻岩（D0551-2）

2. 大理岩类

该类岩石在研究区中虽有发育，但不普遍，仅见于青天峡组中，为灰—灰白色，呈厚层状产出，岩石类型较为简单，主要为方解石大理岩。具粒状变晶结构，块状构造，主要矿物为方解石和少量石英，偶见透辉石、白云母等。其中，方解石重结晶明显，颗粒间呈镶嵌状接触（图5-2）。

3. 片岩类

研究区片岩类岩石主要见于峨文岭组中，岩石类型包括白云母石英片岩、二云母石英片岩、白云母片岩等。其原生色多呈灰色，次生色包括褐色、紫红色，具显微粒状变晶结构、鳞片变晶结构，片状构造。主要组成矿物为石英和白云母、少量斜长石和黑云母，偶见少量石榴子石、矽线石、电气石、石墨等矿物。其中，石英呈他形变晶粒状，多数呈条带状集合体沿岩石片理方向分布，少部分被压扁拉长，均匀分布于云母之间，近定向排列。云母为显微鳞片—片状，沿其片轴方向连续或不连续定向分布，构成岩石的片状构造（图5-3）。长石为他形变晶粒状，与石英镶嵌分布，普遍已发生绢云母化。石榴子石呈变斑晶产出，石墨多呈晶质细小片状或不规则粒状，常与云母共生或沿云母解理分布。此外，青天峡组局部出现片岩，其可能为受三叠纪新水坡岩体侵入和韧性剪切构造影响，局部受变质叠加形成，该片岩中矽线石呈毛发状、纤维状与黑云母镶嵌在一起定向分布，应为接触变质产物。

图5-2　大理岩（D1565-4）

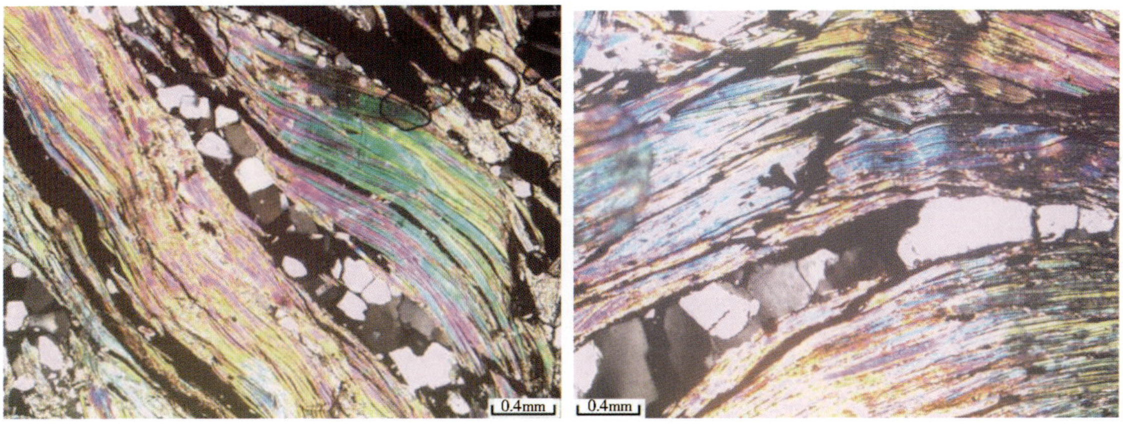

图5-3　白云母石英片岩（D0035-1）

4. 千枚岩类

研究区千枚岩类岩石主要见于青天峡组中，岩石类型主要为石英绢云母千枚岩。岩石多呈褐色，少数呈灰色，重结晶作用明显，具显微鳞片变晶结构，千枚状构造，有的可见变余层理构造。岩石主要由绢云母、石英和铁质组成，偶见少量电气石。绢云母呈显微长鳞片状，沿片轴方向连续紧密定向排列，构成岩石的千枚状构造；石英呈显微他形变晶粒状，波状消光，均匀分布或呈条带状聚集，与绢云母条带相间排列，部分石英呈变余砂状，岩性则变为粉砂质绢云母千枚岩；铁质呈黑色不透明粒状、尘点状，均匀散布在岩石中。

5. 结晶灰岩

研究区结晶灰岩主要见于不磨村灰岩中，岩性主要为灰色条带状泥晶灰岩，岩石呈灰—灰黑色，具微晶细晶晶粒结构或变余泥晶结构，变余层理构造和显微片状构造。岩石由变晶方解石、变余泥晶方解石和少量石英、白云石、绿帘石、磁铁矿等组成。变晶方解石呈不规则粒状—长形粒状变晶，粒度以细晶为主，少量粉晶，闪突起明显，高级白干涉色，细晶级方解石多见菱形解理和聚片双晶，双晶纹平行菱形解理长对角线，为原岩泥晶方解石变质重结晶加大的产物。部分变晶方解石呈长形粒状，定向排列，形成较明显的构造片理。变余泥晶方解石呈泥状，因粒度细，突起显得很高，色调灰暗；多数者呈微细条带状集合体分布，条带平行排列，显示变余层理构造，变余层理与构造片理一致；少量者残留于变晶方解石晶内。

二、原岩恢复

对变质岩原岩性质的判别，是变质岩地质研究中的一项基础工作，其对总结变质原岩建造、划分变质地层、分析沉积环境与大地构造环境、还原地壳演化历史和找矿等均具重要意义。针对研究区的实际情况，本书从区域变质岩石的宏观地质和微观组构特征出发，结合副矿物和地球化学特征来恢复其变质原岩。

1. 地质特征及岩相学标志

研究区内戈枕村组片麻岩出露面积较小，呈层状产出，后期花岗岩顺层侵入其中，但花岗岩未见明显片理化，岩性组合为黑云钾长片麻岩-黑云二长片麻岩，未见富铝矿物，其原岩可能为长英质岩石。区内青天峡组千枚岩、大理岩和峨文岭组片岩虽然受重结晶作用影响较大，变余结构、构造少见或基本未见，发育显微鳞片状、粒状变晶结构，但仍呈层状产出，岩石组合分别为千枚岩-大理岩和石英片岩-片岩，为典型的变质沉积岩组合，其原岩应为泥质岩—泥质粉砂岩（变质后为千枚岩、片岩）和碳酸盐岩（变质后为大理岩）。区内不磨村结晶灰岩变余泥晶结构、变余层理构造明显，呈层状产出，为经历低级区域变质作用形成，其原岩应为泥晶灰岩。

2. 岩石地球化学特征

高坡岭水库泄闸口的戈枕村组片麻岩 SiO_2 含量为 67.14%，Al_2O_3 含量为 14.38%，$Fe_2O_3^T$ 含量为 5.44%，MgO 含量为 2.14%，CaO 含量为 0.80%，TiO_2 含量为 0.73%。其中，Al_2O_3>CaO+Na_2O+K_2O，MgO>CaO，DF（x）>0，尼格里值表现为 al、alk、si 值大，c、fm 值小，整体具有变质沉积岩的化学特征。在 TiO_2-SiO_2、K%-A%、（al+fm)-(c+alk)-si 图解（图 5-4，图 5-5，图 5-6）中，都位于或靠近沉积岩区泥岩—砂岩区，显示出副片麻岩地球化学特征。值得注意的是，在 P_2O_5/TiO_2-MgO/CaO 正副片麻岩判别图（图 5-7）中可见，其明显不同于冲卒岭—长征地区戈枕村组片麻岩，冲卒岭—长征地区戈枕村组片麻岩主体都位于正片麻岩，少量位于副片麻岩区（靠近正片麻岩区），其原岩主要为中酸性火山岩，少量沉积的杂砂岩，而高坡岭水库戈枕村组片麻岩远离正副片麻岩分界线，完全属于副片麻岩，其 K_2O 并未显示出明显过剩，其原岩可能为杂砂岩。

峨文岭组片岩 SiO_2 含量为 65.19%~76.95%，较富 Al_2O_3（12.74%~20.59%），贫 $Fe_2O_3^T$（2.35%~3.47%），MgO（0.51%~0.74%）、CaO（0.02%~0.19%）、TiO_2（0.61%~0.76%）。其中，Al_2O_3>CaO+Na_2O+K_2O，MgO>CaO，DF（x）<0，尼格里值表现为 al、alk、si 值大，c、fm 值小，整体具有变质沉积岩的化学特征。在 TiO_2-SiO_2、K%-A%、[(al+fm)-(c+alk)]-si 图解（图 5-4，图 5-5，图 5-6）中，都位于沉积岩区泥岩—砂岩区，推测其原岩为泥质岩、粉砂质岩。

青天峡组大理岩具有高 CaO（50.22%~52.85%），低 SiO_2（1.81%~7.33%）、Al_2O_3（0.15%~0.43%）、$Fe_2O_3^T$（0.06%~0.18%）、MgO（1.22%~1.73%）、TiO_2（0.01%~0.05%）含量，及高的烧失量 39.94%~42.85%（其中，CO_2 含量为 39.68%~42.61%）。岩石中陆源碎屑组分的 Si 和 Al 含量较低，基本全由 $CaCO_3$ 组成（$CaCO_3$>90%），成分相对较单一，其原岩应为较纯的碳酸盐岩，且其 MgO 含量较低，推测原岩为纯灰岩。

3. 副矿物特征

变质岩中副矿物是恢复变质岩原岩成因类型的重要依据之一。由于其对风化、搬运及变质等作用具有相对稳定性，且其在不同类型原岩中的赋存情况和特点不一，因此，变质岩所含副矿物的种类、组合、晶形特点及含量等，均对判别变质原岩极具意义。通过对研究区区域变质岩的显微岩相学和人工重砂的综合研究，总结它们的副矿物特征，进而推测其原岩性质。

对峨文岭组白云母石英片岩（D1571-1）和青天峡组石英白云母片岩（PM006-6）进行

人工重砂研究分析，所得结果显示这些岩石均多含稳定—超稳定副矿物，如锆石、电气石、以及磁铁矿、褐铁矿、黄铁矿等不透明矿物。其中，锆石多呈浑圆柱状、粒状，粒径小于0.1mm，长宽比2∶1~3∶1，说明它们经历了搬运、磨圆的过程；颜色以浅玫瑰色为主，这与古老岩石中锆石颜色一致，反映其物源来源于古老陆壳物质。

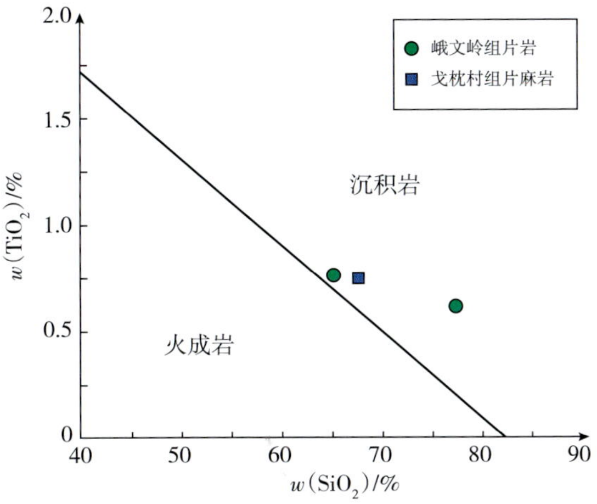

图 5-4　TiO_2-SiO_2 图解

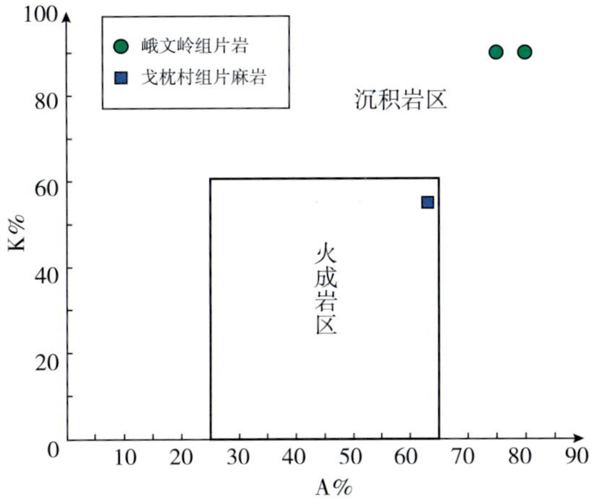

图 5-5　K%-A%相关图解

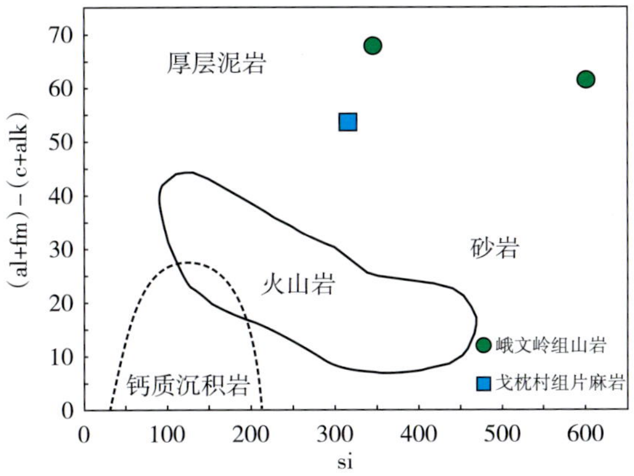

图 5-6　[(al+fm)-(c+alk)]-si 图解

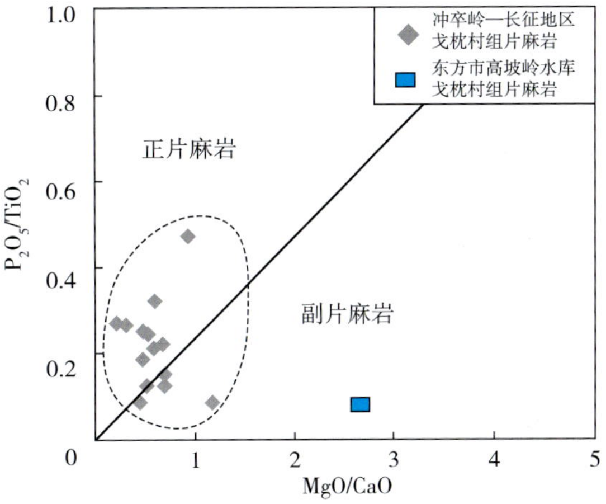

图 5-7　正副片麻岩图解

综上所述，研究区内戈枕村组片麻岩原岩为杂砂岩；峨文岭组片岩原岩为泥质岩、粉砂质岩；青天峡组千枚岩、片岩和大理岩原岩分别为泥质岩—泥质粉砂岩和纯灰岩；不磨村灰岩原岩为泥晶灰岩。

三、矿物共生组合及变质相的划分

变质岩的矿物共生组合是在不同温度、压力条件下，一定成分的岩石在达到化学平衡时的矿物成分。它是岩石组分重新组合的结果，是重要的岩相学标志，也是划分变质相、带及变质相系的主要依据。区内区域变质岩岩石类型较少，其间变质矿物共生组合相对较简单。根据镜下观察结果，戈枕村组片麻岩矿物共生组合：钾长石+石英+黑云母±斜长石，变质相为高角闪岩相；峨文岭组片岩类矿物共生组合：白云母+黑云母+石英±斜长石，属中压相系矿物组合，变质相为低角闪岩相。青天峡组千枚岩类矿物共生组合：绢云母+石英，属低绿片岩相；大理岩类矿物共生组合为：方解石+石英±白云母，属低绿片岩相；局部受侵入岩和韧性剪切变质叠加形成片岩，属低角闪岩相。不磨村灰岩矿物共生组合：变晶方解石+变余泥晶方解，属低绿片岩相。

第二节 动力变质岩

动力变质岩是动力变质作用的产物，是各种岩石在性质不一的应力作用下发生不同程度的破碎、塑形、变形及重结晶形成。其岩石性质主要受控于应力的性质和强度，同时也受原岩的性质和物态的影响，主要产出于断层带、剪切带中。

区内动力变质岩分布较为零散，主要出现于各断裂带中，其分布规模与应力性质、强度等有关，严格受断裂带控制。伴随断裂带偶见各种中低温热液蚀变，主要类型有硅化、褐铁矿化、黄铁矿化、绿泥石化等。

一、岩石类型及特征

以《变质岩岩石的分类和命名方案》（GB/T 17412.3—1998）的分类为基础，并结合本区应力性质、强度及岩石结构特征，将区内的动力变质岩分为碎裂岩、糜棱岩两大类。其中，前者属于脆性动力变质岩，后者属于韧性动力变质岩。

（一）碎裂岩类

碎裂岩类主要发育于研究区东部不磨一带脆性断裂中，以脆性变形为主，其显著特征是岩石无定向或弱定向，具碎裂结构或玻璃质碎屑结构、微破裂发育，无或少有重结晶作用。按岩石的破碎程度和形态特征，进一步分为碎裂岩化岩石、碎裂岩和碎斑岩这 3 种岩石类型。

1. 碎裂岩化岩石

碎裂岩化岩石主要见于脆性断裂带内，包括有碎裂岩化花岗岩、碎裂岩化黑云正长花岗岩、碎裂岩化黑云二长花岗岩以及少量碎裂岩化泥晶灰岩（不磨村灰岩）等岩石类型。碎裂花岗岩受碎裂作用较弱，仅轻微破碎，基本保留其原岩组构，局部为碎裂结构。矿物发生不同程度的脆性破碎变形，但大部分碎块未位移。其中，长英质矿物普遍发生破裂，裂纹发育，裂隙间充填绢云母、钙质、绿泥石和石英亚颗粒（细碎石英）等。部分长石双晶发生扭曲、错开，并伴有绢云母化、高岭土化等次生蚀变；部分云母叶片发生扭曲，普遍发生绢云母、白云母或绿泥石化，部分边缘析出磁铁矿（图 5-8）。应力作用较为强烈之处，则可见长石破裂且有微小位移，双晶纹普遍错开（图 5-9）。碎裂岩化泥晶灰岩发生碎裂，产生网状裂纹，裂纹被热水成因方解石充填、胶结。

图 5-8 碎裂岩化花岗岩（PM001-13）

图 5-9 斜长石双晶纹扭曲（PMG01-8）

2. 碎裂岩

碎裂岩分布于各脆性断裂带中，岩性主要为花岗质碎裂岩，岩石受碎裂作用较强，具明显碎裂结构，块状构造，由碎块和碎基组成。其中，碎块多为原岩物质，大小0.5~2mm，主要由长石和石英组成，碎块受力出现位移，裂隙由磨碎物质及次生绢云母等充填。碎块中，钾长石受力破裂，有的还发生较大位移，裂隙被细碎的长石、石英和黑云母充填，高岭石化强烈；斜长石双晶纹普遍扭曲、错开甚至断裂；石英常以集合体形式分布于长石粒间，受力破裂，部分被细碎后仍呈团块状集合体，见波状消光；黑云母为细小片状，多呈团块状集合体分布，有的被细碎后充填在岩石裂隙中（图5-10）。

图5-10　碎裂岩（样号分别为D2024-1和D0841-1）

3. 碎斑岩

主要发育于脆性构造破碎带中，其原岩结构已被强烈改造，具碎斑结构，块状构造，由碎斑和碎基组成（图5-11）。碎斑成分主要为钾长石和石英，含量约33%，多呈棱角—次圆状，部分呈长板状等，大小多为0.5~2mm，排列无序。矿物次生变化明显，其中，石英碎斑多呈集合体，表面变形纹和裂隙发育，具不明显的带状消光或波状消光；钾长石碎斑发育卡斯巴双晶，内部见有裂隙，被细碎的长英质和后期变质的绢云母所充填。岩石碎基为细碎的石英和细碎且已绢云母化的长石和云母，碎斑常被碎基包围呈孤岛状。此外，少量不磨村泥晶灰岩受构造作用亦出现碎斑岩，碎斑主要由方解石和大理岩块组成，碎斑呈碎屑状，部分具碎裂纹，被碎粒、碎粉充填、包围。

图5-11　碎斑岩（PMG02-8）

（二）糜棱岩类

糜棱岩类主要发育于研究区中部不磨一带韧性剪切带中，以塑性变形为主，其显著特征是具有明显的定向性，发育糜棱结构或变余糜棱结构，往往具有线理构造。根据岩石组构、变形特征以及重结晶程度等情况，进一步划为糜棱岩化岩石、初糜棱岩和糜棱岩3种岩石类型。

1. 糜棱岩化岩石

区内糜棱岩化岩石主要类型为糜棱岩化片岩、糜棱岩化片麻岩和糜棱岩化花岗岩。该类岩石原岩特征保留相对较好，普遍发育微弱糜棱面理，具糜棱岩化结构。其中，糜棱岩化片岩仍具有鳞片粒状变晶结构，片状构造，部分出现条带状构造，眼球构造。石英呈他形变晶粒状，部分被拉长呈眼球状、条脉状，波状消光明显；长石呈粒状，部分绢云母化，多与石英镶嵌分布，有的与石英一起被挤压呈透镜状集合体；云母类矿物沿片轴方向连续定向排列显示出片状构造，部分云母被挤压成透镜体状集合体或“云母鱼”，或受挤压被细碎呈碎基（图5-12）。

糜棱岩化片麻岩具有鳞片粒状变晶结构，条带状构造，片麻状构造。长石为他形变晶粒状，有的长石颗粒边缘被圆滑拉长呈眼球状；石英为他形变晶粒状，石英被挤压拉长呈条带状、条脉状分布，波状消光；白云母为片状，且沿片轴方向定向分布，显示岩石的片麻状构造，白云母普遍发生扭曲，边缘多被拉碎成绢云母。

糜棱岩化花岗岩具有糜棱岩化结构，条带状构造。少部分长石已被细碎呈碎粒，未被细碎的长石碎斑被碎粒围绕；石英为他形粒状，呈眼球状集合体或条带状集合体分布，波状消光，部分石英被细碎挤压呈眼球状，有的眼球中心为石英碎斑，两端由细碎物质拖尾（图5-13）；云母呈片状沿片轴方向定向分布，显示岩石的片麻状构造，因受力作用，白云母发生扭曲变形呈条链状分布在石英条带边缘，显示弱糜棱岩化结构。

图5-12　糜棱岩化二云母石英片岩（PMG01-11）

图5-13　糜棱岩化花岗岩中石英碎斑（D1151-1）

2. 初糜棱岩

区内初糜棱岩主要为花岗质初糜棱岩，少量石英白云母片岩质初糜棱岩，矿物变形明显，呈弱糜棱面理，具糜棱结构、碎斑结构，透镜状构造、流动构造、眼球状构造，由碎斑和碎基组成。其中，花岗质初糜棱岩碎斑大小普遍0.3~3mm（部分碎斑为花岗岩碎块，大小可达10mm），成分主要为钾长石和斜长石，少量石英、白云母等，孤立地被碎基包围而呈眼球状，部分见眼球两侧见碎基拖尾，碎斑含量约60%~80%。碎基由细碎的长石、石英和绢云母组成，含量约20%~40%，长石石英碎粒呈条带状集合体定向分布，长石已高岭石化，绢云母呈流动性集合体围绕碎斑分布（图5-14）。

图5-14　初糜棱岩（PMG02-5）

3. 糜棱岩

区内糜棱岩主要为花岗质糜棱岩，岩石发育明显的糜棱面理，具糜棱结构，片麻状构造、眼球状构造、流动构造，由碎斑和碎基组成。其中，碎斑多呈眼球状，并发生不同程度的旋转变形，长轴平行糜棱面理，其成分主要为钾长石、斜长石和少量石英集合体，含量约15%~30%。碎基主要由细碎的石英和新生成的绢云母组成，含量约70%~85%，石英普遍被压扁拉长，波状消光和变形纹明显，绢云母呈显微鳞片状，呈条链状集合体沿片轴方向围绕碎斑流动分布（图5-15）。

图5-15 糜棱岩（样号分别为PMG02-1和PMG01-9）

二、动力变质作用

1. 脆性变形变质作用

脆性变形变质作用在区内分布较广泛，在不同期次、不同规模、不同应力方向的断裂带中均可见，形成碎裂岩类岩石。它们一般发生于地壳浅部低温和低压条件下，以压碎变形为主，各类岩石及矿物受应力作用发生破碎、粉化、粉碎等现象，一般不发生重结晶，变形前后原岩的矿物组合和化学成分基本没有变化。部分岩石的矿物（如长石、黑云母等）中出现绢云母化、高岭土化和绿泥石化等次生蚀变。

2. 韧性变形变质作用

该变质作用主要分布在区内各韧性变形带中，表现为韧性变形为主导地位，化学效应比较薄弱的变形变质过程。区内不磨韧性变形带和公爱韧性变形带中广泛分布糜棱岩系岩石，其碎斑成分以钾长石和斜长石为主，其次为石英。其中，长石碎斑多发生碎裂，晶体弯曲变形，裂纹间为绢云母充填。石英碎斑具带状消光，有时发育变形纹。基质则主要由石英和绢云母组成，绢云母呈显微鳞片状集合体，片轴为平行定向排列，石英多被压扁拉长并沿伸长方向聚成条带、条纹状与绢云母一致平行排列，常围绕碎斑分布呈现流动构造。区内韧性变形带的同期变质矿物组合主要是：石英+绢云母。由此可知，研究区韧性变形带的主期变质程度为低绿片岩相，变形环境相当于低绿片岩相的温压条件，属于浅部构造相韧性变形带。

第三节 接触变质岩

接触变质作用是伴随岩浆作用而发生的一种变质现象，分布局限，一般规模不大，是围岩受岩浆散热和挥发分的影响，发生变质结晶或重结晶，有时伴有交代过程所形成的一系列新的岩石。该类岩石通常产于较浅部低压高温环境，温度和挥发分是变质的主要控力。

研究区内接触变质岩少见，但在侵入体的外接触带中可见少量接触变质矿物。如在青天峡组北侧与新水坡岩体接触带上，岩性变为片岩，该片岩中见矽线石呈毛发状、纤维状与黑云母镶嵌在一起定向分布（图5-16），应为接触变质产物。

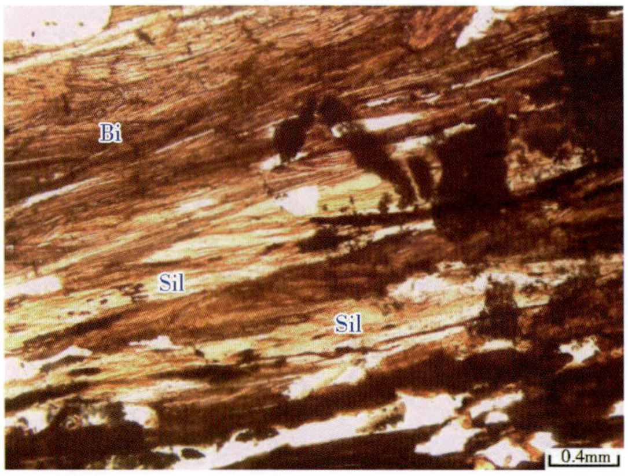

图 5-16　接触变质矽线石特征（D0459-1）

Bi—黑云母；Sil—矽线石

第四节　气-液变质岩

气-液蚀变岩在区内出露较少，主要沿断裂带与动力变质岩相伴产出，其次在部分岩体的外接触带中见有少量出露。按岩石受蚀变作用的强弱程度划分为强蚀变岩类和弱蚀变岩类。

一、强蚀变岩类

1. 云英岩

云英岩为中等深度条件下酸性侵入岩在高温汽水热液影响下经交代作用所形成。在研究区中主要见于公爱一队北东侧亚炮岩体与峨文岭片岩接触带上，原岩为片麻状二长花岗岩。岩石具有细粒粒状—显微鳞片变晶结构，块状构造，主要矿物组合为石英（27%）、白云母（60%）、铁质（12%）和电气石（1%）。白云母分两部分：大部分为显微鳞片状的绢云母（约占白云母总量的80%），与显微粒状石英结合在一起呈长石柱粒状外形，为云英岩化产物；另一部分白云母呈片状，沿片轴方向定向分布，显示岩石的片麻状构造，这部分白云母的边缘也见有显微绢云母分布，边缘见有铁质，判断白云母为原岩黑云母变质而成；石英为粒状变晶，大部分粒径大小为0.1~0.3mm，颗粒间以直边紧密镶嵌呈团粒状，判断为原岩石英原地重结晶而成，小部分石英为显微粒状，与绢云母混合在一起分布，为云英岩化产物；铁质呈黑色团粒状、条链状，不均匀分布在岩石中；岩石中还见有柱粒状电气石零星散布（图5-17）。

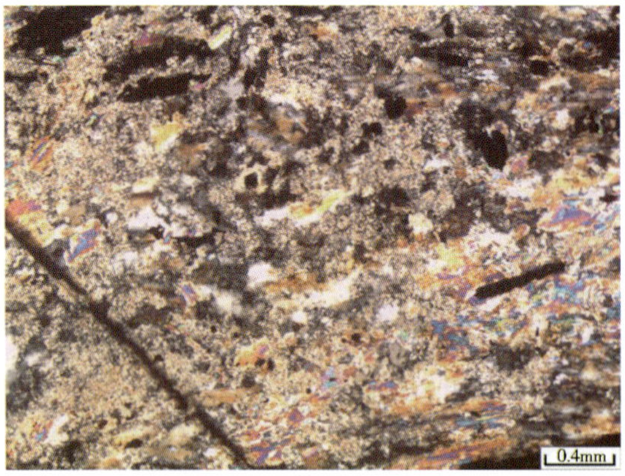

图 5-17　云英岩（D0822-1）

2. 绢英岩

绢英岩为中酸性浅成岩等在中低温热液交代作用下形成的。该类岩石主要见于研究区中部不磨采石场北东向断层中以及新水坡岩体与峨文岭组片岩接触带上，原岩可能为花岗岩。岩石具细粒粒状—显微鳞片变晶结构，块状构造，主要组成矿物为石英（20%~30%）、绢云母（50%~70%）和少量白云母、铁质等。其中，石英可分为岩浆结晶成因和变质结晶成因两种类型，前者为原岩残留下来的，粒径较大（0.1~0.5mm），石英间以齿形边紧密接触或呈花岗结构的粒状集合体，具波状消光和带状消光，呈不规则状集合体形式分布；后者呈显微变晶粒状，分布在原生石英周边或镶嵌在绢云母片间，为原岩发生绢英岩化时所分解出来的产物。绢云母为显微鳞片状，其应为原岩长石的蚀变产物，有的绢云母集合体呈柱粒状集合体，仍保留长石的柱状外形，其内还镶嵌有显微粒状的石英，体现原岩的长石发生云英岩化。不透明矿物呈尘点状分布在岩石中，可能为铁质（图5-18）。

3. 电气石化岩

该类岩石在研究区主要见于不磨经济场附近峨文岭组中近南北向石英脉中，岩石具有粒状变晶结构，条带状构造，主要岩石矿物组合为石英（51%）、电气石（49%）。其中，石英为他形变晶粒状，粒径大小为0.1~0.9mm，颗粒间以凹凸面镶嵌呈条带分布；电气石为变晶柱粒状，粒径大小为0.1~4mm，具淡褐—深褐绿多色性，呈条带状集合体与石英条带近平行分布（图5-19）。

图5-18　绢英岩（D0035-2）

图5-19　电气石化岩（D1366-1）
Q—石英；Tur—电气石

二、弱蚀变岩类

该类岩石遭受气-液变质作用较弱，蚀变程度较低，基本保留其原岩组构特点，仅有部分矿物发生弱蚀变。该类岩石主要沿断裂带与动力变质岩相伴产出，其次在侵入岩与地层的热接触带的局部地段也有出现，所形成岩石的规模与产状受断裂和侵入体的规模及产状控制。区内与断裂有关的蚀变类型有硅化、褐铁矿化、黄铁矿化、绢云母化、绿帘石化、绿泥石化等，蚀变矿物多呈浸染状产出，少部分呈细脉状，围岩一般不构成整体蚀变；与岩浆侵入有关的蚀变类型以硅化为主，次为绢云母化、电气石化、钾化等，蚀变矿物分布有一定规模，大小不一，有的呈带状分布，有的分布较零散，与岩体的规模及侵入的深度、广度有关。

第五节　变质作用演化

变质作用的产生与地壳的演化进程有着密切的联系，其演化过程主要是受热动力条件的控制。研究区自前寒武纪以来构造活动和岩浆活动相对简单，根据构造变形及变质矿物组合演变特征，区内变质事件大致可划分为抱板期、华力西期和印支期3个时期，未见加里东期、燕山期和喜马拉雅期变质事件，所遭受的变质作用包括区域变质、动力变质、接触变质和汽液蚀变作用等。

一、抱板期变质作用

该时期区内由于遭受多幕构造运动作用，中元古界抱板群发生了多期次变质变形事件，造就抱板群戈枕村组和峨文岭组形成面貌各异的岩石组合，具有区域上可对比的二元结构。

戈枕村组是海南岛出露最古老的岩层（岩石），原岩为钙碱性系列中酸性火山岩夹杂砂岩、泥岩等，属活动大陆边缘产物，其成岩年龄为 1800±100Ma 至 1637±31Ma（马大铨等，1993，1997，1998）。在中压相系区域动力热流变质作用下，发生以高角闪岩为主的区域变质及广泛的混合岩化，使之固结并稳定化，伴有以固态流变为主的深构造相塑性变形，形成以片麻岩、混合岩、变粒岩为主的岩石组合。混合岩化年龄为 1437Ma（海南省区域地质志，2012），该年龄可代表研究区这一期变质作用的峰期年龄。

峨文岭组的原岩主要为一套海相陆源碎屑岩，具类复理石式的沉积韵律，其中未发现火山岩，表明其形成环境已由陆缘活动带转变为相对较稳定的陆内或陆缘构造盆地。在低压相系区域动力热流变质作用下，该组岩石发生以低角闪岩相为主的区域变质，伴有以固态流变和褶皱构造为主的深构造相塑性变形，形成的岩石以片岩为主。至此，区内抱板群基本固结和定型。

二、华力西期变质作用

受华力西运动影响，该期变质作用以区域变质作用为主。受该期区域变质作用影响，上古生界青天峡组发生以低绿片岩相为主的区域变质作用，形成岩石类型主要为千枚岩和大理岩。相应的，区内中元古界抱板群戈枕村组和峨文岭组受该期区域变质作用影响，发生绿片岩相退变质，主要表现为岩石中长石出现绢云母化。

三、印支期变质作用

印支期的变质作用以动力变质作用为主，少量热接触变质作用和气液变质作用。该时期构造活动主要为走向北北东—东西向的韧性变形带以及一系列北东、北西脆性断裂，岩石类型以糜棱岩类为主，少量为碎裂岩类。其中，不磨韧性剪切带活动时代为三叠纪，伴随断裂活动，围岩遭受气-水热液作用，形成各类气液变质岩。此外，区内该时期有多期大规模的岩浆活动发生，侵入岩广泛发育，使得侵入岩与前寒武纪地层之间，及各个新老侵入岩体之间发生热接触变质作用。其中，区内晚古生代变质地层青天峡组在该时期叠加了热接触变质作用，局部新生成矽线石等变质矿物，石英再次重结晶，绢云母向白云母过渡，形成白云母片岩等。

第六章　地质构造及构造发展史

海南岛以东西向九所-陵水断裂带为界划分为两个不同的地质构造单元，断裂带以北属羌塘-扬子-华南板块华南新元古代—早古生代造山带，以南属菲律宾海板块南海陆块三亚被动陆缘。北部的华南新元古代—早古生代造山带又以王五-文教断裂带进一步划分为五指山岩浆弧和雷琼裂谷，研究区位于五指山岩浆弧的西南部（图6-1）。研究区内地质构造条件简单，几乎全部为第四系覆盖区，仅零星出露有长城系—蓟县系、石炭系及白垩系，古近系—新近系隐伏分布；中部发育侵入岩浆活动，侵入岩分布面积较小。研究区内构造变形以脆性断裂形变为主，并发育有印支期韧性变形带（图6-2）。

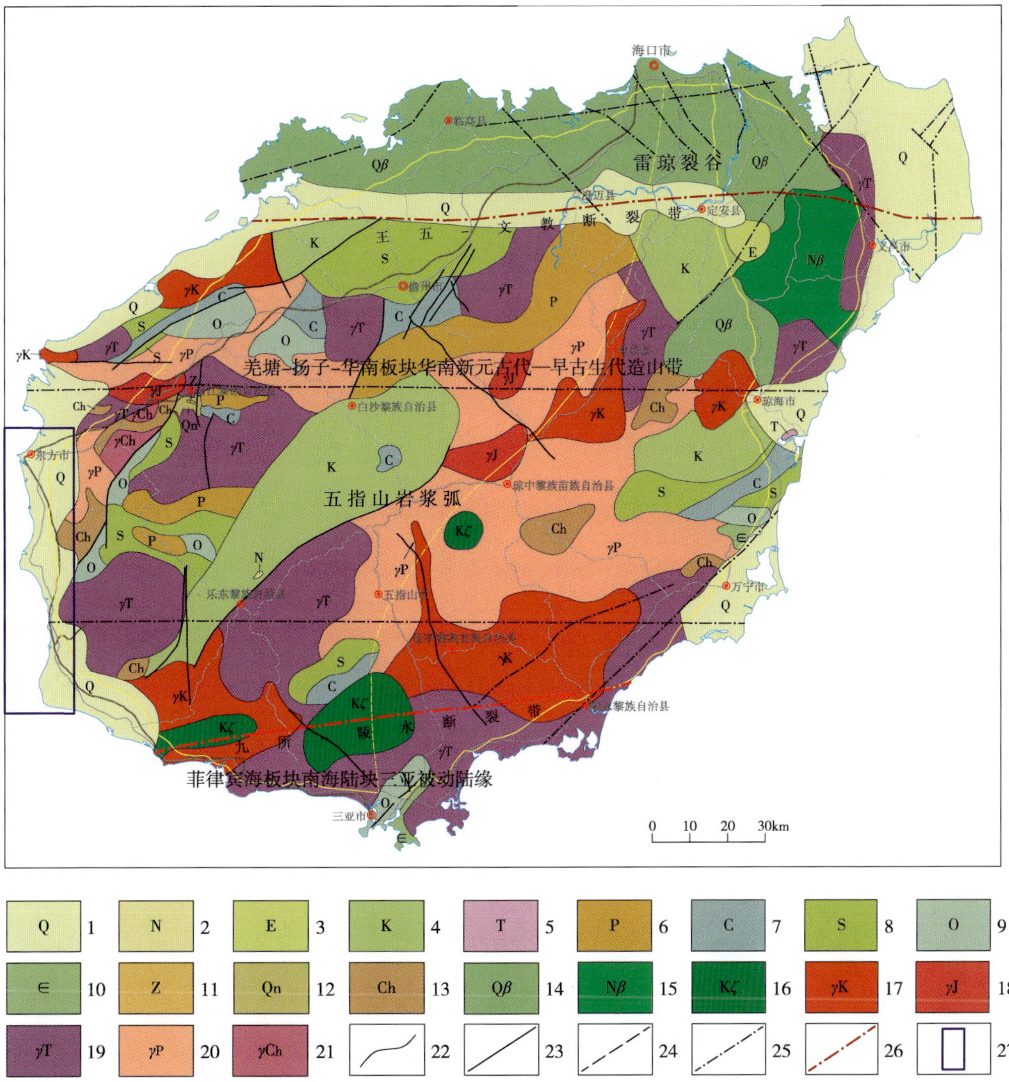

图6-1　研究区大地构造位置简图

1—第四系；2—新近系；3—古近系；4—白垩系；5—三叠系；6—二叠系；7—石炭系；8—志留系；9—奥陶系；10—寒武系；11—震旦系；12—青白口系；13—长城系；14—第四纪火山岩；15—新近纪火山岩；16—白垩纪火山岩；17—白垩纪花岗岩；18—侏罗纪花岗岩；19—三叠纪花岗岩；20—二叠纪花岗岩；21—长城纪花岗岩；22—地质界线；23—实测断层；24—推测断层；25—物探推测断层；26—大地构造单元界线；27—研究区范围

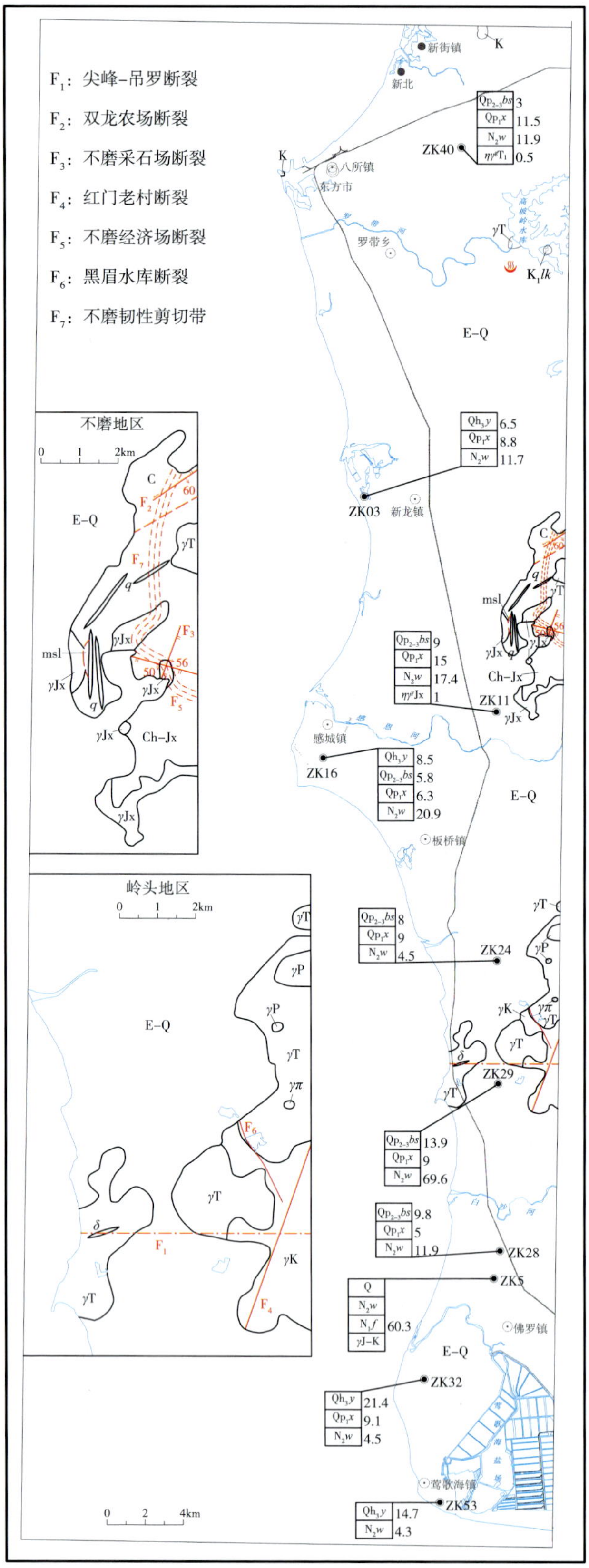

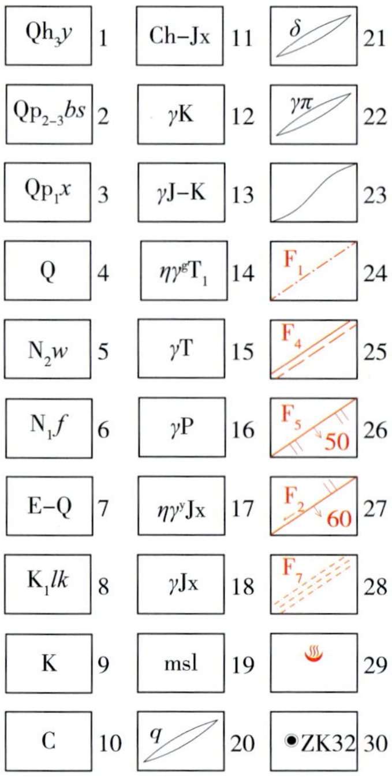

1—烟墩组：砂砾、砂、黏土、粉砂质黏土、海滩岩
2—八所组：砂砾、含砾细中砂、铁质结核层
3—秀英组：杂色黏土、沙质黏土、细中砂、砂砾
4—第四系
5—望楼港组：蓝灰色黏土、黏土质粉砂
6—佛罗组：灰色砂岩、砂砾岩夹泥岩
7—古近系—第四系
8—岭壳村组：流纹岩
9—白垩系
10—石炭系
11—长城系—蓟县系
12—白垩纪花岗岩
13—燕山期花岗岩
14—高坡岭中细粒含斑黑云母正长花岗岩
15—三叠纪花岗岩
16—二叠纪花岗岩
17—亚炮片麻状细中粒斑状二云母二长花岗岩
18—蓟县纪花岗岩
19—灰岩
20—石英脉
21—闪长岩脉
22—花岗斑岩脉
23—地质界线
24—物探推测断裂及编号
25—实测/推测性质不明断裂及编号
26—正断层及产状、编号
27—平移逆断层及产状、编号
28—韧性剪切带及编号
29—温泉
30—钻孔位置及编号

图 6-2　研究区构造纲要图

第一节　构造层的划分与构造层变形特征

一、构造层的划分

划分构造层的直接依据是区域角度不整合面。不整合面是两套地层间一次重大地壳运动的记录，也是划分构造演化阶段、建立构造格架的重要依据。不整合面上下地质体在沉积作用、变质作用、构造变形等重大地质事件上都有明显差异。根据目前的认识，海南岛的角度不整合面主要有：长城系与青白口系间，青白口系与震旦系间，上古生界与下古生界间，三叠系与长城系、古生界间，白垩系与古生界、三叠系间，以及古近系与白垩系间等。依据这些角度不整合面，海南岛共划分为7个主要构造层，即抱板构造层、晋宁构造层、加里东构造层、华力西构造层、印支构造层、燕山构造层和喜马拉雅构造层。

研究区内主要为大面积第四系沉积物出露，钻孔中还见有新近系。新生代以前的沉积记录仅见中元古界长城系—蓟县系、石炭系—二叠系、白垩系。长城系属于角闪岩相区域变质岩石；石炭系—二叠系包括上石炭统青天峡组及石炭系—二叠系不磨村灰岩，青天峡组为低绿片岩相变质岩石，以千枚岩、大理岩为主，受后期构造岩浆活动影响，部分形成片岩，不磨村灰岩与后期侵入岩体接触部位发生接触变质作用；白垩系为未发生区域变质作用的砂砾岩；新近系、第四系为未成岩的松散、半松散状沉积物。区内虽然未见不整合面直接出露，但不同时代地质体间的变质变形程度差异明显，应属于不同的构造层。据此将研究区划分为抱板构造层（Ch-Jx构造层）、华力西—印支构造层（C-P）、燕山构造层（K构造层）和喜马拉雅构造层（N-Q构造层）。

Ch-Jx构造层由长城系戈枕村组和长城系—蓟县系峨文岭组组成，主要分布于研究区中部不磨大岭一带，北部高坡岭水库一带也见零星出露，出露面积较小。戈枕村组岩石主要为片麻岩类，原岩以杂砂岩为主；峨文岭组为片岩、大理岩类岩石，原岩可能为砂质岩或黏土岩、灰岩。区内岩石恢复结果与区域资料恢复结果具有一定的相似性。

C-P构造层由上石炭统青天峡组及石炭系—二叠系不磨村灰岩组成。青天峡组分布于研究区中部双龙农场一带，岩性以千枚岩、大理岩为主，为低绿片岩相区域变质岩石。受后期构造岩浆活动影响，部分岩石形成片岩。不磨村灰岩仅呈小岩片状残存于不磨大岭山脊处，岩性为条带状含泥晶细晶灰岩，与后期侵入岩体接触部位发生接触变质作用。

K构造层由白垩系报万组和岭壳村组组成，零星出露于研究区北部。报万组为一套河湖相陆源碎屑建造，岩性为砂岩、砾岩、砂砾岩等。

N-Q构造层由新近系佛罗组、望楼港组及第四系组成。新近系仅在钻孔中出露，岩性为松散—半成岩状的黏土、粉砂、砂及砂岩、砾岩、砂砾岩等；第四系广泛分布于研究区沿海一带，由下更新统秀英组、中—晚更新统八所组和全新统烟墩组及洪冲积层组成，岩性为砂、砂砾等松散沉积物。

二、构造层变形特征

研究区内Ch-Jx构造层分布范围小，岩石区域性透入性变形样式比较单一，主要以发育新生面理和矿物生长线理为特点，流变褶皱不发育，属于一个深层次固态流变的产物。新生面理以岩石中的片理构造体现，反映了岩石受应力作用变形较强，构造置换程度较高。矿物生长线理见于微观尺度中，石英矿物多呈拉长状、透镜体状、压扁状等，其长轴平行片理或片麻理定向分布。此外，在研究区外东南部乐东红五一带，该构造层不仅变形样式多样，并经历了多次的变形叠加，总体经历了由固态流变→弹塑性褶皱变形→韧脆性变形的演化，呈现出由深构造层次→浅表构造层次的变形过程（海南省地质调查院，2000）。

C-P 构造层岩石主要发育新生面理和矿物生长线理。新生面理包括千枚理、片理，千枚理发育于千枚岩中，由于其可塑性较大，在应力作用下变形较强，构造置换程度高，广泛发育透入性的顺层新生面理构造，由新生显微鳞片状绢云母岩片轴方向定向排列而成；面理发育于石英云母片岩或云母石英片岩中，由新生的细长鳞片状黑云母和（或）白云母岩沿片轴方向断续定向分布而成。

K 构造层岩石未经区域变质作用，原生结构构造保存完好。整个构造层不发育透入性小型褶皱和透入性面理及线理构造，而主要表现为发育少量的断裂构造。受后期断块差异性升降运动影响，表现为单斜构造。构造层变形特征属浅表构造层次的脆性变形范畴。

N-Q 构造层为松散—半松散沉积物，未见受后期构造扰动和变质变形作用痕迹。

第二节　构造旋回与构造运动

根据地层接触关系、沉积建造类型、岩浆活动、变质作用以及构造样式的差异，结合同位素年龄资料，海南岛构造演化共划分为 7 个构造旋回：抱板旋回、晋宁旋回、加里东旋回、华力西旋回、印支旋回、燕山旋回和喜马拉雅旋回，相应的构造运动有抱板运动、晋宁运动、加里东运动、华力西—印支运动、燕山运动和喜马拉雅运动。其中，抱板旋回沉积了一套中酸性火山岩—海相碎屑岩建造；晋宁旋回沉积了青白口系石碌群海相碎屑岩夹酸性火山岩建造，仅局限见于昌江县石碌镇；加里东旋回沉积了一套海相碎屑岩夹基性及酸性火山岩建造；华力西旋回沉积主要是海相碎屑岩夹碳酸岩建造，局部并夹酸性火山岩建造；印支旋回沉积则属于陆内河、湖相碎屑岩沉积；燕山旋回沉积为陆内河、湖相碎屑岩夹中酸性火山岩建造；喜马拉雅旋回沉积为现代河湖相及滨海相碎屑沉积。

研究区属滨海平原地貌区，区内主要为喜马拉雅旋回的沉积物出露，抱板旋回、华力西—印支旋回、燕山旋回沉积物仅零星出露，缺少其余旋回沉积记录。相应的构造运动有抱板运动、华力西—印支运动、燕山运动和喜马拉雅运动（表 6-1）。

一、抱板旋回与抱板运动

海南岛已知最早的构造运动发生于约 1400Ma 前，由于我国其余地区目前尚缺乏相似的构造运动可对比，一直被称为“早晋宁运动”。耿树方研究员在审阅《海南省区域地质志》出版稿时提出，“晋宁运动”与约 820Ma 前的“武陵运动”相当，而不是约 1400Ma 前，为确切表述约 1400Ma 前的构造运动，将这一构造运动命名为“抱板运动”。

研究区内抱板旋回的沉积以长城系—蓟县系抱板群为代表，仅零星出露于研究区中部不磨大岭一带及北部高坡岭水库一带，由下部戈枕村组和上部峨文岭组组成。仅残存有戈枕村组的黑云斜长片麻岩和峨文岭组的石英片岩，属于沉积碎屑岩经角闪岩相变质作用形成。全岛区域性研究结果表明，戈枕村组为一套陆缘弧相中酸性火山岩建造夹碎屑岩建造，上部峨文岭组为一套海相碎屑岩建造夹火山岩建造，二者共同构成了抱板旋回的沉积。

中元古代蓟县纪末期（约 14 亿年前）发生的抱板运动，使抱板群戈枕村组和峨文岭组发生了角闪岩相区域变质作用及固态流变（区外东方二甲、乐东红五、琼中长征等地戈枕村组中并发生了混合岩化作用），导致抱板群广泛发育新生的面理——片理、片麻理和线理构造。

表 6-1　研究区构造演化简表

系/统		组		岩石建造	构造层	构造旋回	构造运动	构造相	地质事件	LA-ICP-MS年龄/Ma
第四系	全新统	烟墩组	洪冲积层	沉积建造	N–Q构造层	喜马拉雅旋回		表构造相	②沉积事件 ①地壳间歇性缓慢抬升	
	更新统	八所组								
		秀英组								
新近系		望楼港组		沉积建造						
		佛罗组								
古近系							喜马拉雅运动			
白垩系	上统	报万组		沉积建造	K构造层	燕山旋回		浅构造相	⑤地壳抬升，遭受削蚀 ④发生断裂活动 ③沉积事件 ②火山喷发事件 ①岩浆侵入活动	98 ± 2 103.3 ± 1.4
	下统	岭壳村组		岩浆建造						
侏罗系							燕山运动			
三叠系	上统				C–P构造层	华力西—印支旋回		中构造相	④地壳抬升，遭受剥蚀 ③发生韧性变形活动 ②岩浆侵入活动 ①沉积事件	244.9 ± 3.1 245.1 ± 2.8 251.4 ± 3.5 251.7 ± 1.8 253.3 ± 2.3
	中统			岩浆建造						
	下统									
二叠系	上统		不磨村灰岩	岩浆建造						
	中统									
	下统			沉积建造						
石炭系	上统	青天峡组								
	下统									
泥盆系										
志留系							华力西—印支运动			
奥陶系										
寒武系										
震旦系										
南华系										
青白口系										
蓟县系		抱板群	峨文岭组	变质建造 岩浆建造	Ch–Jx构造层	抱板旋回	抱板运动	深构造相	④地壳抬升，褶皱回返事件 ③岩浆侵入活动 ②区域低角闪岩相和高角闪岩相变质及固态流变事件 ①火山喷发，沉积事件	1383 ± 23 1432 ± 17
长城系			戈枕村组							

二、华力西—印支旋回与华力西—印支运动

区内华力西—印支旋回沉积包括上石炭统青天峡组及石炭纪—二叠纪不磨村灰岩。青天峡组分布于双龙农场一带，原岩以泥质岩石为主夹灰岩，受区域变质作用并叠加后期岩体侵入接触变质，岩石转变为千枚岩、大理岩，接触变质作用强烈地段形成片岩类岩石。不磨村灰岩仅出露于不磨大岭，分布面积极小，岩性为条带状含泥晶细晶灰岩，岩石所受区域变质作用弱，与晚期岩体接触部位变质程度加深，形成细粒大理岩。区域上，华力西旋回包括石炭系和二叠系，为一套具碎屑岩建造夹碳酸盐岩建造沉积，集中分布于琼西石碌镇—屯昌石浮镇一线和琼南南好乡、琼东中原镇一带，呈东西向的弧状展布。印支旋回沉积局限见于琼海和定安翰林两地，为陆相湖盆相类磨拉石建造的沉积。

华力西运动在海南岛是一个具有里程碑式的构造运动，它结束了海南岛区域变质作用和透入性变形的历史及漫长的海相沉积，开始进入长期的陆内盆地沉积阶段。华力西—印支运动在区内不仅表现为多次岩浆侵入活动，形成二叠纪—三叠纪花岗岩，并形成了区域性北东向韧性变形带。

三、燕山旋回与燕山运动

区域上燕山旋回沉积了一套浅紫红—浅灰白色的陆相碎屑沉积，同时伴随强烈的多期次的间歇性喷发的火山活动（以中酸性火山活动为主）。研究区内燕山旋回沉积仅有白垩系报万组碎屑岩沉积及岭壳村组火山岩，零星分布于研究区北部新街镇、八所镇及高坡岭水库一带。

燕山运动在研究区内的表现是：塑造了北东、北西和东西向等不同尺度、不同规模的断裂构造带，奠定了区内断裂变形格局；同时发生多期次岩浆活动，形成白垩纪花岗岩和火山岩。

四、喜马拉雅旋回与喜马拉雅运动

研究区内喜马拉雅旋回沉积了沿海岸线分布的新近系—第四系海相松散—半松散沉积物和分布在河流两岸的第四系河流相冲、洪积层。

喜马拉雅运动在研究区的主要表现是地壳发生缓慢间歇性上升运动，发育海成、河成阶地。同时，沿断裂见有温泉出露。

第三节　韧性变形带特征

研究区内韧性变形带仅发育于中部不磨大岭一带。不磨韧性变形带（F_7）分布于不磨村—双龙农场一带，一般倾向南东—东，倾角46°~62°；南端不磨经济场一带倾向逐渐转变为北东—北，倾角也逐渐变缓，为10°~15°。带内岩石侧向分带性明显，从边部往中心依次出现糜棱岩化岩石、初糜棱岩和糜棱岩，各岩性之间为渐变过渡关系。韧性变形带发育于长城系—蓟县系峨文岭组、青天峡组千枚岩-片岩、大理岩及三叠纪、蓟县纪花岗岩中，出露于研究区中部不磨大岭一带，区内韧性变形带长约6km，影响宽度约3km，倾向东—北东。

由于区内蓟县纪花岗岩和峨文岭组、青天峡组仅小面积分布，且岩石风化强烈，露头零星出露，韧性变形迹象亦出露较少。整体上，区内的三叠纪、蓟县纪花岗岩及峨文岭组、青天峡组岩石均可见不同程度的糜棱岩化现象。花岗岩、云母石英片岩、片麻岩等能干性较强的岩石糜棱岩化作用较明显，石英矿物多被拉长定向排列；石英云母片岩等能干性较弱的岩石糜棱岩化作用不明显，镜下可见部分石英矿物拉长定向排列；大理岩发生强烈重结晶作用，粒度粗大，受剪切作用迹象由顺层分布的硅质条带和花岗质岩脉的变形体现。

区内较连续的韧性变形迹象出露于韧性变形带北端的金山公墓一带、南端不磨经济场一带的采石场中。金山公墓南部采石场出露的韧性变形带出露宽度约250m，变形带中岩石具有明显的分带性，具有中心变形强、两端变形较弱的特点。中心为花岗质糜棱岩，向两侧依次为花岗质初糜棱岩、糜棱岩化片岩、弱糜棱岩化片麻岩等（图6-3）。不磨经济场东部采石场花岗质岩石中韧性变形带出露宽度约400m，带中岩石具有明显的分带性，中心为花岗质初糜棱岩，向两侧变为糜棱岩化花岗岩、弱糜棱岩化片岩等（图6-4）。

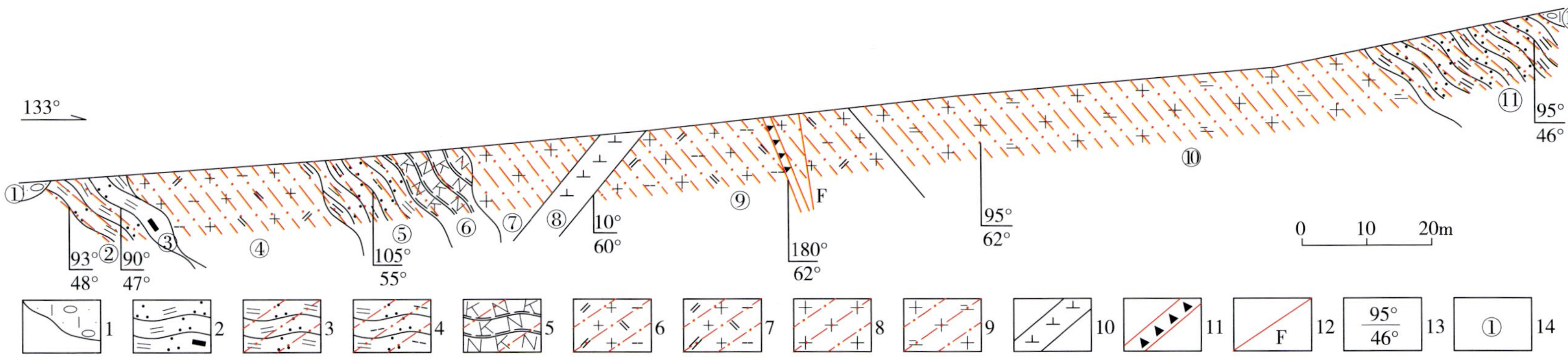

图 6-3　金山公墓采石场韧性变形带实测构造剖面图（PMG01）

1—掩盖；2—含石墨白云母石英片岩；3—糜棱岩化石英白云母片岩；4—糜棱岩化二云母石英片岩；5—弱糜棱岩化二长片麻岩；6—糜棱岩化细粒黑云二长花岗岩；7—糜棱岩化中细粒黑云二长花岗岩；8—花岗质糜棱岩；9—花岗质绢云母糜棱岩；10—闪长岩脉；11—破碎带；12—断层；13—产状；14—分层号

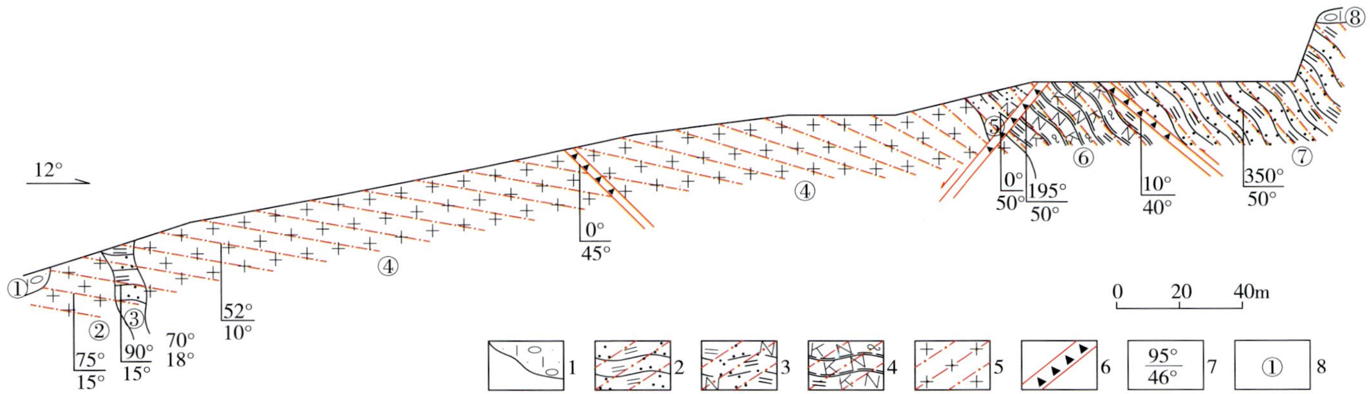

图 6-4　不磨经济场采石场韧性变形带实测构造剖面图（PMG02）

1—掩盖；2—糜棱岩化白云母石英片岩；3—糜棱岩化白云母长石石英变粒岩；4—糜棱岩化条带状白云母二长片麻岩；5—花岗质糜棱岩；6—破碎带；7—产状；8—分层号

一、岩石学特征

剖面观测发现，韧性变形带中岩石由中心向两侧依次出现花岗质糜棱岩、花岗质初糜棱岩、糜棱岩化石英片岩、糜棱岩化变粒岩、弱糜棱岩化片麻岩、弱糜棱岩化石英片岩等，局部变形程度较低，出现碎裂岩化花岗岩。

花岗质糜棱岩由碎斑（30%）和碎基（70%）组成，呈糜棱结构，眼球状构造，流动构造。石英多被挤压呈小眼球状或拉长呈条脉状，眼球大小为0.2~0.5mm，被绢云母围绕分布，有的脉状石英集合体为拉长的碎斑，波状消光明显；钾长石呈眼球状，为碎斑，大小为0.5~2.0mm；绢云母为显微鳞片状，呈条带状集合体沿片轴方向流动分布，条带又被挤压，呈多个透镜体相连。

花岗质初糜棱岩由碎斑（80%）和碎基（20%）组成，呈糜棱结构，眼球状构造，条脉状构造。石英多被细碎，且被挤压呈小眼球状或拉长呈条脉状，眼球大小为0.1~0.3mm，被绢云母和更碎的石英围绕分布，条脉状石英遇长石碎斑则绕过之，波状消光明显；长石大部分为碎斑，呈眼球状，大小为0.5~2.5mm；绢云母为显微鳞片状，呈条链状集合体沿片轴方向围绕碎斑流动分布；白云母呈云母鱼被绢云母围绕。

糜棱岩化石英片岩呈鳞片粒状变晶结构，片状构造。石英为他形变晶粒状，粒径大小为0.1~0.5mm，在岩石中均匀分布，部分石英见被压扁拉长现象，有的呈小透镜状、小豆荚状，波状消光；绢云母分两部分，大部分为鳞片状，呈粒状集合体与石英镶嵌，为长石的蚀变矿物，小部分为长鳞片状，呈流动性集合体定向分布，后者在局部位置被挤压呈小透镜状集合体，说明岩石受到糜棱岩化作用；云母为长片状，连续定向分布，显示岩石的片状构造。

糜棱岩化变粒岩呈糜棱岩化结构，鳞片粒状变晶结构，片麻状构造，小眼球构造。石英为他形变晶粒状，粒径大小为0.1~0.5mm，在岩石中均匀分布，波状消光；长石为他形粒状，已完全绢云母化，但仍保留粒状外形，粒径大小为0.15~0.5mm，大部分长石与石英均匀镶嵌分布，少部分呈眼球状被白云母片包围；白云母为片状，且沿片轴方向定向分布，显示岩石的片麻状构造，因构造作用，白云母发生扭曲。

弱糜棱岩化片麻岩呈鳞片粒状变晶结构，片麻状构造、透镜状构造。长石和石英为他形变晶粒状，粒径大小以1.0~1.8mm为主，次之为0.2~1.0mm，个别达3.5mm，颗粒间紧密镶嵌较均匀分布，因构造作用，矿物被拉长圆化，有的呈眼球状；斜长石已发生绢云母化，聚片双晶发育；钾长石发生高岭石化，双晶发育不明显，具波状消光；石英波状消光明显；云母为片状，且沿片轴方向定向分布，显示岩石的片麻状构造，有的云母片可见受剪切作用发生褶曲现象。

弱糜棱岩化石英片岩呈鳞片粒状变晶结构，片状构造。石英为他形变晶粒状，粒径大小为0.1~0.5mm，有的被挤压拉长呈小眼球状、条脉状，波状消光明显；长石为他形变晶粒状，有钾长石和斜长石，与石英镶嵌分布，钾长石发育格子双晶，斜长石发育聚片双晶；云母为片状，沿片轴方向连续定向分布，显示岩石的片状构造，云母普遍被挤压呈透镜状集合体或“云母鱼”。

碎裂岩化花岗岩呈花岗结构，碎裂结构，块状构造。矿物粒径大小以0.35~2.0mm为主，次之为2.0~2.6mm。斜长石为半自形长柱状，未蚀变，聚片双晶发育，双晶纹普遍发生扭曲、错开；钾长石为柱粒状，蚀变不强，卡斯巴双晶和格子双晶发育，格子双晶纹不规则，钾长石发生破裂，有的颗粒边缘被细碎，裂隙中充填绿泥石；石英为他形粒状，分布在长石颗粒间隙中，波状消光；黑云母已完全绿泥石化。岩石受力作用发生破裂，裂隙较多，裂隙中充填绿泥石。

二、变形组构

野外宏观尺度上的变形组构主要有剪切褶皱、石香肠构造及长石σ型旋转碎斑系。剪切褶皱发育于能干性较弱的糜棱岩化云母石英片岩或石英云母片岩中，由片岩的片理和顺片理分布的长英质脉体共同显示（图6-5）；在强烈的剪切作用下，大理岩发生流变，而其中所夹的灰黑色硅质条带和花岗质脉体由于能干性强，较薄的硅质条带发生强烈的揉皱（图6-6），厚度较大的花岗质脉体则被拉断形成石香肠构造（图6-7）；花岗质糜棱岩以发育σ型左行旋转碎斑系为特征（图6-8），旋转碎斑由残余的长石斑晶受剪切形成，并定向排列形成线理构造。

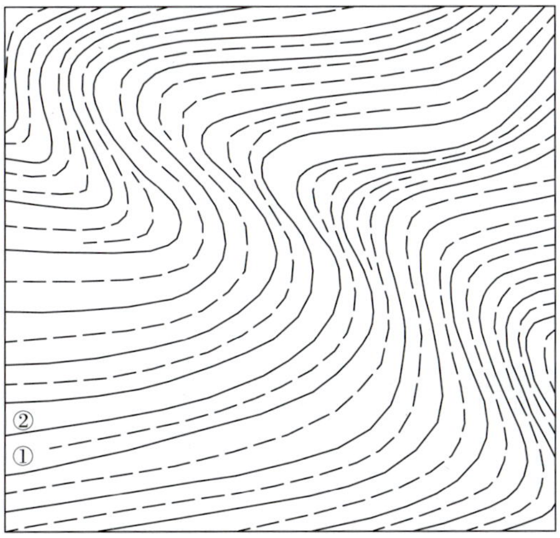

图6-5 金山公墓一带采石场糜棱岩化片岩（Ch-Jx*e*）中发育的逆冲剪切褶皱（PMG01）

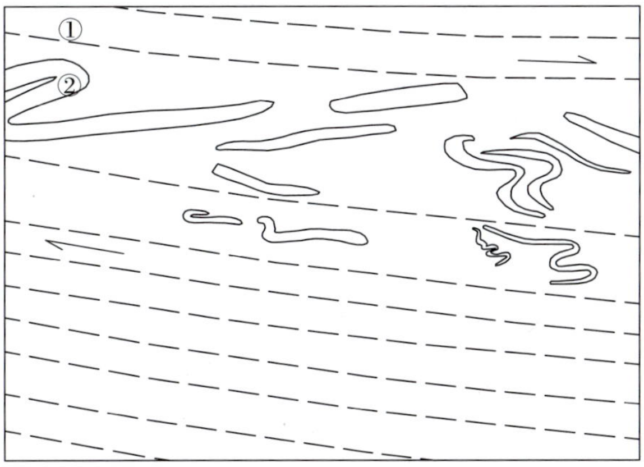

图6-6 双龙农场一带大理岩（C_2q）中发育的顺层剪切褶皱（D1605）

图6-7 双龙农场一带大理岩（C_2q）中花岗质岩脉剪切形成的石香肠构造（D1605）

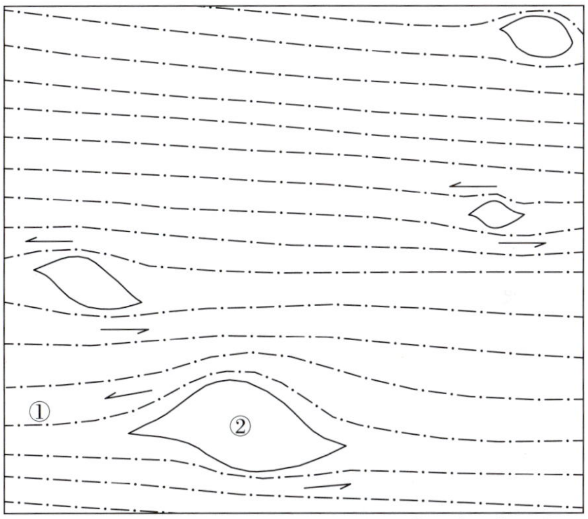

图6-8 不磨采石场花岗质糜棱岩中长石斑晶形成的σ型旋转碎斑（PMG02）

微观尺度上，岩石的能干性不同，变形特征也不同。花岗质糜棱岩、糜棱岩化变粒岩等能干性较强的岩石以长石矿物强烈韧性变形为特征，长石矿物多呈眼球状（图6-9）、长条状、拖尾状及σ型旋转碎斑状；白云母被挤压发生扭曲（图6-10）；石英大多被挤压拉长呈条脉状集合体或透镜状集合体（图6-11），部分长石与石英一起被挤压呈透镜状集合体（图6-12）。糜棱岩化云母石英片岩、糜棱岩化石英云母片岩等能干性较弱的岩石以云母矿物的变形为特色，云母普遍被挤压呈透镜状集合体或呈“云母鱼”（图6-13）。碎裂岩化花岗岩中斜长石聚片双晶发育，受力作用，双晶纹普遍发生扭曲、错开（见图5-9）。

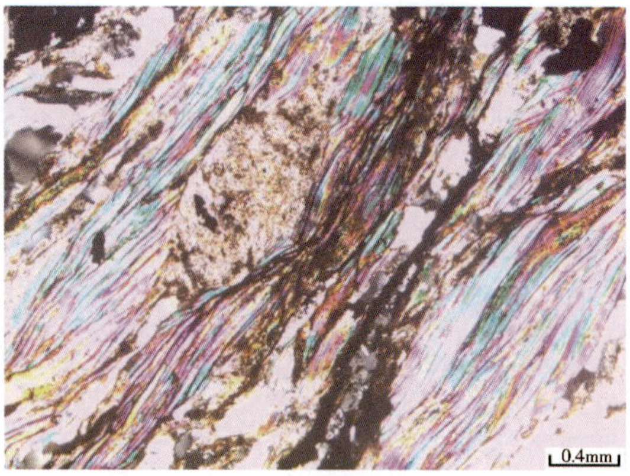

图 6-9　不磨采石场花岗质糜棱岩（左）和糜棱岩化变粒岩（右）中的眼球状长石（PMG02）

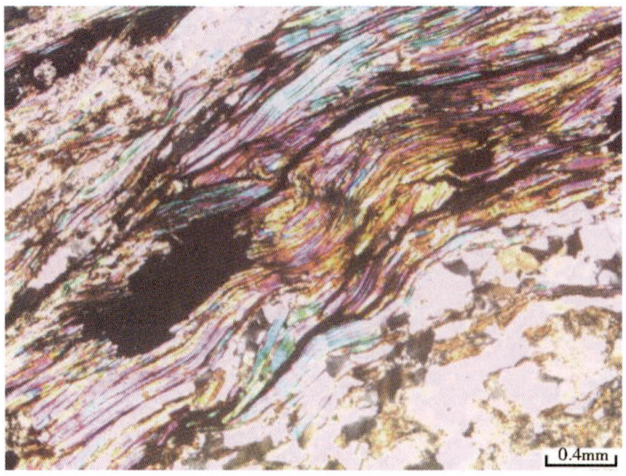

图 6-10　不磨采石场糜棱岩化变粒岩（Ch-Jx*e*）中的白云母扭曲现象（PMG02）

图 6-11　不磨采石场糜棱岩化片岩（Ch-Jx*e*）中的眼球状石英集合体（PMG02）

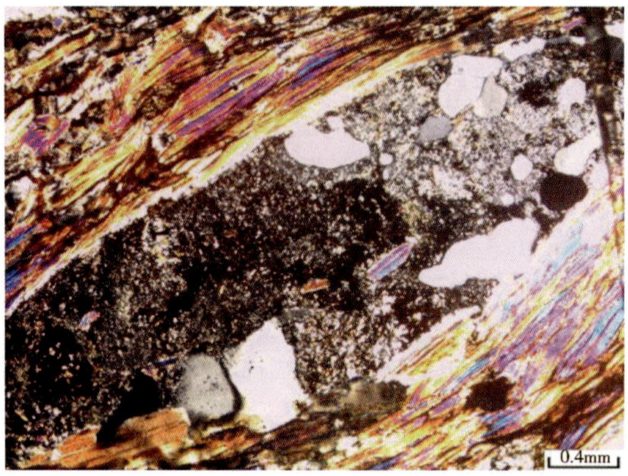

图 6-12　不磨采石场糜棱岩化片岩（Ch-Jx*e*）中的透镜状长石石英集合体（PMG02）

图 6-13　金山公墓一带采石场糜棱岩化片岩（Ch-Jx*e*）中的“云母鱼”（PMG01）

三、运动学特征

研究区内韧性变形带北段出露的岩石以片岩类岩石为主，指向性组构不发育，但双龙农场一带的大理岩中顺层分布的硅质条带受剪切作用形成的剪切褶皱显现变形带在平面上具有右行走滑的活动特征（图 6-6）；金山公墓采石场陡坎上糜棱岩化片岩中发育的剪切褶皱显示变形带剖面上具逆冲性质（图 6-5）。韧性变形带南段以花岗质糜棱岩为主，常见指向性组构长石 σ 型旋转碎斑发育，但由于糜棱面理产状较平缓，平面上的指向性组构不发育，剖面上长石 σ 型旋转碎斑指示变形带剖面上具有逆冲活动的运动学特点（图 6-8）。

总体上，区内韧性变形带具有平面上右行走滑、剖面上逆冲的运动学特征。

四、年代学特征

区内韧性变形带发育于蓟县纪花岗岩、长城系—蓟县系峨文岭组及石炭系青天峡组中，南北两端均延伸至研究区外。本次工作未开展同位素测年工作，根据研究区内韧性变形带影响的地质体包括长城系—蓟县系峨文岭组、上石炭统青天峡组及蓟县纪花岗岩，韧性变形事件应发生在石炭纪之后。此外，在变形带北段见有早三叠世新水坡中细粒含斑黑云母正长花岗岩小面积出露，其锆石 U-Pb 同位素年龄为 251. 4±3. 5Ma，该花岗岩也发生了强烈的韧性变形。因而，韧性变形带的形成时代应晚于 251. 4±3. 5Ma。

在韧性变形带北端双龙农场东部一带邻区，青天峡组被中三叠世大田细粒含斑黑云母二长花岗岩侵入，区内峨文岭组和青天峡组普遍发育不同程度的韧性变形，而大田岩体不发育韧性变形。据《海南省区域地质志》资料，大田细粒含斑黑云母二长花岗岩测得锆石 $^{206}Pb/^{238}U$ 表面年龄为 236Ma、$^{207}Pb/^{235}U$ 表面年龄为 245Ma（海南地质大队，1990），单颗粒锆石 U-Pb 化学法 $^{206}Pb/^{238}U$ 最大年龄为 247Ma（宜昌地质矿产研究所，海南省地质调查院，2004），时代为中三叠世。由于大田岩体不发育韧性变形，表明韧性变形带的形成时代应早于 247~236Ma。

综合同位素测年数据与野外地质现象，不磨韧性变形带的形成时代应为早三叠世，属印支期。

五、活动期次

研究区内由于岩石风化强烈，露头出露零星，韧性变形迹象出露少，未能识别出明显的多期次活动特征。区内岩石受强烈构造置换作用影响，岩石的片理、千枚理产状与糜棱岩化岩石的糜棱面理产状一致，且自北向南，倾向由南东—东渐变为北东—北，倾角由 46°~62°转变为 10°~15°，整体表现为轴迹向北东倾伏的向斜状，表明韧性变形带晚期可能受到北东向构造应力影响。不磨一带的向斜构造与东部邻区不磨—二甲一带的褶皱构造共同组成了不磨-二甲褶皱带，《海南省区域地质志》认为不磨-二甲褶皱带是与戈枕韧性剪切带相伴随形成的剪切褶皱带，而戈枕韧性剪切带的形成时代约 228~227Ma，为印支晚期（海南省地质调查院，2012）。

由此可见，不磨韧性变形带至少经历了两期构造变形活动，早期韧性变形发生于早三叠世，晚三叠世时受区域上戈枕构造带右行剪切运动影响形成向斜构造。

第四节　主要脆性断裂带变形特征

研究区为海南岛区域性北东向戈枕构造带、东西向尖峰-吊罗构造带、北西向王下-江边构造带展布区域，主要构造形迹由东西向、北东向、北西向断裂构造组成（图 6-2；表 6-2），分别属于上述不同方向构造带的体现。

一、东西向

区内东西向构造形迹较少，仅有区域性尖峰-吊罗断裂（F_1），其构造行迹零星出露于岭头一带。

表 6-2 主要脆韧性断裂形迹特征一览表

方向	断裂编号	断裂名称	位置	产状	长/km	宽/m	主要特征		蚀变	力学性质	切割地质体	形成时代
							形态	构造岩石				
东西向	F_1	尖峰-吊罗	马鞍岭—红湖村东	走向近东西向	>5.3	数十	平直	节理化花岗岩		压性或压扭性	三叠纪花岗岩、白垩纪花岗岩	印支期—燕山期
北东向	F_2	双龙农场	双龙农场南部	165°∠60°	>1	40	平直	构造角砾岩、节理化石英脉	硅化	早期压扭性、晚期张性	长城系—蓟县系峨文岭组	燕山期
	F_3	不磨采石场	不磨经济场东部	110°∠56°	>1	0.1	平直	构造角砾岩		早期压性、晚期张性	蓟县纪花岗岩、长城系—蓟县系峨文岭组	燕山期
	F_4	红门老村	红门老村东北部	120°∠80°	>4	3	平直	节理化花岗岩、碎裂岩	硅化	压性	白垩纪花岗岩	燕山期
北西向	F_5	不磨经济场	不磨经济场东部	195°∠50°	>1.5	>1	平直	构造角砾岩、节理化花岗岩	硅化	早期压性、晚期张性	蓟县纪花岗岩、长城系—蓟县系峨文岭组	燕山期
	F_6	黑眉水库	黑眉水库一带	70°∠78°	2.5	>5	平直	节理化花岗岩	硅化	压性	三叠纪花岗岩、白垩纪花岗岩	燕山期
	F_7	不磨剪切带	双龙农场—不磨村经济场一带	走向北东向	>6	3000		糜棱岩、糜棱岩化岩石、碎裂岩		压性	蓟县纪花岗岩、长城系—蓟县系峨文岭组	印支期

区内为该断裂西端，分布于马鞍岭—红湖村东部，断裂长约5.3km，宽约数十米，断裂切割三叠纪花岗岩和白垩纪花岗岩，被第四纪沉积物所掩盖，走向近东西向，倾向南。

尖峰-吊罗构造带位于北纬18°40′—18°52′，横贯乐东、保亭、陵水、万宁等市县，东西长约190km，断裂带自研究区南部通过。整体而言，尖峰-吊罗断裂带在印支期和燕山期都发生过强烈的活动，沿断裂带内分布有大量印支期和燕山期花岗岩，组成一条巨大的东西向花岗岩穹窿构造带。印支期主要由中粗粒花岗岩和二长花岗岩组成；燕山期由基性辉长岩和橄榄辉石岩组成，其余为中酸性花岗岩和花岗闪长岩。基性岩体大都呈东西向展布于断裂内。

尖峰-吊罗构造带内各种压性或压扭性构造形迹十分发育，表明断裂带具压性或压扭性特征。邦岭农场公路边见挤压破碎带呈东西向展布，倾向北，倾角达85°；尖峰岭林场坤岭北西的陈龙沟见5条东西向破碎面构成宽约20m的挤压破碎带；尖峰岭林场六连东北见走向东西向、倾向南、倾角约73°的断裂面，断裂面上擦痕和刻槽十分清晰，显示了上盘向上斜冲的压扭性断裂特征；大凯农场与陆岭间公路桥下，东西向压扭性断裂面上见大量擦痕、阶步和挤压劈理，显示上盘向上斜冲。上述现象说明，断裂带在燕山期有强烈活动，并表现为压性或压扭性特征（宜昌地质矿产研究所和海南地矿局，1991）。

尖峰-吊罗构造带在航磁异常上表现为东西向的带状异常，其北侧为负异常，称为“万宁-尖峰岭剧烈变化的低异常带”。在此异常背景上又叠加了抖动的和不规则的次级异常，被认为是“基底破碎带”或“深部早期发育的构造破碎带”引起的。在重力异常上，断裂带表现为重力低值带。莫霍面形态上表现为幔凹带，在该幔凹带上地壳深度值变化较快，重力异常也表现为重力低和梯度变化带，表明其深部应存在一条近东西向的隐伏断裂带（宜昌地质矿产研究所和海南地矿局，1991）。

尖峰-吊罗构造带可能形成于印支期，在印支期和燕山期发生强烈活动，一方面导致多期次的岩浆侵入，另一方面又使岩体发生强烈的挤压破碎，形成规模巨大的压性或压扭性断裂带（宜昌地质矿产研究所和海南地矿局，1991）。

研究区内尖峰-吊罗断裂表现为发育节理化带。岭头岭一带发育一组近东西向节理，产状为190°∠20°，节理面平直，延伸好，无充填，节理密度1~2条/m。研究区东部邻区尖峰岭一带，发育一组东西向破碎带，尖峰岭林场六连一带发育东西走向，倾向南，倾角73°的断裂面，断裂面上擦痕显示该断裂为上盘向上斜冲的压扭性断裂。

根据断裂切割最晚期岩体为白垩纪花岗岩，结合区域资料分析，初步认为其活动时间为印支期至燕山期。

二、北东向

区内北东向断裂分布于不磨、岭头一带，包括双龙农场断裂（F_2）、不磨采石场断裂（F_3）、红门老村断裂（F_4），走向20°~55°，倾向110°~145°，倾角56°~80°，单断裂区内长约1~4km，宽0.1~40m。1：5万侧视雷达航片中显示为断续出现的隐约暗色调线性体，地貌上表现为线状山脊。根据其切割长城系—蓟县系峨文岭组、蓟县纪花岗岩及白垩纪花岗岩，结合区域资料，推测其活动时间为燕山期。

1. 双龙农场断裂（F_2）

双龙农场断裂分布于双龙农场南侧，北东段延伸出研究区外，区内断裂长度约1km，宽约40m，断裂发育于石炭系青天峡组中，走向约55°。断裂带具有多期活动性，早期活动表现为石英脉充填，晚期活动导致石英脉发生脆性变形，形成密集节理带或断层面（图6-14）。双龙农场东侧小冲沟中见一组石英脉发育，产状140°~165°∠60°。石英脉带宽约40m，单条岩脉宽约2m，石英脉中见后期小石英脉发育，小石英脉宽1~5cm。整个石英脉发育密集节理，较破碎，沿节理面见镜铁矿化。两侧围岩为石英白云母片岩，与石英脉接触部位发生硅化，片理产状 145°∠30°。石英脉带南侧发育一断层，产状 165°∠60°，表现为发育宽约 10m 的构造破碎带，带内岩石为构造角砾岩，原岩为石英脉。构造角砾岩呈灰白色，碎裂结构，角砾状构造，角砾成分为脉石英，棱角状，大小 4~10cm，硅质胶结。断层面上发育擦痕，显示为左行走滑逆断层（图 6-15）。

区内断裂切割长城系—蓟县系峨文岭组，结合区域资料，推测其活动时间为燕山期。

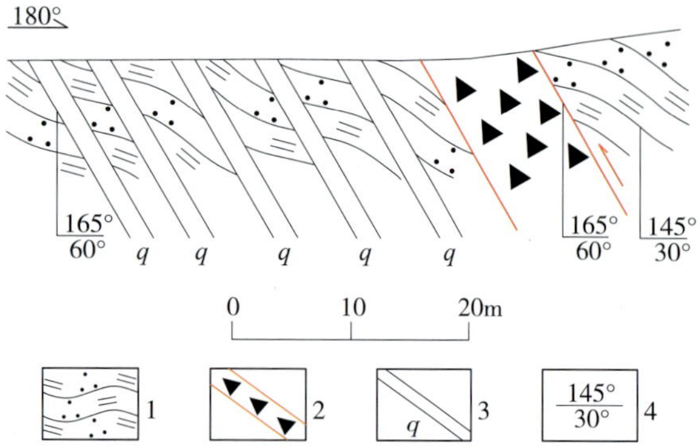

图 6-14 双龙农场断裂素描图（D1607）
1—石英白云母片岩；2—构造破碎带；3—石英脉；4—产状

图 6-15 双龙农场一带的断面及擦痕（D1607）

2. 不磨采石场断裂（F_3）

不磨采石场断裂分布于不磨经济场东侧采石场一带，断裂长约 1km，宽约 0.1m，断裂切割蓟县纪花岗岩和长城系—蓟县系峨文岭组，南西端被第四系所掩盖，走向北东向。断裂表现为发育构造破碎带，带内岩石为构造角砾，原岩为花岗质糜棱岩，并见后期小石英脉及碳质沿断裂充填。采石场处发育一条宽约 10cm 的破碎带，带内岩石为含碳构造角砾岩，角砾成分与围岩一致，呈棱角状，断面较平直，略成波状起伏，沿断面见碳质充填，产状 110°∠56°，根据次级断裂判断为正断层性质（图 6-16）。另外，该破碎带还见后期活动形成小石英脉充填其中，小石英脉并发育有犬牙状晶芽，表现为张性断裂特征（图 6-17）。

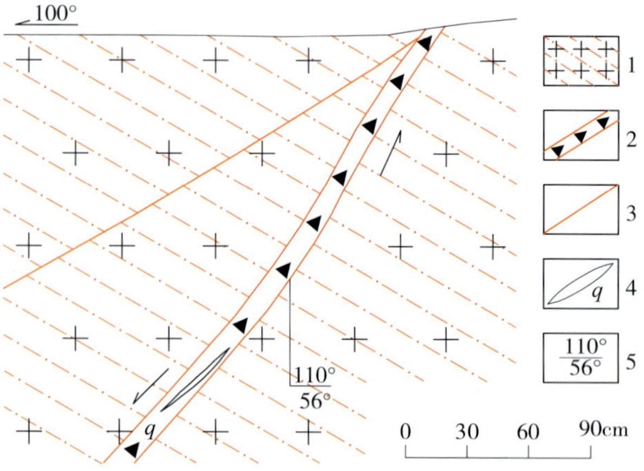

图 6-16 不磨采石场断裂素描图（PMG04）
1—花岗质糜棱岩；2—破碎带；3—次级断裂；4—石英脉；5—产状

图 6-17 不磨采石场断裂破碎带中充填的碳质及张性小石英脉（PMG04）

断裂切割蓟县纪花岗岩及长城系—蓟县系峨文岭组，结合区域资料，推测其活动时间为燕山期。

3. 红门老村断裂（F_4）

红门老村断裂分布于红门老村东部一带，北东段延伸出研究区外，南西端被第四系所掩盖，区内断裂长度约4km，宽度大于3m，断裂切割白垩纪花岗岩，被第四系所掩盖，走向北东向。断裂表现为发育密集节理带和岩脉充填，并导致带内岩石发生破碎及硅化。红门老村东侧发育一组密集节理，节理产状120°∠80°，节理密度30~50条/m，节理面较平直，略呈舒缓波状。密集节理带出露宽度大于3m，带内花岗岩发生破碎，后期又发生强烈硅化，形成硅化碎裂岩。

断裂切割白垩纪花岗岩，结合区域资料，推测其活动时间为燕山期。

三、北西向

区内北西向断裂分布于不磨、岭头一带，包括不磨经济场断裂（F_5）、黑眉水库断裂（F_6），总体走向285°~350°，单断裂区内长约1.5~2.5km，宽1~5m。1∶5万侧视雷达航片中显示为断续出现的隐约暗色调线性体，地貌上表现为线状山脊。根据其切割长城系—蓟县系峨文岭组、蓟县纪花岗岩及三叠纪花岗岩、白垩纪花岗岩，结合区域资料，推测其活动时间为燕山期。

1. 不磨经济场断裂（F_5）

不磨经济场断裂分布于不磨经济场东部一带，区内断裂长度约1.5km，宽度大于1m，断裂切割长城系—蓟县系峨文岭组、蓟县纪花岗岩，北西端被第四系所掩盖，南东端延伸出研究区外，走向北西向。不磨采石场见断裂带由两条走向平行、倾向相反的断裂组成，倾向南的断裂规模较大（图6-18）。断裂带表现为构造破碎带和岩脉充填，断面较平直，并导致带内岩石发生破碎呈角砾状。

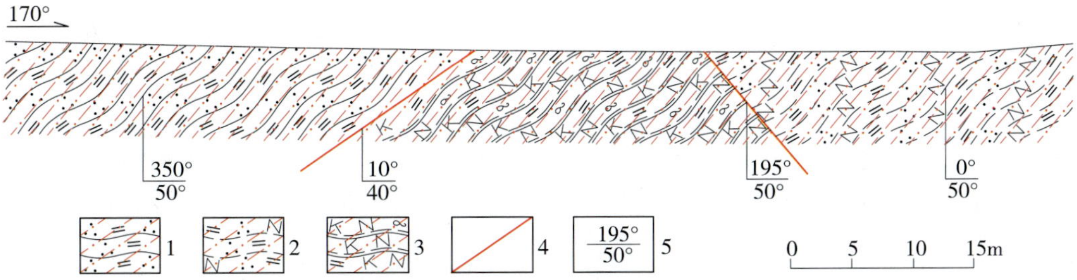

图6-18　不磨经济场断裂素描图（PMG03）

1—糜棱岩化白云母石英片岩；2—糜棱岩化白云母长石石英变粒岩；3—糜棱岩化条带状白云母二长片麻岩；4—断裂；5—产状

一条断裂倾向南，产状195°∠50°，表现为发育构造破碎带。破碎带宽约1m，南侧围岩为糜棱岩化白云母长石石英变粒岩，北侧围岩为糜棱岩化条带状白云母二长片麻岩，破碎带内岩石为构造角砾，角砾成分为糜棱岩化白云母长石石英变粒岩和糜棱岩化条带状白云母二长片麻岩，棱角状为主，角砾大小2mm至25cm，排列杂乱，断面较平直。破碎带内充填有两条后期的石英脉，脉壁较弯曲，宽分别约20cm和15cm。破碎带两侧发育有牵引构造，南侧以围岩的片理发生弯曲显示，北侧以围岩的糜棱面理发生弯曲显示，根据牵引构造发育特征，显示上盘有向下滑动的运动特征，为正断层（图6-19）。由于没有明显的标志层，断距不明。

另一条断裂倾向北，产状25°∠45°，表现为发育宽约3m的破碎带，南侧围岩为糜棱岩化条带状白云母二长片麻岩，北侧围岩为糜棱岩化白云母石英片岩。构造带内劈理发育，带内岩石较破碎，形成大小不等的构造角砾或透镜状构造透镜体，构造角砾原岩为白云母石英片岩。另见早期石英脉受断裂活动影响呈透镜体状构造透镜体。断层断面较平直，略成波状起伏，沿断面见碳质充填，构造透镜体指示断层具逆断层性质（图6-20）。由于没有明显的标志层，断距不明。

断裂切割蓟县纪花岗岩及长城系—蓟县系峨文岭组，结合区域资料，推测其活动时间为燕山期。

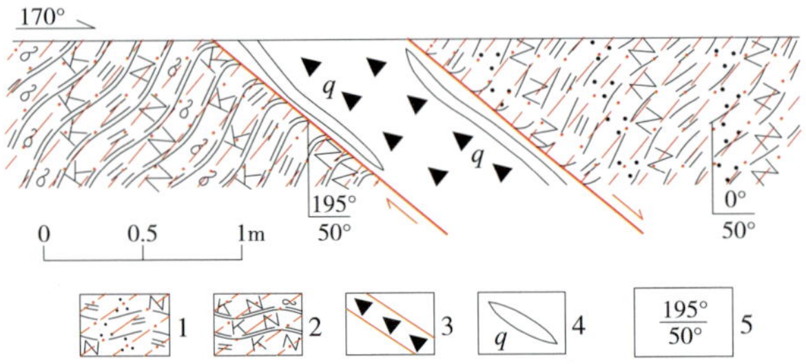

图 6-19　不磨经济场正断层破碎带素描图

1—糜棱岩化白云母长石石英变粒岩；2—糜棱岩化条带状白云母二长片麻岩；3—破碎带；4—石英脉；5—产状

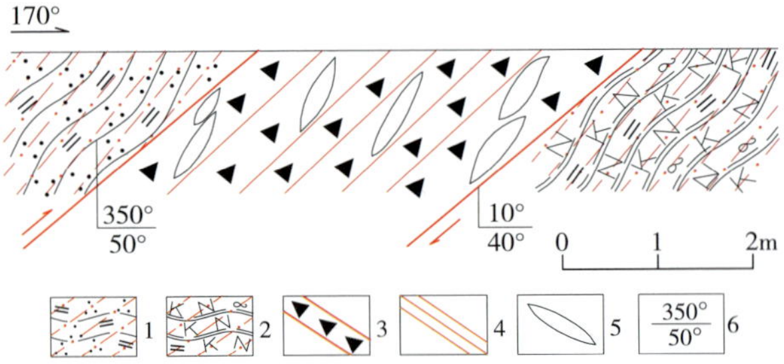

图 6-20　不磨经济场逆断层破碎带素描图

1—糜棱岩化白云母石英片岩；2—糜棱岩化条带状白云母二长片麻岩；3—破碎带；4—劈理化带；5—构造透镜体；6—产状

2. 黑眉水库断裂（F_6）

黑眉水库断裂分布于黑眉水库一带，断裂长约 2.5km，宽度大于 5m，断裂切割三叠纪花岗岩和白垩纪花岗岩，北西端被第四系掩盖，走向北西向。断裂带表现为密集节理带，节理面较平直，倾角较陡，并导致两侧围岩发生硅化。黑眉水库一带三叠纪花岗岩中发育一组密集节理，节理产状 80°∠80°，节理面较平直，节理面两侧花岗岩发生硅化，在强烈风化的花岗岩中呈“岩脉状”（图 6-21）。密集节理常呈组分布，形成宽约 1m 的节理带，密集节理带中节理密度 30~50 条/m。密集节理带左行切错一条近南北向花岗质细晶岩脉，错距 2~5cm（图 6-22）。

断裂切割三叠纪花岗岩和白垩纪花岗岩，结合区域资料，推测其活动时间为燕山期。

图 6-21　三叠纪花岗岩中的密集节理带（D0306）

图 6-22　密集节理带左行切错细晶岩脉（D0306）

第五节　褶　　皱

研究区内宏观尺度的褶皱仅见于不磨东部一带，受后期花岗岩侵入和断裂作用的影响，地层产状较凌乱，且岩石风化强烈，露头出露较少，褶皱形态不完整，整体上褶皱轴迹为北东走向，区内为褶皱的南西端。

褶皱轴迹走向北东，南西端扬起，北东端倾伏，区内轴迹长约 2km，北东端延伸出研究区外，南西端为第四系掩盖。褶皱卷入的地层为峨文岭组白云母石英片岩、石英白云母片岩等，北西翼倾向为100°~130°，倾角46°~62°，南东翼倾向为340°~15°，倾角10°~15°，为一轴面倾向北西、枢纽倾向北东的斜歪倾伏褶皱（图6-23）。

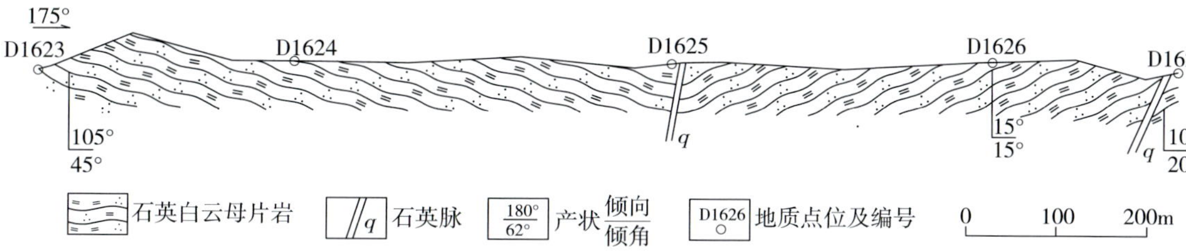

图6-23　不磨东部一带峨文岭组中褶皱示意图

第六节　新构造运动

研究区新生代以来的构造运动不活跃，新构造运动的表现形式主要有地壳升降运动、地震活动及地热活动。

一、地壳升降运动

地壳升降运动在研究区内的表现是发育海积阶地和河积阶地。

海积阶地分布于沿海一带，全新世烟墩组沿海岸带形成海成一级阶地，并可进一步分为海积沙堤（标高2~15m）与潟湖（标高1~5m）。新龙—感城一带沿海发育多个沙堤与潟湖相间平行展布，沙堤被改造为防护林，而潟湖则被改造为农田（图6-24）。高排村一带距现代海岸约800m的沙堤之下还发育有埋藏型海滩岩，表明全新世以来地壳经历了多次抬升运动。

河积阶地发育于河流两侧，研究区内主要河流普遍发育两级河流阶地，以感恩河发育最典型。一级阶地相对高差2~5m，分布局限于河流堆积凸岸一侧，宽约数十米，沉积物下部为砂砾层，上部为粉砂质黏土，具典型的二元结构；二级阶地广泛发育于河流中下游，相对高差5~10m，宽可达数千米，为基座阶地，由中—上更新统八所组冲洪积层组成，沉积物为砂砾、砂，顶部发育厚0.5~1m的灰色黏土层，已被改造为大面积的农田（图6-25）。

图6-24　高排村一带的海积阶地与潟湖

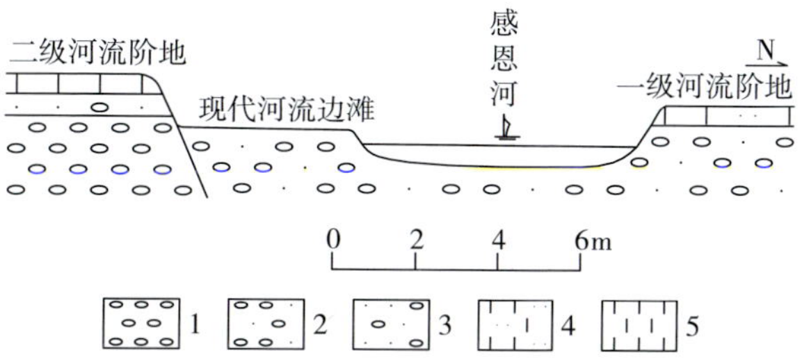

图6-25　感恩河二级河流阶地示意图

1—砾石；2—砂砾；3—含砾砂；4—粉砂质黏土；5—黏土

二、地震活动

依据中国地震局（2001）编制的《中国地震动峰值加速度区划图》，研究区地震动峰值加速度为0.05g，地震活动不活跃。20世纪90年代，感城—佛罗一带近海发生密集小震群，震级3.0~4.0级，被认为与东西向尖峰-吊罗断裂带有关。

三、地热活动

地热活动的直接表现形式是发育温泉，研究区内温泉有高坡岭温泉。高坡岭温泉位于八所镇上红兴村西侧300m处，地表出露岩性主要为第四系八所组黏土质中细砂，基底岩性为二叠纪花岗岩，有多个泉眼大致沿325°方向呈线状分布。据1981年海南岛1：20万区域水文地质普查资料，泉水流量为667.9m^3/d，水温为78℃。

此外，莺歌海—九所一带的新近系盆地中存在带状热储层地热田。佛罗镇龙沐湾地热井资料显示，热水的形成主要是由于盆地基底经深循环加热后的基岩裂隙水沿构造破碎带补给上部的新近系孔隙承压水而成，热储岩性为新近系中粗砂，热储层顶埋深185.0m，热储层底埋深217.5m，热储层厚度为20.9m，热储温度49.7℃（钾镁温标），涌水量为576.28m^3/d。

第七节　变形历史

根据研究区构造运动阶段的划分和构造形迹间的先后叠置关系，结合区域构造年代学资料，将研究区构造变形序次划分为4个阶段。

第一期构造变形发生于抱板期。长城系—蓟县系抱板群戈枕村组和峨文岭组分别发生了不同程度的高角闪岩相和低角闪岩相的区域变质作用及固态流变。

第二期构造变形发生于华力西期—印支期。石炭系青天峡组和不磨村灰岩发生低绿片岩相区域变质作用，同时长城系—蓟县系抱板群戈枕村组和峨文岭组、石炭系青天峡组、蓟县纪花岗岩发生韧性变形形成了北东向韧性剪切带。发育岩浆侵入活动，并导致石炭系青天峡组千枚岩类岩石与岩体接触部位进一步变质形成片岩类岩石。

第三期构造变形发生于燕山期。主要表现为断裂活动，导致多方向断裂构造的发育，同期发育岩浆侵入活动和酸性火山喷发活动。侵入岩体内部未发育定向组构，显示岩体在拉张环境下侵位。

第四期构造变形发生于喜马拉雅期。地壳发生间歇性缓慢上升运动，形成海成、河成阶地。同时在新构造运动的影响下，并见有温泉出露，东方近海近年来还发生了密集小震。

第八节　构造发展史

研究区出露的地质体以第四系松散沉积物为主，前第四系出露极少，加之东部基岩区岩浆活动强烈，使得原先的地质迹象被“吞噬”而未出露，从而难以恢复其地质发展史的完整轨迹。根据区内地质残迹，其地质发展史最早始于中元古代，而全岛地质发展史也至少可追溯至中元古代。因此，研究区地质构造发展史需融入全岛地质发展的大背景中来探讨。

海南岛地处特提斯构造域、西太平洋构造域和欧亚大陆板块构造域的交合部位，具有多阶段、多旋回的演化。现今已知的地质记录显示，其地质发展历史可追溯至中元古代。在漫长而复杂的地史演化过程中，伴随各时期不同的地质事件形成了一系列不同类型的沉积建造、变质建造、构造相等。总体上可概括为中元古代结晶基底形成、新元古代板内裂解与造山、早古生代板内裂解与造山、晚古生代特提斯构造域演化、中生代陆内盆山演化和新生代裂解沉陷6个重要阶段。

一、中元古代结晶基底形成阶段

中元古代是海南岛基底形成的主要演化阶段。约18亿年前地壳发生裂解，沉积了一套陆缘弧相的火山—碎屑岩。其下部戈枕村组为钙碱性系列的英安质和石英安山质中酸性火山岩；上部峨文岭组原岩为一套成熟度较低的陆缘碎屑岩夹陆缘弧相中酸性火山岩，发育类复理石沉积韵律。经区域变质作用改造，形成下部戈枕村组混合岩类-片麻岩类岩石组合和上部峨文岭组石英岩类-片岩类岩石组合。

发生于约14亿年前的抱板运动使得地壳物质局部发生重熔，形成以片麻状二长花岗岩为主体岩性的壳源型钙碱性花岗岩体。这些规模不等的花岗岩体导致早期沉积发生了角闪岩相—麻粒岩相的区域动力热流变质，下部并发生混合演化。经过中元古代的花岗岩焊接和变质变形再造，塑造了以高温变质和高度塑性变形为特色的海南岛中元古代结晶基底，海南岛基底陆壳宣告形成。

这一时期的沉积记录在研究区内仅零星出露于北部不磨—八所一带，主要岩性为峨文岭组片岩及戈枕村组片麻岩，并有抱板运动形成的片麻状二长花岗岩相伴产出，与区域上的地质记录相吻合，基本完整记录了基底形成阶段的演化历史。

二、新元古代板内裂解与造山阶段

新元古代海南岛的基底陆壳发生裂解，西部石碌地区局部形成一个陆缘盆地，作为裂解事件记录的建造序列仅见于昌江石碌地区，以青白口系石碌群为代表。为具类复理石韵律结构的碎屑岩、碳酸盐岩沉积，其中夹有少量的酸性火山岩。从早至晚，沉积环境由浅海→海湾潟湖相。火山岩有钾流纹岩、钾质流纹斑岩、钾粗安质球粒状凝灰岩、钾流纹质凝灰岩。

发生于约8亿年前的晋宁运动，导致石碌群发生低绿片岩相区域变质作用和固态流变，成为堆叠于抱板杂岩结晶基底之上的变质基底。这一构造事件在华南地区也有显示，此时海南岛可能与华南大陆同属一个构造事件的作用背景中。但与晚晋宁运动相伴随的岩浆活动未见出露，反映地壳的克拉通程度不高、稳定性差，并在新元古代南华纪—震旦纪发生裂解，形成陆表海环境，接受了石灰顶组残坡积相—滨海相含铁质的类磨拉石建造沉积。其底部为含砾泥岩、含角砾泥岩，岩石以其无层理、分选差、圆度差和角砾为原地或微异地等为特征。随后，地壳全体隆升，结束该造山事件记录。

由于新元古代沉积记录分布局限，这一时期的地质构造演化记录在研究区内未见出露。

三、早古生代板内裂解与造山阶段

寒武纪，海南岛的地壳再次发生裂解，万宁一带裂解方向可能为由南至北，美子林组代表了裂解早期相对稳定的沉积，具滨海—浅海相碎屑岩夹碳酸盐岩建造特点。从早到晚，海水逐渐加深，沉积场所逐渐远离滨岸，海侵加强（宜昌地矿所，1995）。三亚地区沉积作用则始于早寒武世，为滨海—浅海环境含磷锰砂泥质岩-碳酸盐岩沉积。

奥陶纪，海南岛北面裂解程度加剧，沉降盆地扩宽，海水加深，形成了近东西向的海盆，盆地东高西底，南北浅、中部深，接受了奥陶系南碧沟组一套厚达上千米的具有复理石、类复理石特征的海相碎屑岩夹基性、中基性火山岩建造沉积，形成海相碎屑岩建造夹基性火山岩建造，具有活动型建造的特点。呈夹层状产出的火山岩具有多期次的喷发活动特点。早期为陆缘弧环境的玄武岩、变安山岩、变流纹岩，岩石锆石 U-Pb 等时线年龄为 527±48Ma 至 499±6Ma（丁式江等，2002；龙文国等，2005）；晚期为板块边缘大洋构造环境的超镁铁质、镁铁质火山岩，岩石 Sm-Nd 同位素年龄为 458±36.8Ma。但同期缺少或少见内源物质的沉积，反映了该时期地壳可能具有快速裂解和上升的运动特点。此时，在海南岛南面三亚地区则沉积了滨海—浅海环境砂泥质岩—碳酸盐岩沉积，后期并进入海陆交互相复成分砂砾岩、含砾砂岩、含铁黏土岩混杂沉积。之后，地壳隆升为陆，进入漫长的风化剥蚀时期。

经奥陶纪地壳震荡性隆升后，志留纪的沉积仅分布于海南岛北面，包括下志留统陀烈组、空列村组、靠亲山组、大干村组、足赛岭组。早期为滨海相砂质岩沉积，中期进入浅海—半深海相砂泥质、泥砂质沉积，晚期进入滨海—浅海砂质岩、泥砂质岩和碳酸盐岩沉积，构成了一个相对完整的沉积旋回。但西部总体上接受了一套陆棚—大陆斜坡碎屑岩组成的复理石建造，上部并出现碳酸盐台地相的沉积，岩石中上部发育鲍马序列中的 A、C、D、E 层。而东部地区则为深海平原相泥质、粉砂质沉积，形成了深水相复理石—类复理石建造。显示盆地具有东深西浅的格局，与奥陶纪盆地东浅西深格局有所不同，暗示地壳震荡性隆升作用具有不均衡型。

加里东运动在海南岛表现为多次性和多样性。第一幕发生于早寒武世晚期，以垂直隆升作用为特点，使得海南岛北部奥陶系南碧沟组以平行不整合叠覆于下寒武统美子林组之上。第二幕发生于晚寒武世中—晚期，与第一幕表现形式一样，形成了海南岛南部三亚地区下奥陶统大葵组与中—上寒武统大茅组间的平行不整合。第三幕发生于晚奥陶世晚期，地壳继续以垂直隆升作用为特点，导致海南岛南部三亚地区隆升为陆，缺失志留纪的沉积。该幕活动在海南岛北面的表现是：奥陶系半深海—深海相沉积后，志留纪早期为滨海沉积，显示地壳曾发生过垂直隆升。第四幕发生于早志留世晚期，从少量零星的资料来看，海南岛北部上古生界与下古生界呈角度不整合接触，表明第四幕可能具有造山性质，但缺乏同期岩浆作用的记录。伴随该幕构造作用，海南岛全面隆升为陆，缺失中—上志留统沉积。

研究区内缺失了早古生代的地质记录，可能是晚期的强烈隆升遭受剥蚀，或者远离沉积盆地中心，导致了早古生代地层的缺失。

四、晚古生代特提斯构造域演化阶段

经加里东运动后，海南岛地壳长期隆升为陆，直至石炭纪才发生沉积作用。

下石炭统南好组沉积时期，整个海南岛主要为稳定环境下滨海—浅海相碎屑岩相沉积，主要是浅变质作用形成的砂岩类岩石，其底部为变质石英砾岩、砂砾岩、砂岩，沉积物粒度粗，分选性、磨圆度好，结构成熟度和成分成熟度较高，除少量岩屑外，几乎全由石英组成；上部为变质陆源细碎屑岩，总体为板岩、含粉砂质板岩与变质粉砂岩、变质细砂岩不等厚互层，砂岩、粉砂岩分选性好，不含或含少量泥质，偶见变余斜层理，南好乡岩石并普遍富含长石，代表了近源的沉积环境。青天峡组沉积时，沉积环境呈现出一定的差异性，北面石碌镇—琼中石浮镇一线石炭系为海相碎屑岩相和碳酸盐台地相沉积，由浅变质作用形成的砂岩、泥质砂岩、灰岩等组成，岩石的分选性、磨圆度好，结构成熟度和成分成熟度较高，具有稳定型滨海—浅海相单陆屑式建造夹碳酸盐岩建造的特点。南面中原镇该时期则为海相碎屑岩相，缺乏碳酸盐台地相沉积，沉积作用从早至晚（南至北）海水逐渐加深，早期为滨海—浅海相（局部达大陆斜坡相）碎屑岩沉积，中晚期为大陆斜坡相，出现浊流作用形成的杂砂岩，杂砂岩呈中—薄层状，普遍含一定的泥质杂基，具粒序层理；地壳活动性也逐渐加强，上部岩石常见酸性凝灰岩或沉凝灰岩夹层，沉积建造类型由稳定型往次稳定型过渡。

二叠纪的沉积见于海南岛西面石碌镇—东方市江边一带，包括下二叠统峨查组、鹅顶组和中—上二叠统南龙组。其中南龙组仅出露于西部石碌镇地区，为海陆交互相沉积；峨查组、鹅顶组则为近滨相和碳酸盐台地相沉积，相对石炭纪而言，二叠纪地壳已有所抬升。

晚古生代岩石中产海百合茎、珊瑚、层孔虫、苔藓虫、腕足类、疑源类、虫颚以及丰富的孢粉化石。汪啸风等人（1992）根据晚古生代中的化石组合认为海南岛属于华夏-特提斯动物区或华夏植物区的一部分；并通过海南岛与周边地区华力西期—印支期花岗岩特征的对比分析，认为海南岛华力西期—印支期花岗岩与滇西临沧岩基（或澜沧江岩带）最为相似，提出海南岛晚古生代属于特提斯构造域范围内的见解。

发生于约290~270Ma的华力西—印支运动（谢才富，2007），不仅导致了海南岛北部晚古生代地层发生了区域绿片岩相变质和透入性变形，也使得新元古代、早古生代地层卷入其中，形成了区域尺度上展布的褶皱带和断裂带，塑造出一幅非常醒目的海南岛弧状构造带。同时，伴随的花岗岩浆侵入活动强烈而持久，一直持续至晚三叠世，从早至晚，形成了俯冲型、同碰撞型、后碰撞型、隆升型花岗岩，构成了一个比较完整的造山作用花岗质岩浆演化系列。

研究区内晚古生代的沉积记录出露于不磨大岭、双龙农场一带，包括不磨村灰岩和石炭系青天峡组。不磨村灰岩为小范围零星出露的含泥晶细晶灰岩，仅分布于不磨大岭山脊处；石炭系青天峡组为绢云母千枚岩夹条带状大理岩，部分绢云母千枚岩受后期岩浆侵入活动形成片岩。发育同期岩浆侵入活动，尤其东部邻区发育强烈的三叠纪及二叠纪岩浆侵入活动，应是华力西期—印支运动的反映。

五、中生代陆内盆山演化阶段

海南岛经历强烈的华力西期—印支期造山作用后，大约在200~175Ma前进入构造-岩浆平静期，构造活动、岩浆作用微弱，沉积作用也缺失。这一时期也是海南岛乃至华南地区从特提斯构造域向滨太平洋构造域转折的时期。早燕山期（约175~150Ma），海南岛爆发了属于另一个构造域（滨太平洋构造域）、另一个构造旋回的强烈构造-岩浆活动。由于软流圈地幔上涌导致岩石圈裂解拉张，形成了一系列幔源和壳幔混合源侵入岩。

晚燕山期，受太平洋板块俯冲引起的弧后扩张带控制，海南岛断块活动强烈，此起彼伏，断陷成盆，断隆成山，形成一系列陆内上叠沉积盆地和火山盆地。同期构造岩浆活动强烈，形成了北东向、北西向、东西向、南北向韧脆性断裂，奠定了海南岛的大地构造格局。花岗岩浆侵入活动具有多期次性，发育有侏罗纪、白垩纪花岗岩，岩石缺乏定向组构，属于伸展构造环境壳幔岩浆混合的产物。

中生代研究区沉积了下白垩统岭壳村组酸性火山岩建造，以及上白垩统报万组湖相—河相杂陆屑式建造；同期构造岩浆活动不强烈，仅零星出露于南部地区；并形成了东西向、北东向及北西向断裂。受太平洋板块自南东向北西俯冲作用影响，海南岛燕山期的构造岩浆活动具有自东向西减弱的特点。因而，相对海南岛东南部地区而言，研究区内燕山期的岩浆侵入活动及断裂活动明显较弱。

六、新生代裂解沉陷阶段

新生代，由于南海在南北向拉张应力作用下发生持续扩张（中国科学院南海海洋研究所，1990），南海北缘深部岩石圈受软流圈的快速上涌而发生快速减薄，导致了新岩石圈的增长，地幔流的上升导致了浅部岩石圈的张裂下陷，以及南海北缘众多拉张盆地的形成（许义刚等，2002）。盆地内接受了古近纪以来的沉积，古近系为河湖相红色碎屑岩建造夹可燃性有机岩建造、膏盐建造、火山岩建造，新近系为滨浅海相碎屑岩建造、火山岩建造，第四系则为滨浅海相碎屑岩建造、河流相—三角洲相碎屑岩建造、火山岩建造。该时期地壳升降运动频繁，导致多个不同岩石地层单位间普遍存在不整合接触关系，发育海积、河积阶地。受断裂活动影响，发生多次的地震活动和剧烈的玄武岩浆喷发或喷溢，并沿北西向断裂出露多处温泉。

在喜马拉雅运动作用下，海南岛的新构造运动强烈，表现形式多样，包括地壳升降运动、断裂活动、地震活动、火山活动和地热活动，造就了现今地势格局和各类地貌景观。

研究区内接受大范围的新近系—第四系沉积，新近系为滨浅海相碎屑岩建造，第四系则为滨浅海相碎屑岩建造、河流相—三角洲相碎屑岩建造。新构造运动主要有地壳升降运动、地震活动及地热活动，相对新构造运动强烈的琼北地区，研究区新构造运动较不活跃，并以地壳升降运动形成海成、河成阶地为主。

第七章 环境地质和旅游地质

第一节 环境地质

地质环境是自然环境的重要组成部分，与人类生存和发展密切相关。人类活动对地质环境产生了越来越强烈的影响，导致各种环境地质问题，威胁到人民群众生命财产安全和经济社会可持续发展。本次调查主要是针对研究区内的环境地质问题进行了较为详细的调查，调查结果表明，研究区内环境地质问题总体上发生较少，种类不多，发育规模较小，涉及范围有限。只于研究区北部及西部的部分地区，见有零星的崩塌、海岸侵蚀、河岸侵蚀、红树林退化及矿山环境地质问题等环境地质问题（表 7-1）。

表 7-1 研究区生态环境地质问题类型统计表

类型	位置	坐标	所在图幅
崩塌	乐东县白沙铁路工区西南侧约 1000m 处（点 D0992）	19258197，2063244	新安幅
海岸侵蚀	东方市造船厂北东侧 800m 海边处（点 D0990）	19252740，2117024	东方县幅
海岸侵蚀	东方市莺歌海镇水道口海边处（点 D0993）	19258098，2047405	新村幅
河岸侵蚀	东方市板桥镇老方村东侧约 300m 处（点 D0995）	19257445，2076624	板桥幅
红树林退化	东方市墩头镇南侧 600m 海边处（点 D0989）	19254937，2120460	东方县幅
红树林退化	东方市八所港务局南西侧 1200m 海边处（点 D0991）	19249928，2113682	东方县幅
矿山环境地质问题	东方市岭头镇北侧约 2000m 处（点 D0994）	19257818，2071787	岭头幅

一、崩塌

在乐东县白沙铁路工区南西侧约 1000m 处的小路边，见一高约为 8m 的陡坎，岩性主要为八所组（$Qp_{2-3}bs$）的红褐色含砾细中砂，松散无胶结，黏结性差。在外力作用下（如降雨、风吹或人为挖砂）引发了土体崩塌（图 7-1）。该崩塌体长 10m、宽 3m、高 7m，塌方体积约为 210m^3，规模较小，属于小型崩塌。但该崩塌点有进一步发展之势，将导致土地资源的不断流失，造成顶部的树木植被向下垮落，是附近交通存在的安全隐患，并对当地的生态地质环境造成了较大的破坏。

图 7-1 土体崩塌，顶部的树木植被向下垮落

二、海岸侵蚀

研究区砂质海岸线较长，海岸开阔，曲折绵长，形态复杂多变。沿岸地层主要为第四系全新统烟墩组和现代河流沉积物，岩性主要由贝壳碎屑砂、中粗砂、中细砂等组成，结构松散，黏结性

差，海浪和洋流作用强烈，再加上人类诸多的不合理活动（如沿海旅游景点和开发区的无序开发建设、沿海沙堤沙地大面积开挖高位养殖池等）破坏沿海防风林、灌木林及红树林，使海岸沙堤沙地植被覆盖率大大降低，许多岸段失去了天然保护屏障，从而加剧了砂质海岸的侵蚀作用。该海岸线可见多处岩体崩塌，岸坡后退（据海南岛生态环境地质综合研究报告，2006；八所南侧海岸近 10a 后退了近 30m）。海岸边的防护林更是东倒西歪、树根裸露（图 7-2），防护效能下降。因为防护林的天然屏障已被破坏，附近地区的土地更容易砂化，对附近的农田和村落造成了巨大的影响。此外，研究区海岸线随处可见垃圾（图 7-3），对附近的海岸环境造成了一定程度上的污染，当地的自然生态环境日益恶化。

图 7-2　防护林受到破坏，海岸侵蚀加剧

图 7-3　海岸上随处可见的垃圾

图 7-4　河岸崩塌严重，对桥梁形成安全隐患

三、河岸侵蚀

河岸发生崩塌主要受水文、土壤、河流、气象、地貌等方面的影响。河岸侵蚀具有短时性、突发性、时段性、不确定性、地域性、剧烈性等特点，难于观测。

研究区内的河岸侵蚀主要分布于罗带河、感恩河、白沙河等河流中下游河岸，岩性主要为现代含砾粗中砂。受河水冲刷的影响，岸边崩塌严重，河岸崩塌后产生的泥砂物质在进入江河中之后进一步破坏水质，影响水生生物和岸边植被的生长发育。强度大的河岸崩塌往往会酿成重大险情，甚至会给河流经过的一些道路或桥梁留下一定的安全隐患（图 7-4），严重威胁沿岸人民的生命财产安全。

四、红树林退化

红树林是生长在热带、亚热带港湾潮间带的泥砂、粉细砂、淤泥等生存环境中的植物群落。盘根错节的发达根系能有效滞留陆地来砂，茂密高大的枝体宛如一道绿色长城，在抵御海潮、风浪等自然灾害，防治近海海洋污染及保护沿海湿地生物多样性等方面具有不可替代的作用，具有防风消浪、促淤保滩、固岸护堤、净化海水和空气的功能，因此也被称为“海岸卫士”。

本次调查发现研究区西北部八所湾附近分布有面积较大的红树林海滩。此处为第四系烟墩组淤泥、亚砂土沉积层，构成了红树林必需的砂泥质环境。红树林的生长地段一般位于高潮线与低潮线之间。由于人为破坏、滩涂开垦和开挖养殖池，使生长茂密的红树林遭受严重破坏，面积大量减少（图 7-5），防护效能逐渐下降，生态环境趋于恶化。

五、矿山环境地质问题

矿产资源的合理开发利用，会带动其他行业的发展，也会促进经济的增长。但过度的开发或不合理的开发利用，会对生态环境产生一定的不良影响，其中矿山环境地质问题更是日趋突出。研究区内的矿山以小型个体矿山及露天开采矿山为主，岩性多为花岗岩，严重的盗采（图 7-6）和过度的开采对矿山及周围环境造成了一定的破坏，产生了许多矿山环境地质问题，主要表现为：①对当地的耕地森林草地造成了破坏，引发土壤侵蚀和土地退化；②矿山区域附近的高陡边坡部分地段易发生崩塌、滑坡、泥石流等突发性地质灾害；③矿山废水排放、废矿渣和尾矿中渗透出的有害物质，对矿区土壤、地表水造成污染；④露天开采产生的粉尘对周围空气产生污染；⑤给当地的交通造成不便，严重影响当地百姓的出行。

图 7-5　环境破坏，红树枯萎

图 7-6　研究区矿山盗采情况严重

第二节　旅游地质

研究区位于海南岛西南部，呈条带状，陆地面积约为 774km²，隶属海南省东方市和乐东黎族自治县管辖，交通方便，气候宜人，属热带海洋性季风气候区，旱湿两季分明。研究区内具有优越的自然生态环境和丰富的热带动植物资源，素有“世界花梨看中国，中国花梨在海南，海南花梨数东方”之美誉。经此次调查研究发现，受区域地质构造的控制和独特的地理环境条件的影响，研究区局部地区形成了很多具有旅游价值的地质资源，比如雄伟挺拔的鱼鳞洲海蚀地貌、历史悠久的汉马伏波井、银光闪闪的莺歌海盐场、蔚为壮观的莺歌海水道口海滩岩、度假休闲的龙沐湾、怡静幽遥的高坡岭水库等。这些地质资源，不但造就了壮丽的景色，而且对研究海南岛地壳发展史和开发宝贵的地质旅游资源具有重要的意义。

一、鱼鳞洲海蚀地貌

鱼鳞洲原名鳞洲角，位于海南省东方市八所港的西部海滨，清朝康熙年间就被列为海南八大风景区之一。它一面连着陆地，三面环海，地形是一座裸露着岩石的丘陵。由于岩石重重叠叠，阳光折射后熠熠生辉，状似鱼鳞，故得“鱼鳞洲”之名。

图 7-7　夕阳下的美丽鱼鳞洲

和别处细软的海滩不同，这里的海滩并非是细砂，而是小粒的石子。光脚走在上面，除了松软还有些许的刺痛。海面上碧波万顷，小船穿梭，海鸥翔空；海风推波助澜，海浪扑打在石壁上，溅起一堆堆雪白的浪花，沉雷般的涛声轻重有序、节奏均匀。许多海钓爱好者，不时来到海边岩石上，舞竿甩线。由于濒临北部湾，来自海上的西风为这里提供了源源不断的风能。在鱼鳞洲的海滩上，18 座巨大的“风车”让这里俨然变成了一处“风车”海岸，夕阳之下的大“风车”剪影让人心中生出许多浪漫的情愫（图 7-7）。

鱼鳞洲海拔 44.5m，总体呈不规则状，临海侧高陡，坡角约 85°，邻近陆地侧平缓，坡角约 40°，山丘顶端建有灯塔，突兀地立着，如人群中一个特立独行的瘦高个儿。这座白色的鱼鳞洲灯塔是鱼鳞洲的标志，是东方市的标志，也是北部湾重要的航标。鱼鳞洲海蚀地貌由上白垩统报万组白色砾岩、砂砾岩组成。因海浪和潮汐作用，同时岩体的节理、裂隙发育，岩块受重力作用垮塌，形成大型海蚀柱。鱼鳞洲四周被第四系烟墩组细中砂覆盖。鱼鳞洲海蚀地貌是海南省内由碎屑岩形成的最大的海蚀残丘，具较高的美学观赏价值。

二、莺歌海盐场

莺歌海盐场是海南岛最大的海盐场，也是中国南方最大的海盐场，是世界上仅次于死海和红海的最咸海区之一，被称作“苦海”。

莺歌海盐场位于乐东县，面临大海，背靠尖峰岭林区，是一片 30 多平方千米的滩涂地带。这里可见一望无垠的银白色盐海，渠道纵横有序，盐田银光闪闪（图 7-8），景象十分美丽。莺歌海盐场建在海山之间，尖峰岭的连绵群山挡住了来自北方的台风云雨，使这里长年烈日当空，有充分的光热进行盐业生产。加之这里的海水含盐度高，便造就了得天独厚的生产条件。这里的海边，沙滩平缓绵延 10 里❶，砂质白松软。北边的岩礁、山岭犹如天生地设的屏障，挡住了吹来的风、冲来的浪，使这里的新月形的海湾水面如镜。莺歌海是盐城，也是渔场，加之风景美丽的海湾、沙滩，游人常年络绎不绝。1962 年 2 月，大诗人郭沫若访莺歌海时，不禁为莺歌海数万亩❷盐田的壮美景观而激动不已，他挥毫写下了充满革命浪漫主义的诗篇：“盐田万顷莺歌海，四季常春极乐园。驱遣阳光充炭火，烧干海水变银山”。

三、莺歌海水道口海滩岩

莺歌海水道口海滩岩位于海南省乐东黎族自治县莺歌海镇莺歌海盐场出海口，总面积约 0.1km^2。区内主要分布着第四系烟墩组的海成沙堤，标高 3.7~13.1m。在该处潮间带及沙滩中分布着第四纪沉积胶结的海滩岩，长达 1.1km，出露宽度 1~20m，有的高出海平面 1m 以上。海滩岩主要由粗砂、砾组成，可见较大的石英砾石，其磨圆较好，呈次圆状，含有大量贝壳等生物碎屑，其胶结物为钙泥质。岩石发育向海的低角度交错层理以及各种海蚀微地貌现象，从剖面看海滩岩具薄层状层理，因海浪冲刷，岩石表面凹凸不平、形态各异，尤为奇特的是岩层层面上分布有密集的浅坑，呈不规则的鞋形，名为“巨人的脚印”（图 7-9），远远望去，景象颇为壮观。

---

❶ 1 里 = 0.5km。

❷ 1 亩 = 666.6m^2。

图 7-8　莺歌海盐田银光闪闪

图 7-9　海滩岩表面的海蚀凹槽——“巨人的脚印”

四、龙沐湾国际旅游度假区

龙沐湾国际旅游度假区位于海南省乐东黎族自治县内，距三亚 88km、距尖峰岭国家级自然保护区仅 10km 的海岸线上，是海南省西部一处难得的依山临海的海湾度假区。

龙沐湾国际旅游度假区地处热带季风海洋性气候区，与阿拉伯海、红海、加勒比海、孟加拉湾、墨西哥湾、夏威夷群岛一道，沐浴着温馨的海洋季风，长夏无冬，光照时间长，有最明媚的阳光、最纯净的空气、最碧蓝的海水、最洁白的沙滩（图 7-10），自然生态环境在世界首屈一指。龙沐湾占地 3267 亩，拥有 2.084km 长的海岸线。龙沐湾区域内植物资源丰富，种植业已初具规模。龙沐湾内海南独有的珍稀树种绛香黄檀（并称海南黄花梨木）30 万株已成林，金丝柚木也阵香遍地。龙沐湾国际旅游度假区正进行旅游综合项目的开发，拟通过国际间的合作，沿 2.084km 的海岸线修建 9 座豪华星级宾馆，总建筑面积 126 万余平方米。独特的气候条件、优美的自然环境、便利的公共交通、丰富的周边环境资源和内部环境资源，使得龙沐湾拥有很高的旅游开发价值。

图 7-10　龙沐湾美丽沙滩

五、高坡岭水库

高坡岭水库是东方市蓄水面积最大的水库，位于东方市罗带乡内，面积约为 1 万亩。高坡岭水库风光旖旎，常年阳光明媚，空气新鲜，山绿水绿，犹如一幅绿色基调的水彩画。南东侧还有新建的高尔夫球场可供游人挥杆。高坡岭水库是白鹭栖息生活的“天堂”，常可见白鹭结群嬉戏，鸣声回荡半空（图 7-11），蔚为壮观。在这里钓鱼、登高，或是各种休闲娱乐，都会使人感到清新舒畅、心旷神怡，其怡静幽遥的独特景致，可开发成为一个迷人的旅游胜地，是人们观光旅游休闲的好去处。

图 7-11　高坡岭水库白鹭结群嬉戏，鸣声回荡半空

第八章　海南岛西南部海滩岩

海滩岩是指形成于砂质海滩的潮间带，由碳酸盐（主要是碳酸钙）胶结海滩沉积物组成的一种海岸带碳酸盐胶结岩，其胶结物通常为高镁方解石和柱状（纤维状）文石（王建华，1991）。由于受海陆交互作用影响，海岸带对环境变化响应迅速。而形成于潮间带的海滩岩成岩迅速，通常记录了成岩时期的海陆相互作用特征，因而具有重要的研究意义。

研究区位于海南岛西南部东方市八所镇至乐东黎族自治县莺歌海镇一带海边，该海岸带为典型的砂质海岸，海滩岩沿海岸线断续出露（图 8-1）。其中，八所镇和莺歌海潮间带海滩岩出露较好，海滩岩层序发育较为完整；而高排村海滩岩距现代海岸线约 800m，埋藏于海岸沙丘下部，为离岸埋藏型海滩岩，岩层厚度相对较小。

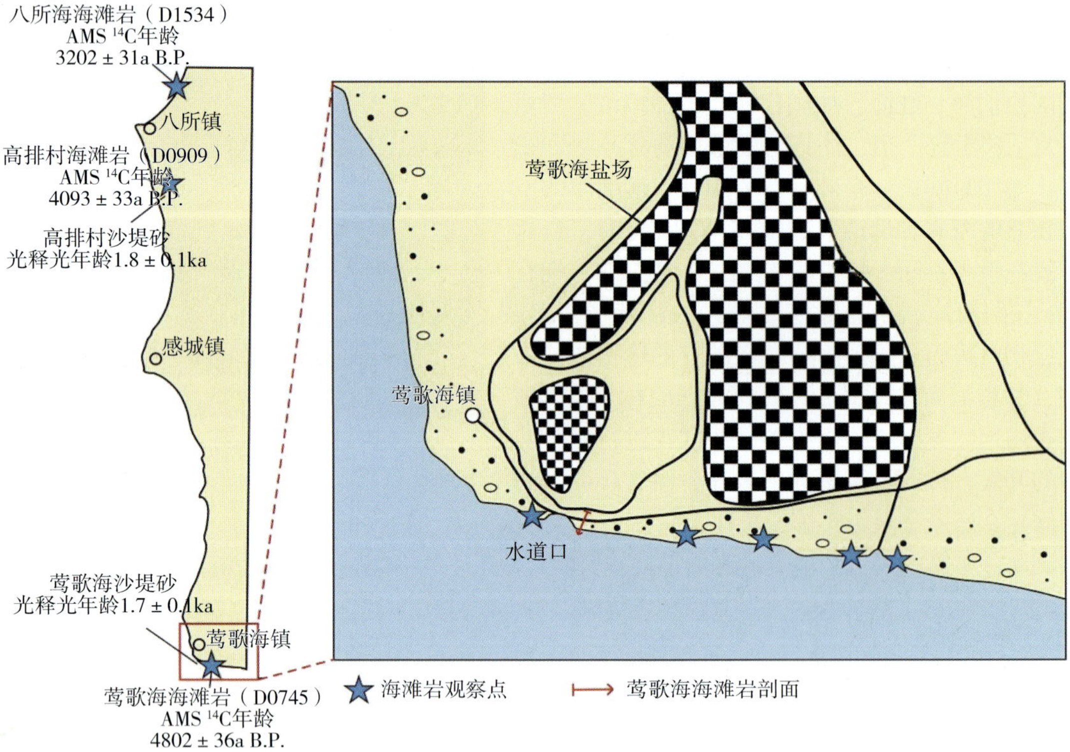

图 8-1　研究区全新世海滩岩分布图

一、海滩岩野外特征

莺歌海海滩岩呈断续状分布于乐东县莺歌海盐场南侧砂砾质海滩上，分布长度超过 2km，横向上沿低潮线至高潮线呈席状出露，并延伸至潮上带全新世沙堤下部。海滩岩中含大量生物碎屑，且局部亦见腹足类完整壳体；岩层中发育略向海倾斜的层理，靠近海岸沙堤海滩岩倾角较缓，约为 4°，向海则逐渐变大到 10°。岩石层面上发育海蚀地貌，海浪的冲刷侵蚀作用在海滩岩层面留下深度大小不一的海蚀凹槽，潮间带下部常见浪蚀陡坎或崩塌现象。

莺歌海海滩岩剖面起点位于海南省乐东黎族自治县莺歌海镇南东侧约 1km 处。剖面起点坐标为 $X=19257823$，$Y=2047516$；终点坐标为 $X=19257750$，$Y=2047450$。该剖面由内陆向海测制，总导线方位 216°，共划分为 3 层（图 8-2）。

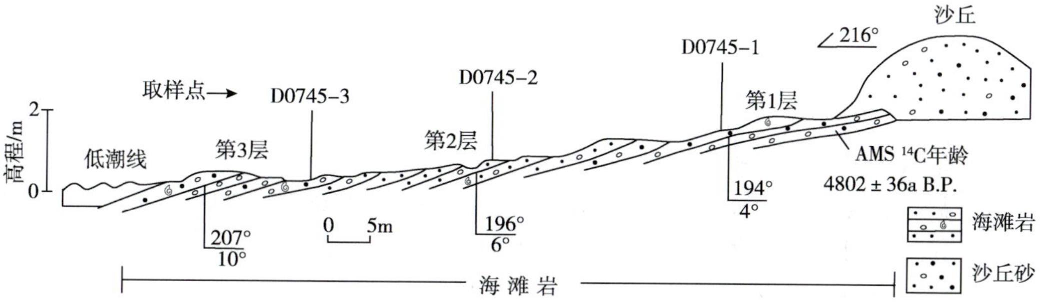

图 8-2 莺歌海海滩岩剖面分层与采样位置图

第 1 层：灰白色含生物碎屑粗砂质砾岩，岩石呈灰白色，致密坚硬，钙质胶结，颗粒支撑，砾石含量约 60%，粗砂含量约 16%，中砂含量约 4%，生物碎屑含量约 20%。砾石成分较复杂，有火山凝灰质砾石、长英质砾石，以及变质砂岩砾石和硅质砾石。砾石粒径大小不一，整体 8～15mm，最大可见约 50mm 的火山凝灰质砾石。该层位于潮上带，平时海水冲刷不到，只有在风暴潮来临时，海水才能冲刷到。层面上有轻微的海水冲刷痕迹，形成一个个浅浅的小坑，该层厚约 60cm，产状为 194°∠4°。

第 2 层：灰黄色含生物碎屑含砾粗中砂岩与浅灰黄色细砂岩呈不等厚互层，岩石致密坚硬，钙质胶结，颗粒支撑。岩层发育平行层理，偶见斜层理，平行层理侧向延伸好，斜层理侧向延伸差。该层位于潮间带与潮上带之间，高潮时海浪对海滩岩层面进行冲刷改造，在岩层表面留下深度和大小不一的海蚀凹槽（图 8-3）。该层厚度约 40cm，产状为 196°∠6°。

第 3 层：黄褐色含粗砂砾岩，岩石呈黄褐色，较为致密，钙质胶结，颗粒支撑，砾石含量约 80%，粗砂含量约 18%，生物碎屑含量约 2%。该层位于潮间带，时常受到海浪的冲刷作用，在岩层表面形成一个个独特的海蚀凹槽，局部岩层发生崩裂、崩塌等现象（图 8-4）。该层的尾部是我们所能观察测量的最远的位置，并且肉眼可见水下还有大量的海滩岩。该层厚度约 100cm，产状为 207°∠10°。

图 8-3 莺歌海海滩岩海蚀凹槽外貌照片

图 8-4 莺歌海海滩岩外貌照片

二、海滩岩沉积构造特征

研究区海滩岩沉积构造的主要特征是以层系界面水平或缓向海倾角的平行层理为主，倾角 5°～10°，局部可见小型交错层理。

1. 平行层理

海滩岩多出现缓向海倾斜的平行—近平行层理，倾角 5°～10°。这种层理一般出现在急流及高能环境中，如河道、海（湖）岸和海滩等沉积环境中。层理的显现代表当时沉积物中的物质发生改变，包括颜色、粒度、矿物的变化。研究区海滩岩在颜色上没有明显差别，主要是由于石英砂粒度变化导致层理的显现。(图 8-5a)。

图 8-5　八所海滩岩层理外貌

2. 交错层理

海滩岩局部可见小型板状交错层理，发育于平行层理之上，与下部的平行纹层斜交，交角为 30°～40°，倾向北（图 8-5b）。底界可见凹凸不平的冲刷面，倾斜纹层的倾向可以指示水流方向。这种交错层理并不多见，仅在八所海滩岩纵面的一块小露头上观察到。

三、海滩岩岩石学特征

（一）海滩岩结构组分

经偏光显微镜下鉴定，研究区海滩岩的组成物质主要是陆源碎屑、生物碎屑和钙质胶结物，其中陆源碎屑与生物碎屑的含量比例约为 5∶1。陆源碎屑成分主要为石英晶屑，其次为钾长石(占碎屑总量的 10%)。海滩岩分选差，大多数颗粒呈次棱角状，少量呈次圆状。另外，在高排村埋藏海滩岩以及莺歌海潮间带海滩岩的薄片中可见大量的碎裂化石英颗粒（图 8-6）。生物碎屑含量为 5%～10%，大多为浅海相生物骨壳，成分以腕足类、双壳类等软体动物门的贝壳碎片为主，个别薄片可见有孔虫（图 8-7），这些生物骨屑已受到不同程度的破损，以溶蚀作用为主。

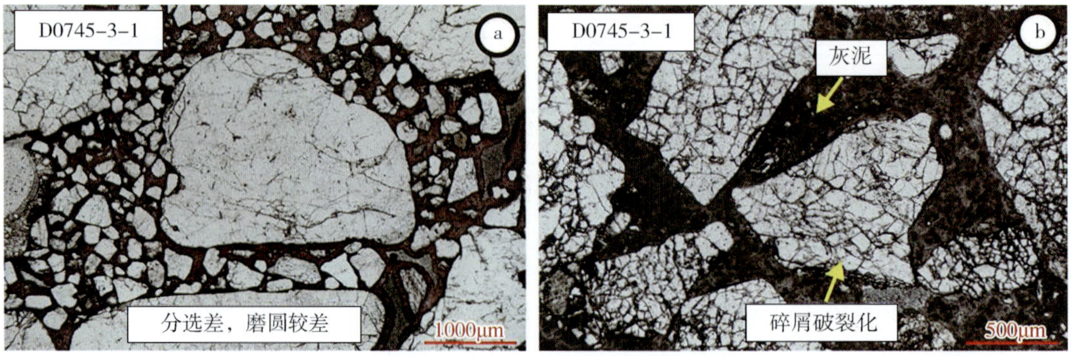

图 8-6　研究区海滩岩结构组分特征

a—碎屑颗粒磨圆分选较差，薄片经茜素红染色剂染色，单偏光，×25；b—碳酸盐灰泥充填孔隙，岩石碎屑破裂化严重，单偏光，×50

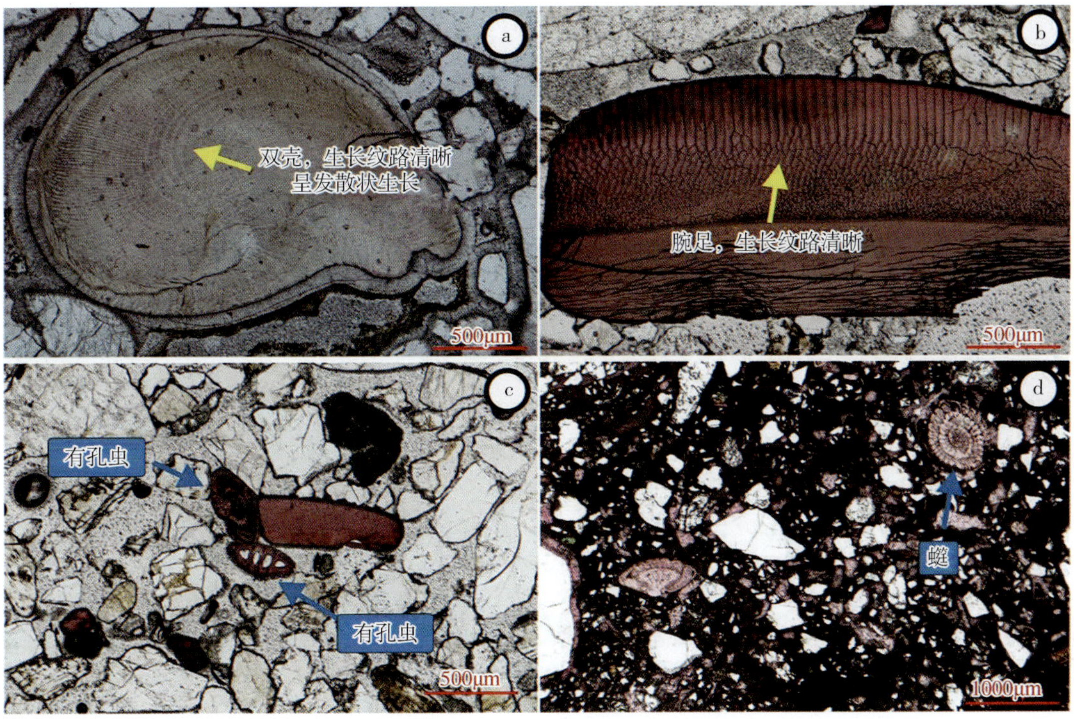

图 8-7　研究区海滩岩生物碎屑类型

a—比较完整的双壳类，可见清晰的生长纹路，单偏光，×50；b—腕足类，薄片经茜素红染色剂染色，单偏光，×50；c—有孔虫，薄片经茜素红染色剂染色，单偏光，×50；d—有孔虫，薄片经茜素红染色剂染色，正交偏光，×25

（二）扫描电镜及能谱分析

通过扫描电镜分析，按照胶结物粒度、成分以及形态共划分出 4 种胶结类型，与之前显微薄片鉴定的结果相似，分别为：钙质软泥（泥晶方解石）、柱状（纤维状）文石、微晶方解石与亮晶方解石（重结晶）。

1）钙质软泥（泥晶方解石）如图 8-8a 所示，此类型胶结物结晶程度差，基本看不到晶形，表面看上去颜色为深灰色，相比其他类型胶结物显“脏”，黑色部分应该是陆源黏土，并且胶结物中可见许多白色的生物碎屑。故判定，钙质软泥形成于海滩岩成岩作用初期，原始的灰泥与陆源碎屑黏土混杂在一起充填于海滩岩孔隙之间，形成杂基支撑。经过能谱分析（图 8-9）发现，钙质软泥成分较为复杂，除了主要矿物 $CaCO_3$ 以外，还识别出 Fe、Al、Si、Mo 等元素，说明钙质软泥胶结物中混入了陆源碎屑物质。

2）柱状（纤维状）文石作为海水碳酸盐胶结物的初始成分，晶形具有明显的特点，大多呈长柱状或锯齿状，围绕着石英颗粒或者生物介壳生长（图 8-8b，c）。柱状（纤维状）文石胶结物能谱分析结果（图 8-10）表明，柱状（纤维状）文石主要矿物为 $CaCO_3$，Mg 含量较高；与其他胶结物不同的是，柱状（纤维状）文石中有 0.55%的 Na，说明柱状（纤维状）文石较好地继承了海水的化学元素特征。

3）扫描电镜下观察到的微晶方解石大多呈粒状，少部分呈长条状，形态复杂多变（图 8-8d）；微晶方解石胶结物能谱分析结果（图 8-11）表明，其主要矿物为 $CaCO_3$，Mg 含量较高，与海水富 Mg、Ca 等元素特征相似，说明淡水渗流环境未对微晶方解石胶结物的元素造成明显分异。

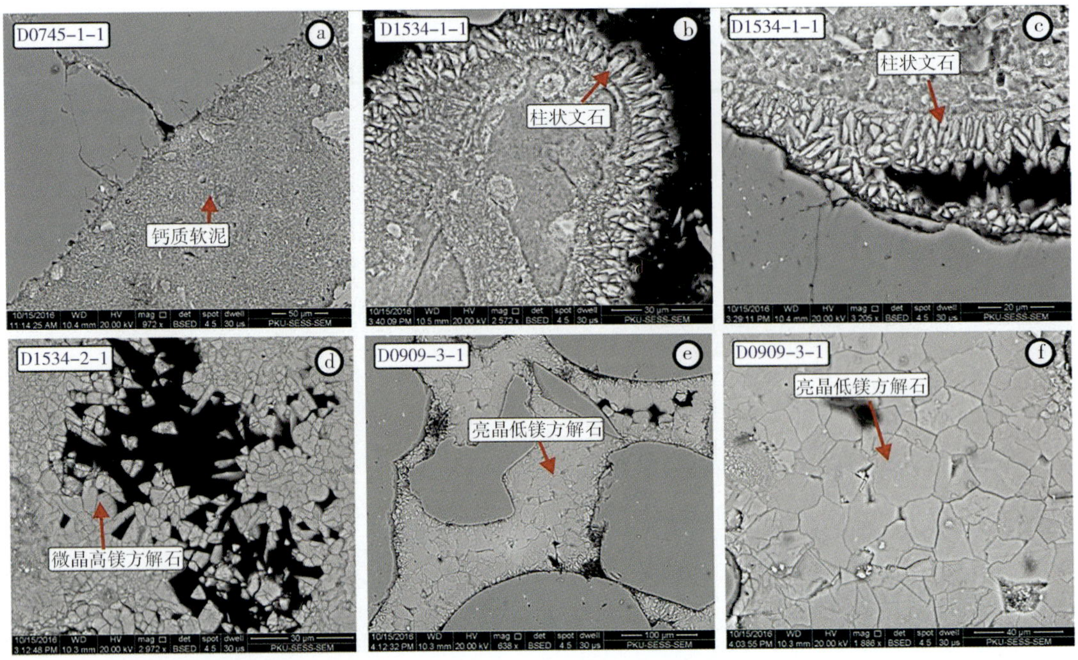

图 8-8　海滩岩胶结物扫描电镜特征

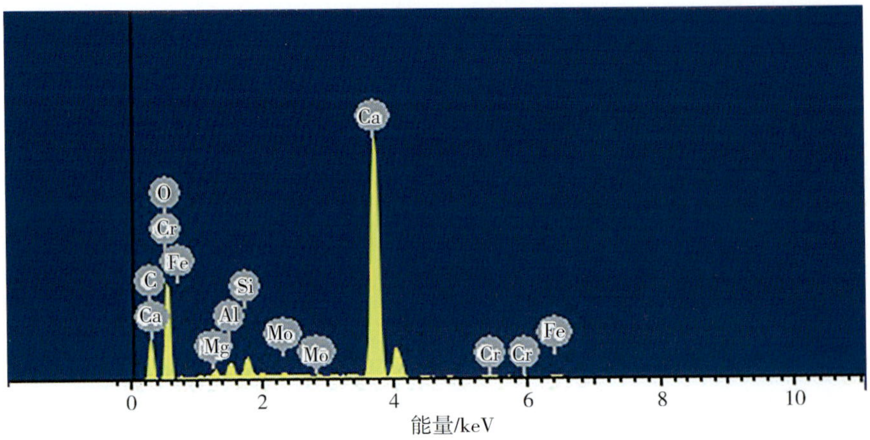

元素	质量分数/%	原子比/%
C	14. 74	23. 13
O	51. 49	60. 66
Mg	0. 53	0. 41
Al	1. 01	0. 71
Si	1. 27	0. 85
Ca	29. 51	13. 88
Fe	0. 61	0. 21
Mo	0. 84	0. 16
总量	100. 00	

图 8-9　钙质软泥（泥晶方解石）胶结物能谱分析结果

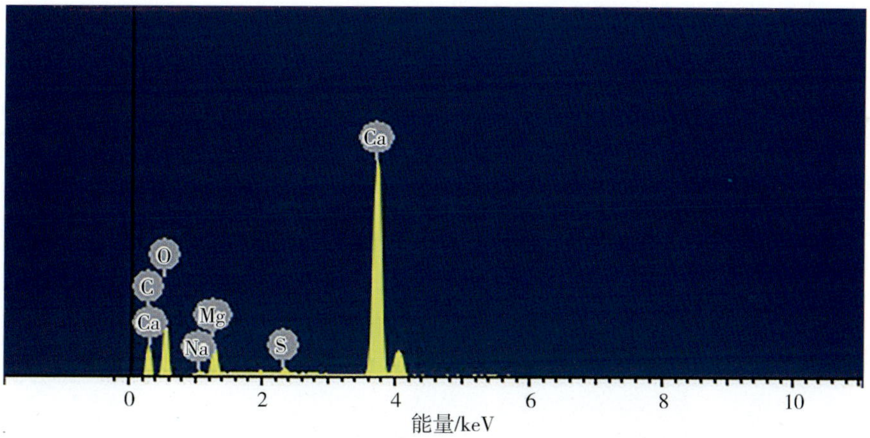

元素	质量分数/%	原子比/%
C	15.17	24.73
O	43.99	53.83
Na	0.64	0.55
Mg	3.80	3.06
S	0.45	0.28
Ca	35.94	17.56
总量	100.00	

图 8-10　柱状（纤维状）文石胶结物能谱分析结果

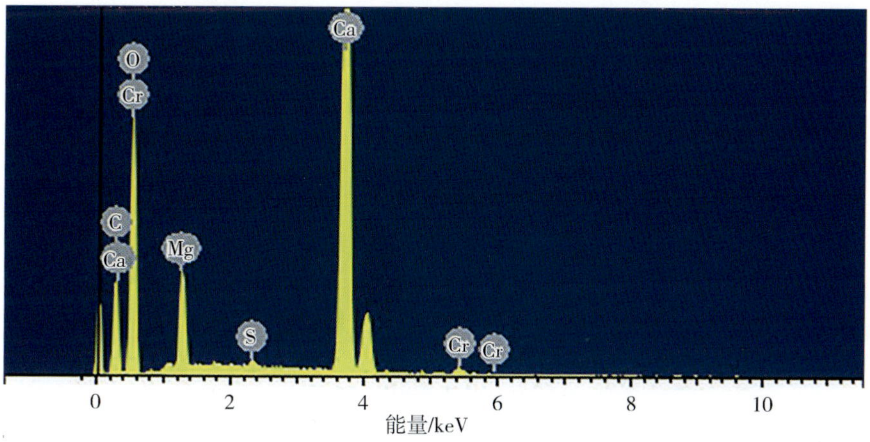

元素	质量分数/%	原子比/%
C	14.44	22.07
O	54.46	62.49
Mg	3.96	2.99
S	0.21	0.12
Ca	26.93	12.33
总量	100.00	

图 8-11　微晶方解石胶结物能谱分析结果

4）亮晶方解石（重结晶）表面明亮干净，呈连晶粒状充填于颗粒孔隙之间。由图 8-8e，f 可见，石英颗粒边缘为微晶方解石，向孔隙中间过渡为亮晶方解石。亮晶方解石胶结物普遍见于高排村的海滩岩中，充分说明高排村海滩岩受淡水淋滤得比较彻底而且持续的时间较长，这样才能使晶格严格有序的白云石得以充分生长形成自形晶体。通过能谱分析（图 8-12），发现亮晶方解石胶结物的元素含量与其他类型的胶结物存在差异，经过陆地淡水渗滤重结晶形成的亮晶方解石 Mg 的含量偏低。淡水的渗滤作用使得孔隙流体中 Mg 得到稀释，最终由高镁方解石重结晶形成低镁方解石。

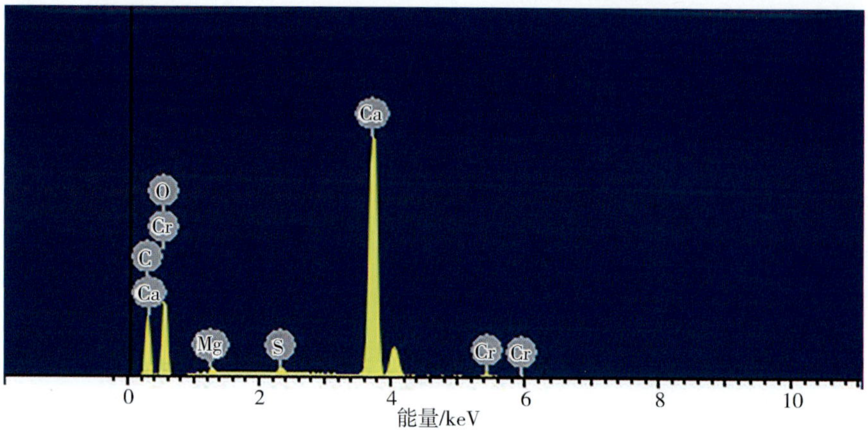

元素	质量分数/%	原子比/%
C	20. 17	30. 86
O	46. 86	53. 82
Mg	0. 51	0. 39
S	0. 47	0. 27
Ca	31. 99	14. 66
总量	100. 00	

图 8-12　亮晶方解石胶结物能谱分析结果

（三）粒度特征

对粒度数据进行整理和分析，可反映出沉积物的沉积环境。为了细致分析海滩岩的粒度组成，采集了八所镇—高排村—莺歌海镇沿岸一带的海滩岩粒度分析样共计 7 件。所采样品均在海南省地质测试研究中心进行粒度实验，样品经去除有机质和碳酸盐等前处理，测量的是石英砂的粒度。采用 BT-2003 粒度仪进行测试。测试温度为 21°，测试湿度为 65%。各个粒度参数值可参见研究区八所镇—莺歌海地区海滩岩粒度参数表（表 8-1）。

表 8-1　研究区八所镇—莺歌海地区海滩岩粒度参数表

样品名称	样品编号	地点	粒级含量/%						粒度系数				
			砾石	粗砂	中砂	细砂	粉砂	黏土	平均粒径 Mz/φ	分选系数 $\delta i/\varphi$	偏态 Ski	峰度 K_G	中值粒径 $\Phi50/\varphi$
海滩岩	D0909-3-1	高排村	42. 10	30. 68	11. 03	13. 05	2. 68	0. 46	-0. 03	1. 54	0. 6390	0. 74	-0. 73
海滩岩	D0745-1-1	莺歌海	84. 00	9. 08	0. 50	1. 59	4. 11	0. 72	-1. 22	0. 96	0. 5706	5. 80	-1. 27
海滩岩	D0745-2-1	莺歌海	3. 80	21. 30	32. 01	33. 79	7. 76	1. 34	1. 47	1. 79	-0. 1020	1. 76	1. 83
海滩岩	D0745-3-1	莺歌海	54. 60	31. 43	5. 94	6. 40	1. 38	0. 25	-0. 83	0. 97	0. 6062	1. 75	-1. 05
海滩岩	D1534-1-1	八所镇	20. 60	34. 06	15. 33	19. 17	8. 89	1. 95	0. 52	2. 25	0. 5734	1. 05	-0. 12
海滩岩	D1534-2-1	八所镇	54. 00	17. 42	11. 66	11. 38	4. 94	0. 60	-0. 13	1. 75	0. 8080	0. 86	-1. 04
海滩岩	D1534-3-1	八所镇	27. 20	37. 18	13. 09	16. 67	5. 22	0. 64	0. 23	1. 81	0. 6135	0. 82	-0. 44

1. 平均粒径

平均粒径（*Mz*）表示一个样品的粒度分布的集中趋势和趋向的平均值（平均粒度大小），它在一定程度上取决于物源区的类型和性质，反映搬运介质的平均动能，是沉积物最主要的粒度特征之一。研究区海滩岩石英砂平均粒径主要集中在-1.22～0.52φ之间，平均值为0.001φ。按照乌登、温德华粒度分类标准（表8-2），属砾质粗砂。编号为D0745-2-1的海滩岩石英砂平均粒径为1.47φ，属细中砂。

表8-2　乌登、温德华粒度分类标准

粒度名称		粒径/mm	对应 Φ 值
砾石	巨砾	256	-8
	粗砾	128	-7
	中砾	64	-6
		32	-5
		16	-4
		8	-3
	细砾	4	-2
砂	极粗砂	2	-1
	粗砂	1	0
	中砂	0.5	1
	细砂	0.25	2
	极细砂	0.125	3
粉砂	粗粉砂	0.0625	4
	中粉砂	0.0313	5
	细粉砂	0.0156	6
	极细粉砂	0.0078	7
黏土		<0.0038	>8

注：表中 $\Phi=-\log_2 D$，D 为沉积物粒度。

2. 偏度

偏度（Ski）是用来衡量频率曲线对称性的参数，代表平均值与中位数的相对位置，可用于判别沉积物粗细分布情况。当Ski为正值时，表明尾部在细端，沉积物粒度偏粗。反之，则表现出沉积物粒度偏细的特点。偏度分类标准可参考1957年福克和沃德制作的沉积物偏度分类表（表8-3）。研究区海滩岩石英砂的偏度（Ski）介于-0.1～0.8之间，平均值是0.5，属于极正偏，说明沉积物整体粒度偏粗。

表8-3　沉积物偏度分类表

偏度分类	Ski
-1.0～-0.3	极负偏
-0.3～-0.1	负偏
-0.1～0.1	近于对称
0.1～0.3	正偏
0.3～1.0	极正偏

（据福克和沃德，1957）

3. 峰度

峰度又称尖度（K_G），主要描述正态频率曲线的粒度集中程度，根据曲线的尖锐或钝圆程度，划分为尖锐、正态、扁平 3 种类型。在一定程度上，峰度与偏度的指示意义具有一致性。一般来说，分选性好的沉积物其峰度越高，偏度越接近正态分布。峰度的等级界限：小于 0.67 的峰度为很宽；0.67~0.9 为宽；0.9~1.11 为中等；1.11~1.56 为窄；1.56~3.0 之间的为很窄；大于 3.0 的为非常窄。研究区海滩岩的峰度（K_G）集中在 0.7~1.7 之间（表 8-1），峰度属于窄—中等。D0745-1-1 号样峰度为 5.8，峰态属非常窄。

4. 粒度概率累计曲线特征

概率累积曲线的横坐标表示粒径，纵坐标表示概率百分比含量。研究区海滩岩概率累积曲线主要表现为三段式，未见一段式和二段式。样品整体粒径在-1~10φ 之间，粗截点在 0φ 附近，细截点在 9φ 附近（图 8-13）。

研究区海滩岩石英砂的粒度概率累计曲线以推移组分为主，推移组分含量集中在 50%~93%之间，其斜率约为 70°，分选程度好，推移组分样品粒径范围分布于-2~0φ 之间，粒径偏粗，表明水动力条件较强；其次含量较高的为跃移组分，含量在 5%~40%之间，其斜率约为 30°，分选程度较差，跃移组分样品粒径范围分布于 0~9φ 之间；悬移组分含量最少，约为 1%，可以忽略不计，其斜率约为 70°，分选程度好，悬移组分样品粒径范围分布于 9~10φ 之间。研究区海滩岩石英砂的粒度概率累计曲线表明沉积物分布范围广，粗粒成分明显偏多，总体偏粗，以细砾、粗砂为主，对应相对较强的水动力条件。

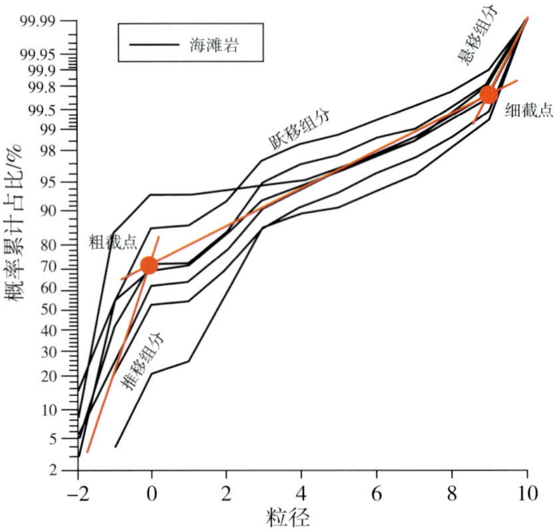

图 8-13　研究区海滩岩粒度概率累计曲线图

（四）胶结特征

胶结物的研究是海滩岩研究中的一个重要内容，海滩岩所蕴含的环境信息和古气候信息以及成岩机制的研究都需要通过胶结物进行。因此，胶结作用在海滩岩的成岩过程中起着关键作用。经偏光显微镜下鉴定、茜素红染色法测试，海滩岩具有以下胶结特征：

1. 莺歌海海滩岩（D0745）

莺歌海海滩岩的胶结程度较高，胶结矿物及胶结组构类型较多。低潮线附近的胶结物由泥晶高镁方解石组成，在岩石未完全被胶结的部位，泥晶以数十微米厚的环边围绕于颗粒外壁，并在少数颗粒之间形成所谓“桥式”连结；胶结较完全的部位，泥晶呈均匀分布或凝团状继续向孔隙中心增厚至孔隙完全消失，灰泥中的凝团块有可能是藻团块。泥晶胶结物中含有较多的溶蚀孔隙，在一些孔隙中心可见少量微亮晶方解石胶结物，为淡水渗流作用下胶结的产物。局部可见泥晶与粉砂（屑）混和的充填现象，表明在以海水潜流环境为主的条件下，泥晶既能以沉淀的方式进行胶结，也能以钙质软泥机械渗入的方式填结（图 8-14b）。在低潮线附近的 D0745-3-1 号样品中，岩石孔隙几乎全为高镁方解石泥晶所占据，而在生物碎屑以及部分颗粒外壁则发育有一薄层柱状（纤维状）文石环边（图 8-15a），部分陆屑颗粒间则有柱状（纤维状）文石的“桥式”黏结痕迹。

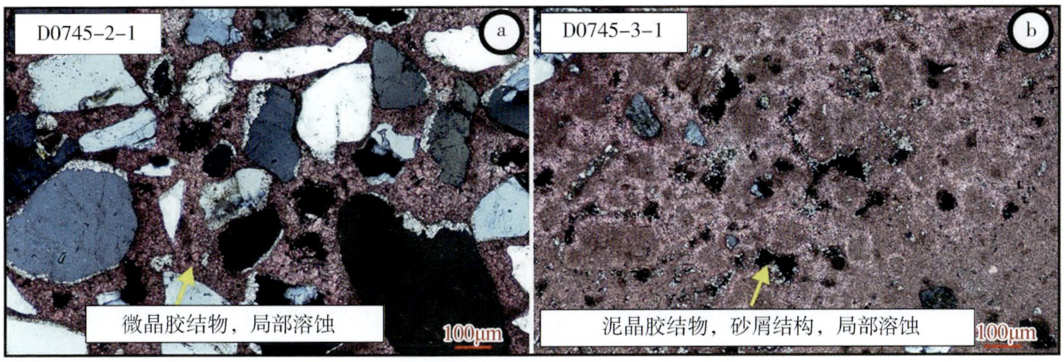

图 8-14　研究区海滩岩泥晶—微晶胶结特征

a—局部溶蚀的微晶高镁方解石胶结物，薄片经茜素红染色剂染色，正交偏光，×100；b—具有砂屑结构（藻团块）的泥晶胶结物，薄片经茜素红染色剂染色，正交偏光，×100

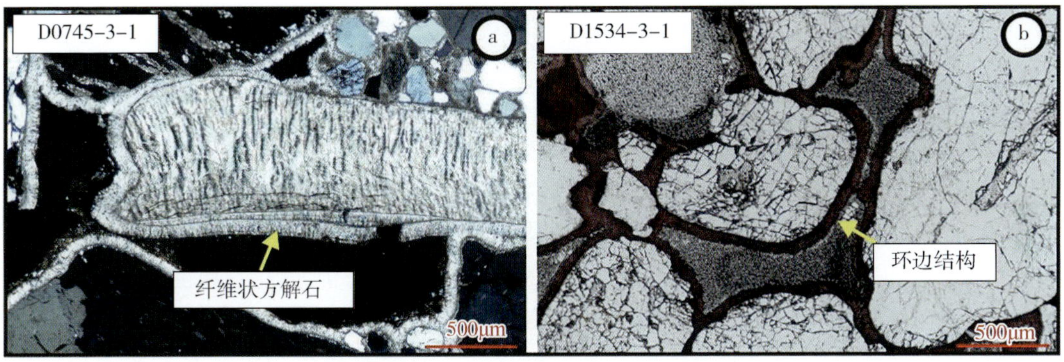

图 8-15　研究区海滩岩胶结特征

a—纤维状方解石显微特征，正交偏光，×50；b—方解石环边结构，薄片经茜素红染色剂染色，单偏光，×50

潮间带中部以海水潜流—渗流环境为主，胶结物有针状柱状（纤维状）文石以及泥微晶高镁方解石，其中针状柱状（纤维状）文石以厚 30~40μm 的等厚环边分布于柱状（纤维状）文石质生物碎屑外壁，排列较整齐，而在其他颗粒外壁则没有形成柱状（纤维状）文石环边，显示出柱状（纤维状）文石生长对基底的选择性。与低潮线处海滩岩胶结物相比，该处海滩岩胶结物粒度较粗，以泥微晶为主（图 8-14a），说明在间歇性淡水渗流作用下，孔隙水中 Mg^{2+} 浓度降低，进而结晶形成少量微亮晶方解石胶结物。

潮上带处于以淡水渗流作用为主、兼有海水潜流影响的环境，胶结物以泥晶高镁方解石为主，部分陆屑颗粒间则有高镁方解石泥晶的“桥式”黏结痕迹。最后，在一些孔隙中心发育微亮晶方解石胶结物，为淡水渗流作用下胶结的产物。在高潮线附近的 D0745-1-1 号样品中，岩石孔隙几乎全为高镁方解石泥晶所占据，局部可见泥晶高镁方解石与粉砂（屑）混和的充填现象，表明在以海水潜流环境为主的条件下，泥晶既能以沉淀的方式进行胶结，也能以钙质软泥机械渗入的方式填结。

2. 八所海滩岩（D1534）

八所海滩岩绝大部分位于潮间带，胶结物基本上由高镁方解石矿物组成，但矿物形态及胶结组构均有变化。潮间带中、下部的胶结物大部分为高镁方解石，其中的泥晶主要以凝团状互相黏结，外围晶粒稍大。部分颗粒外壁则有泥晶胶结，向外再形成纤维状（或刃状）高镁方解石环边（图 8-15b）。D1534-2-1 号与 D1534-3-1 号样品中的个别陆屑颗粒间可见泥微晶高镁方解石“桥式”黏结现象。该样品还可见碳酸盐岩屑，大小不一，包裹一些粉砂级的碎屑颗粒以及生物碎屑。该薄片中可见大量的孔隙，在一些孔隙中心发育微细晶方解石胶结物，明显为受到后期雨水的改造并沉淀出来的。

潮间带上部的胶结物主要为均匀分布或凝团状粘连的高镁方解石泥晶，在生物屑外壁仍可出现纤维状高镁方解石环边，在一些孔隙中见有泥晶和粉砂屑构成的流动状填积构造，说明其早期成岩环境应为水动力较强烈的潮间带。另一些明显为淡水淋溶成因的孔隙中见有微—细粒状方解石沉淀。D1534-1-1 号样品中可见大量的生物碎屑，大部分生物碎屑边缘有港湾状的溶蚀痕迹，这为胶结物的形成提供充足的钙质来源。总的来说，八所海滩岩纵向上胶结物成分、形态都没有重大的变化，这与它所处的环境有直接关系。

3. 高排村海滩岩（D0909）

高排村海滩岩埋藏在现代沙丘底部，胶结物由高镁方解石泥晶和低镁微亮晶方解石组成，胶结极好，仅见少量淡水溶蚀造成的孔隙。部分微亮晶方解石重结晶形成晶形更大的方解石，高排村海滩岩远离现代海岸，在淡水渗流作用下，泥晶高镁方解石向低镁微亮晶方解石转变，并在上覆沙丘的压力作用下低镁微亮晶方解石重结晶形成晶形更大的方解石（图 8-16a）。

（五）胶结物的世代性

胶结是一个长期的作用过程，胶结物成分和结构因孔隙水物化条件的改变而改变，从而导致同一粒间孔内的胶结物在成分或结构上出现分带，这种现象称为胶结物的世代性。

同一粒间孔内越早沉淀的胶结物越靠近被胶结颗粒表面，所以直接附着在颗粒表面的胶结物就是第一世代，以后的世代就逐渐远离颗粒向粒间孔中心发展。海滩岩胶结物的沉淀往往不是连续的，因此，胶结物具有世代性。薄片观察发现研究区海滩岩胶结物世代性明显，D0745-3-1 号样品中可以观察到胶结物具有明显的时代性：第一世代是海滩岩形成初期包裹在颗粒表层的泥晶被，显微镜下表现为一条覆盖着生物碎屑表层、颜色较深、“较脏”的细线；第二世代为柱状（纤维状）文石环边，如果再往细划分，还可将柱状（纤维状）文石环边划分为 3 期，越往后期柱状（纤维状）文石环边的厚度越大，说明越到后期环境越稳定，越有利于柱状（纤维状）文石环边的发育（图 8-16b~d）。另外，在灰泥胶结物中可见大量溶蚀孔隙，孔隙壁上沉淀出微亮晶方解石，体现了胶结物具有明显的先后期次。D0909-3-1 样品中，早期为泥微晶的高镁方解石，后期受淡水与上覆压力的改造，结晶形成晶形更大的粒状方解石胶结物。泥晶和微晶方解石的世代性反映了孔隙水浓度降低、沉积环境发生改变，这与季节性降雨对孔隙水的补充使孔隙水溶液浓度降低有关。

四、成岩作用类型

岩石的风化剥蚀产物经过搬运、沉积形成松散的沉积物，这些松散沉积物必须经过一定的物理、化学以及其他的变化和改造，才能形成固结的岩石。这种由松散沉积物变为坚固岩石的作用叫作成岩作用。通过对海滩岩的野外观测和室内实验分析发现，研究区海滩岩的成岩作用主要包括以下 5 种。

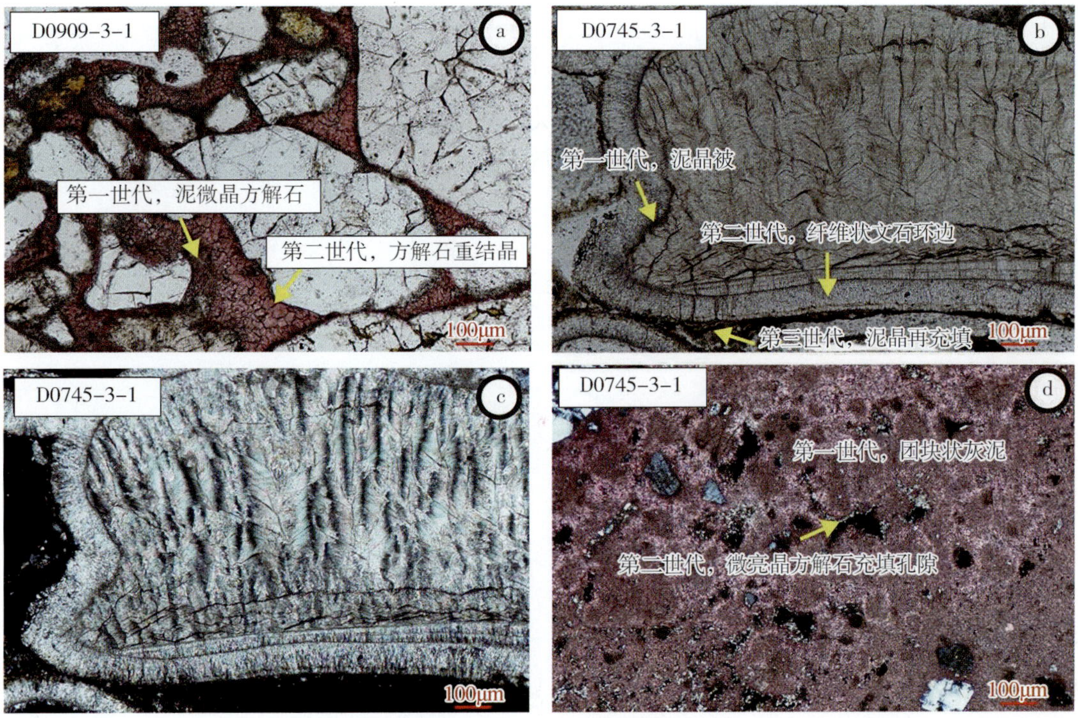

图 8-16 研究区海滩岩胶结物世代关系

a—方解石胶结物世代关系显微特征，正交偏光，×100；b—方解石胶结物世代关系显微特征，薄片经茜素红染色剂染色，正交偏光，×100；c—方解石胶结物世代关系显微特征，薄片经茜素红染色剂染色，单偏光，×100；d—方解石胶结物世代关系显微特征，单偏光，×100

1. 压实作用

压实作用是松散沉积物在上覆水体和沉积物负荷压力作用下发生总体积缩小和孔隙度降低的一种成岩作用方式，根据镜下观察，研究区海滩岩压实作用主要的表现形式为碎屑颗粒之间的孔隙减少、刚性碎屑石英发生破裂；生物碎屑与石英颗粒的定向排列；碎屑颗粒接触方式以点接触为主，支撑方式为杂基支撑，同时也多呈现出基底式和孔隙式的胶结类型（图 8-17）。

2. 胶结作用

胶结作用是一种孔隙水的物理化学的沉淀作用，作用的结果是方解石在粒间孔隙中沉淀生长。这类晶体就是胶结物，它能把石英长石颗粒和岩屑等黏结起来使之固结成岩。由于海滩岩是在海水中胶结而成，因此其初始胶结物通常为柱状（纤维状）文石或团块状高镁方解石，而低镁方解石胶结的海滩岩较为少见。而埋藏海滩岩脱离海水环境并受大气淡水或地下水影响而发生新生变形（Neomorphism），会使胶结物由最初的高镁方解石或柱状（纤维状）文石转变为低镁方解石，同时伴随着原有的胶结形态、晶体结构以及胶结物化学成分的改变（图 8-14，图 8-15，图 8-16）。随着气温的升高和孔隙水的充盈，重结晶出粗大的方解石晶体，形成充填粒间孔隙的微亮晶方解石。随着孔隙水的增加和溶解组分的减少，孔隙溶液浓度降低，随即出现高镁泥晶方解石和低镁亮晶方解石世代性现象。

3. 溶蚀作用

海滩岩暴露于大气淡水环境下，通过含不饱和 $CaCO_3$ 孔隙水的溶蚀作用，柱状（纤维状）文石质和高镁方解石质的生物骨屑发生溶蚀。这种溶蚀作用具选择性，因为海滩岩内的不稳定组分，如柱状（纤维状）文石质或高镁方解石质的生物骨骼比方解石易溶蚀（图 8-18a）。另外，海滩岩中存在大量胶结物被溶解的现象，表现为团块状高镁方解石在溶解作用下中存在较多的溶蚀孔隙，孔隙多呈港湾状或不规则状，这些孔隙边缘又被后来形成的亮晶方解石充填（图 8-18b）。

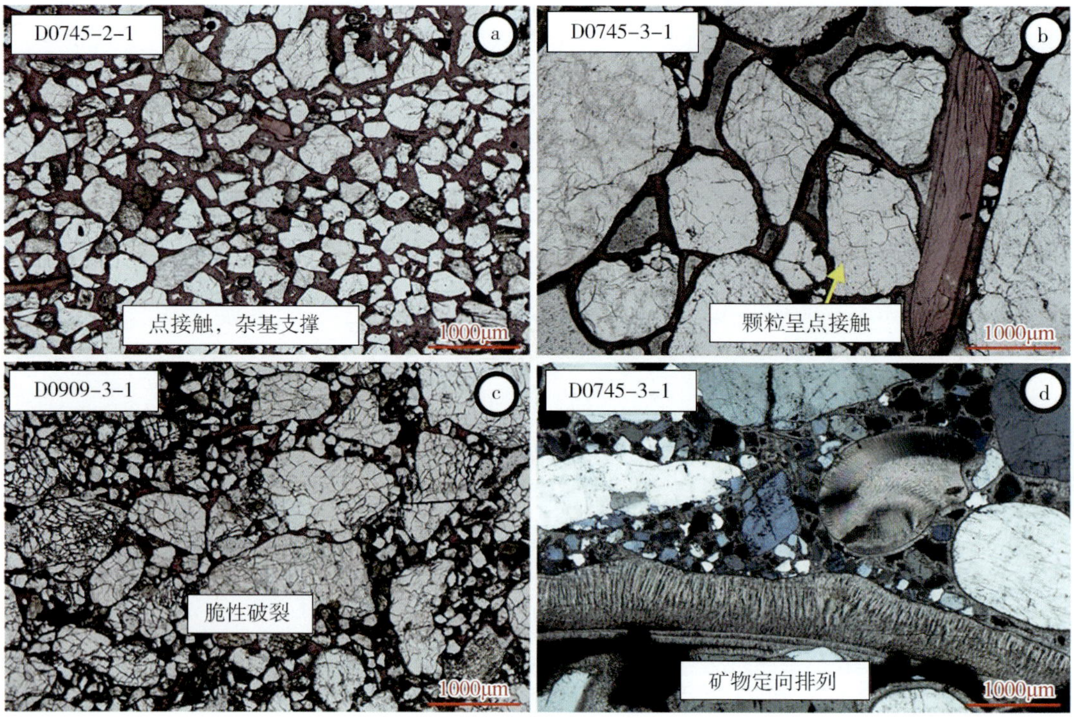

图 8-17　研究区海滩岩压实作用特征

a—碎屑颗粒以点接触为主，支撑方式为杂基支撑，薄片经茜素红染色剂染色，单偏光，×25；b—碎屑颗粒点接触特写，薄片经茜素红染色剂染色，单偏光，×25；c—碎屑颗粒受上覆压力作用脆性破裂，薄片经茜素红染色剂染色，单偏光，×25；d—碎屑颗粒受上覆压力作用产生定向排列，正交偏光，×25

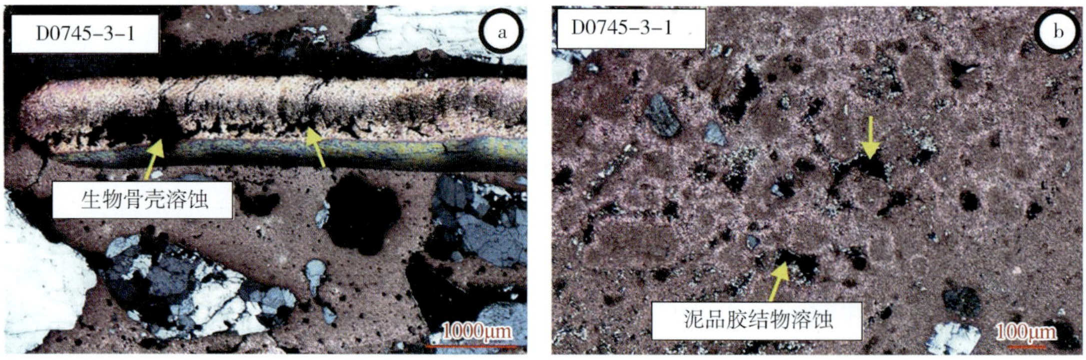

图 8-18　研究区海滩岩溶蚀作用特征

a—生物骨屑内部被溶蚀，薄片经茜素红染色剂染色，正交偏光，×25；b—高镁方解石胶结物呈港湾状溶蚀，薄片经茜素红染色剂染色，正交偏光，×100

4. 交代作用

交代就是一种矿物直接置换另一种矿物的同时保持了被置换矿物的大小和形态的化学过程。交代作用包括原来矿物的溶解和同时发生新矿物的沉淀，这两种作用基本上是同时发生的。方解石交代石英颗粒的现象在研究区海滩岩中并非普遍，仅在个别薄片中有见到。具体表现为石英颗粒被溶解之后，溶蚀空间被沉淀的方解石占据，由于溶解作用为选择性溶解，形成方解石从边缘向颗粒中心呈条带状交代石英颗粒现象（图 8-19a），反映了成岩水介质条件为碱性的特征。

石英被方解石交代很可能是由于孔隙溶液的条件变化所造成的，石英的溶解度随着温度和 pH 的增大而增大，而温度与 pH 的升高并不利于方解石的溶解。通常所见方解石交代石英是由于孔隙

溶液中 CO_2 含量的降低和温度的升高，或者由于两者共同影响所造成的。根据塞维尔（Siever，1957）的计算，SiO_2 和 $CaCO_3$ 的平衡条件是 pH 为 9.8 和温度为 25℃，当 pH 超过 9.8 后，即发生氧化硅的溶解和方解石的沉淀，因此在岩石中出现方解石交代石英和石英颗粒被溶蚀的现象。

个别薄片中还可见方解石交代钾长石的现象，方解石呈不规则状交代长石的边缘（图 8-19b）。关于方解石交代长石的机理目前尚不清楚，也许由于长石溶解度随温度增高而增加，而碳酸盐的溶解度则降低，也可能是富含 Ca^{2+} 和 CO_3^{2-} 的溶液有溶解长石晶格的能力。

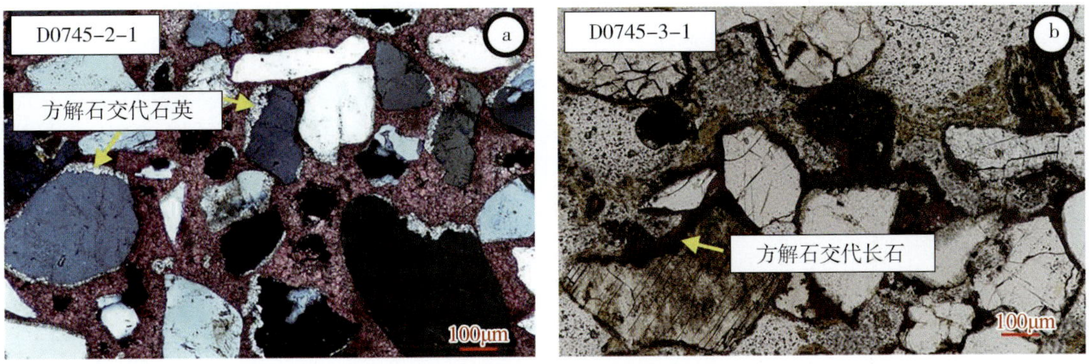

图 8-19　研究区海滩岩交代作用特征

a—方解石交代石英颗粒，薄片经茜素红染色剂染色，正交偏光，×100；b—方解石交代长石颗粒，薄片经茜素红染色剂染色，单偏光，×100

5. 重结晶作用

重结晶是使晶体的大小发生变化的过程，主要是增大。研究区海滩岩的重结晶作用主要表现为泥晶方解石重结晶形成微亮晶方解石（图 8-20），靠近颗粒边缘的方解石胶结物粒度较细，向孔隙中间粒度逐渐变粗，反映成岩环境温度升高、孔隙水的活动性增强。

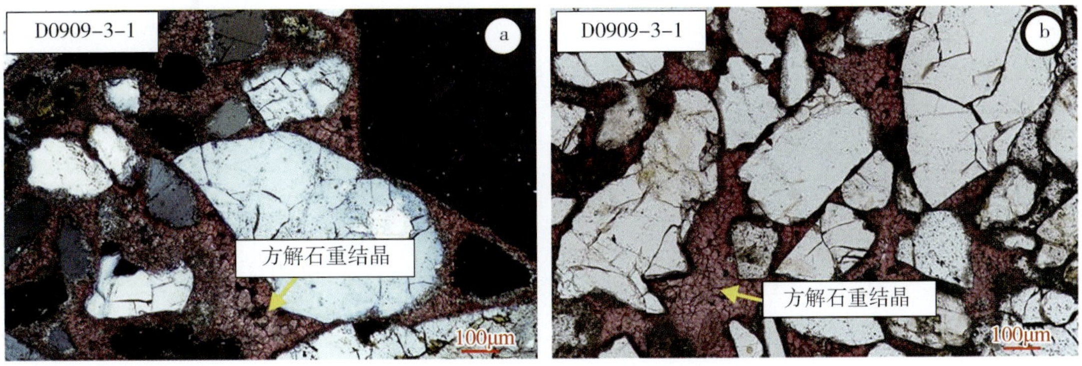

图 8-20　研究区海滩岩胶结物重结晶特征

a—方解石重结晶，靠近颗粒边缘的方解石胶结物粒度较细，向孔隙中间粒度逐渐变粗，薄片经茜素红染色剂染色，单偏光，×100；b—方解石重结晶，靠近颗粒边缘的方解石胶结物粒度较细，向孔隙中间粒度逐渐变粗，薄片经茜素红染色剂染色，正交偏光，×100

五、地球化学特征

（一）样品的制作及测试方法

样品主要采集自海南省东方市沿海的海滩岩，共取海滩岩样品 7 件，对所有样品进行了详细的薄片观察和分析，确定样品的基本结构和矿物组成。在此基础上选择典型样品，样品选择的主要依据是不同类型的胶结物，包括胶结物结晶形态、胶结物成分以及胶结物类型；将样品制作成电子探针片，喷碳之前在偏光显微镜下圈定测点位置，对选定区域进行 LA-ICP-MS 分析，然后对其进行抛光、喷碳，在电子探针仪上根据背散射图像显示的激光测点位置，选择点位准确的激光测点，获取样品微区 REE 组成数据。采用 LA-ICP-MS 对胶结物进行微区 REE 分析，能够降低或避免陆源碎屑物质对稀土元素的影响，能更好地反映沉积物的地球化学特征。

前人多利用全岩分析的手段来测定海滩岩的元素含量，但由于海滩岩中往往含有不等量的黏土矿物与生物碎屑，前者的 REE 含量比碳酸盐胶结物高出若干数量级，很少的杂质矿物混入就会引起海滩岩 REE 配分曲线发生很大的变化，因而极大地限制了 REE 在海滩岩研究过程中的应用（Banner et al.，1988）。要消除杂质矿物的影响，就需要一种高精度的原位微区分析技术，在微米级尺度上对碳酸盐胶结物进行原位测试，得到不同类型碳酸盐胶结物及不同环境 REE 含量以及配分特征的变化，才能够精确地讨论海滩岩胶结物成因特点及其演化情况（王小林等，2009）。因此，本书选用激光剥蚀电感耦合等离子体质谱（LA-ICP-MS）这一分析手段，以海南岛西南部沿海地区全新世海滩岩为对象，对不同类型胶结物进行微区 REE 以及 C、O 同位素测试分析。

LA-ICP-MS 分析是在北京大学造山带与地壳演化教育部重点实验室完成的，激光剥蚀是一种将固体样品裂解为蒸气和微小颗粒的物理过程，实验中采用 He 作为剥蚀物质的载气。采样方式为单点剥蚀，数据采集选用一个质量峰一点的跳峰方式。ICP 离子源：27.12MHz，2.0kW；光斑直径：60μm。胶结物的 C、O 同位素分析是在中国科学院南海海洋研究所边缘海地质重点实验室完成的。C、O 同位素用 GVISOPRIME Ⅱ型稳定同位素质谱（IRMS）分析，结果采用 δ（‰）表示，相对标准为 PDB，精度分别优于 5‰和 8‰，标准偏差均优于 0.1%（2σ）。

（二）结果

1. 稀土元素含量特征

海滩岩根据空间地理位置的分布，可以分为潮间带海滩岩和内陆埋藏海滩岩。莺歌海海滩岩与八所海滩岩为潮间带海滩岩，而高排村海滩岩已经脱离现代海水环境，埋藏于高约 8m 的沙丘底部，离现代海岸线约 800m，属于埋藏型海滩岩。同时，通过显微观察发现，由于所处环境的不同，海滩岩胶结物类型、胶结物形成环境也存在差异，从而可能造成地球化学成分的分异，故将分析结果分别进行论述。

莺歌海海滩岩钙质软泥胶结物稀土元素总量（ΣREE）值为 16.66×10^{-6}~106.36×10^{-6}，平均值为 58.25×10^{-6}；LREE（Light Rare Earth Element，轻稀土元素）值为 14.11×10^{-6}~101.35×10^{-6}，平均值为 53.07×10^{-6}；HREE（Heavy Rare Earth Element，重稀土元素）值介于 2.55×10^{-6}~8.10×10^{-6} 之间，均值为 5.20×10^{-6}；轻、重稀土元素之比 LREE/HREE 的值介于 5.53~20.20 之间，均值为 9.96。

莺歌海海滩岩微晶方解石 ΣREE 值为 0.25×10^{-6}~0.54×10^{-6}，平均值为 0.42×10^{-6}；LREE 值为 0.15×10^{-6}~0.45×10^{-6}，平均值为 0.31×10^{-6}；重稀土元素 HREE 值介于 0.09×10^{-6}~0.14×10^{-6} 之间，均值为 0.11×10^{-6}；轻、重稀土元素之比 LREE/HREE 的值介于 1.58~5.29 之间，均值为 2.99。

莺歌海海滩岩柱状（纤维状）文石 ΣREE 值为 0.15×10^{-6}~0.21×10^{-6}，平均值为 0.19×10^{-6}；LREE 值为 0.07×10^{-6}~0.12×10^{-6}，平均值为 0.1×10^{-6}；重稀土元素 HREE 值介于 0.08×10^{-6}~0.1×10^{-6} 之间，均值为 0.08×10^{-6}；轻、重稀土元素之比 LREE/HREE 的值介于 0.86~1.58 之间，均值为 1.17。

高排村海滩岩重结晶方解石 ΣREE 值为 0.14×10^{-6}~0.19×10^{-6}，平均值为 0.16×10^{-6}；LREE 值为 0.06×10^{-6}~0.1×10^{-6}，平均值为 0.08×10^{-6}；重稀土元素 HREE 值介于 0.07×10^{-6}~0.1×10^{-6} 之

间，均值为 0.08×10^{-6}；轻、重稀土元素之比 LREE/HREE 的值介于 0.6~1.2 之间，均值为 0.94。

八所海滩岩微晶方解石 ΣREE 值为 $0.63\times10^{-6}\sim1.56\times10^{-6}$，平均值为 1.16×10^{-6}；LREE 值为 $0.4\times10^{-6}\sim0.96\times10^{-6}$，平均值为 0.74×10^{-6}；重稀土元素 HREE 值介于 $0.22\times10^{-6}\sim0.62\times10^{-6}$ 之间，均值为 0.42×10^{-6}；轻、重稀土元素之比 LREE/HREE 的值介于 1.07~3.72 之间，均值为 2.04。

总的来看，海滩岩胶结物所含的稀土元素总量较低，这与碳酸盐岩中 ΣREE 偏低，多小于 100×10^{-6}，甚至只有 $0.1\times10^{-6}\sim1\times10^{-6}$ 相吻合（王中刚等，1989），表明研究区海滩岩胶结物的形成受陆源物质的影响比较微弱，能较好地反映古海水的地球化学特征（田正隆等，2005）。

2. C、O 同位素特征

碳酸盐岩氧同位素受沉积期后大气降水和其他热水流体的影响而会明显降低，Derry 等（1992）认为 $\delta^{18}O>-10‰$ 的数据才能使用，Kaufman 等（1993）认为 $\delta^{18}O<-5‰$ 时表示已受蚀变作用影响，当 $\delta^{18}O<-10‰$ 时岩石已发生了强烈的蚀变，并且把 $\delta^{18}O>-11‰$ 作为界限值，本书中 $\delta^{18}O$ 值（表 8-4）范围为-7.135‰~-1.276‰，平均为-3.13‰。从散点图（图 8-21）可以看出，$\delta^{13}C$ 和 $\delta^{18}O$ 值分布离散，并且样品 $\delta^{18}O$ 值均大于-10‰。

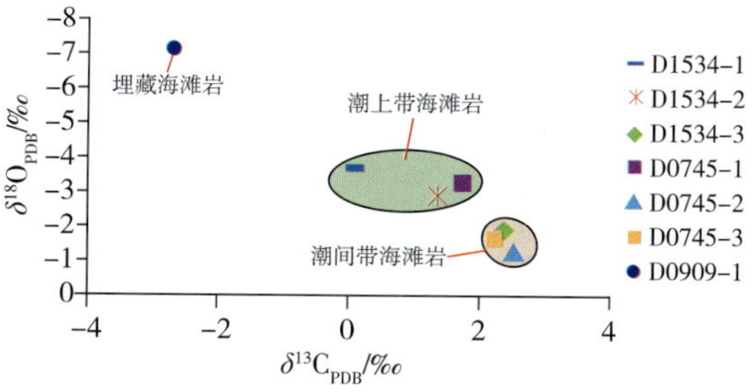

图 8-21　海滩岩胶结物碳、氧同位素散点图

潮上带海滩岩泥微晶方解石（D1534-1、D0745-1、D1534-2）的 $\delta^{13}C$ 值介于 0.119~1.757（PDB 标准）之间。只有在风暴潮或是高潮来临时，海滩岩胶结物才会受到海水影响，平时受淡水淋滤作用以及蒸发作用居多，因此 $\delta^{13}C$ 变化较大，这与海滩岩所处的位置与环境有关。蒸发作用、淋滤作用以及海水作用的共同叠加，反映了海陆交互环境复杂多变的特点。

表 8-4　海滩岩胶结物碳、氧同位素与 Z 值、温度的关系

样品编号	样品名称	$\delta^{13}C$/‰	$\delta^{18}O$/‰	Z 值	t/℃	环境
D1534-1	八所镇海滩岩	0.119	-3.714	125.69	31.79	潮上带
D1534-2	八所镇海滩岩	1.353	-2.925	128.61	28.86	潮上带
D1534-3	八所镇海滩岩	2.389	-1.913	131.24	24.91	潮间带
D0745-1	莺歌海海滩岩	1.757	-3.298	129.26	30.26	潮上带
D0745-2	莺歌海海滩岩	2.533	-1.276	131.85	22.33	潮间带
D0745-3	莺歌海海滩岩	2.235	-1.634	131.06	23.79	潮间带
D0909-1	高排村海滩岩	-2.683	-7.135	118.25	43.06	沙丘底部

注：$Z=2.048\times(\delta^{13}C+50)+0.498\times(\delta^{18}O+50)$；$t(℃)=16.9-4.38\times(\delta^{18}O_{方解石}-\delta^{18}O_{海水})+0.1\times(\delta^{18}O_{方解石}-\delta^{18}O_{海水})^2$；$\delta^{13}C$、$\delta^{18}O$ 分析在中国科学院南海海洋研究所边缘海地质重点实验室完成。

相比于潮上带海滩岩胶结物的 $\delta^{13}C$ 值，潮间带海滩岩（D1534-3、D0745-2、D0745-3）柱状（纤维状）文石与微晶高镁方解石的 $\delta^{13}C$ 值在图上更为偏右，$\delta^{13}C$ 值也更为集中，居于 2.235~2.533（PDB）之间，这与海滩岩胶结物受到潮水循环往复地作用这一特点吻合。

晶形干净明亮的亮晶低镁方解石（D0909-1）具有所有胶结物里面最低的 $\delta^{13}C$ 值和 $\delta^{18}O$ 值，$\delta^{13}C$ 值为-2.683PDB，$\delta^{18}O$ 值为-7.135PDB。在大气淡水渗滤环境中，早期沉淀的文石或微晶高镁方解石胶结物，经过重结晶作用（新生变形作用）逐渐转变为低镁方解石。并伴随有大量粒状亮晶方解胶结物沉淀。不仅改变了原始胶结物的成分，也改变了胶结物的 C、O 同位素特征。

（三）讨论

Shields 等（2001）研究认为，成岩作用会改变沉积物原始的地球化学特征，从而导致 δCe 值和 δEu 值具有较好的相关性；δCe 值和 ΣREE 具有正相关性而与 $(Dy/Sm)_p$ 具有负相关性。

研究区海滩岩胶结物的 δCe 值和 ΣREE、δCe 值和 $(Dy/Sm)_p$ 的关系如图 8-22 所示。由图可知，R^2 判定系数的值分别为 0.1196 和 0.0937，自变量与因变量存在较差的线性相关关系，表明成岩作用对研究区碳酸盐胶结物稀土元素的影响有限。成岩作用对海滩岩胶结物影响不明显，因此，稀土元素的组成参数可代表当时的古水化学条件。

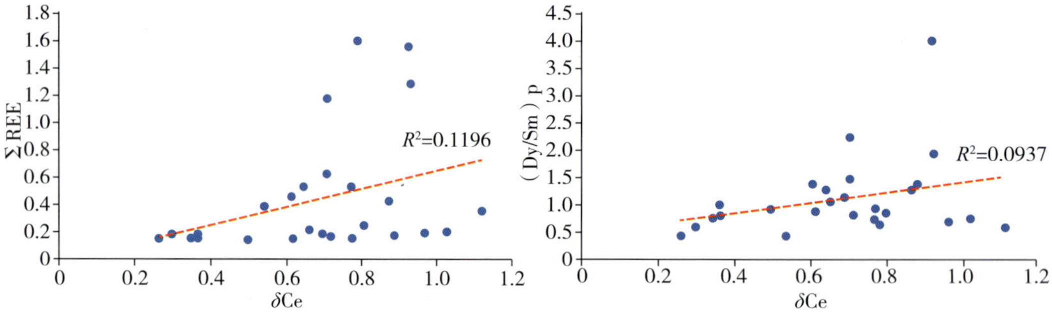

图 8-22　海滩岩胶结物 δCe-ΣREE 和 δCe-$(Dy/Sm)_p$ 相关关系图解

1. 胶结物 ΣREE 和 LREE/HREE 值特征

对比不同类型胶结物的 LREE/HREE 值后发现，除了莺歌海海滩岩钙质软泥胶结物 LREE/HREE 值较高外，其他胶结物的 LREE/HREE 值均低于澳大利亚后太古宙页岩的值（7.15），反映轻稀土元素分异、重稀土元素相对富集的特点。其中高排村海滩岩亮晶胶结物 ΣREE 值以及 LREE/HREE 值在几种不同类型胶结物中是最低的，但与文石、微晶高镁方解石等胶结物相比，其差值并不明显，说明陆地渗流环境对胶结物的 REE 影响有限。而造成莺歌海海滩岩钙质软泥胶结物 LREE/HREE 值较高的原因，可能是深色的钙质软泥成分除了碳酸钙以外，还掺杂了大量的黏土矿物。刘羿等（2009）对珊瑚 REE 的研究结果表明，香港珊瑚的稀土含量与珠江水体的含砂量呈显著的正相关性。八所海滩岩微晶方解石具有不同于其他胶结物、也不同于海水的 REE 配分模式，通过借鉴前人研究珊瑚骨骼 REE 得到的启示，联系到八所镇附近存在几条大型河流，推测在海滩岩形成初期，海水 REE 可能受到周围河水以及陆源碎屑 REE 的影响，以至于后来形成的胶结物继承了受“污染”的海陆混合水的 REE 特征。因此，莺歌海海滩岩钙质软泥胶结物 LREE/HREE 值不能完全反映此类型胶结物轻、重稀土元素的分馏程度。

2. 稀土元素配分模式及 Ce 异常

在稀土元素地球化学研究中，为了直观表示稀土元素含量和分馏特征，常采用样品稀土含量与页岩或球粒陨石标准样品中稀土含量的比值，通过数值法和图解法来反映稀土元素的富集和亏损（韩吟文等，2003）。对沉积物稀土元素配分模式的研究可通过两个途径：以球粒陨石为标准进行标准化能够反映样品相对地球原始物质的分异程度；以澳大利亚后太古宙页岩（Ali Pourmand，2012）为标准化可了解沉积过程中的混合均化和分异程度（陈亮等，2009），而数据处理过程则称为稀土元素 REE 的标准化或归一化。

$(La/Yb)_p$ 指 La 和 Yb 经澳大利亚后太古宙页岩（Ali Pourmand，2012）标准化的比值，反映 REE 分异程度，比值越大，LREE 越富集。同时该比值还反映了稀土元素球粒陨石标准化图解中分布曲线的倾斜程度，当该值大于 1 时，曲线右倾，表明 LREE 富集；当该值约等于 1 时，曲线近水平；当该值小于 1 时，曲线左倾，表明 LREE 亏损。

本书采用澳大利亚后太古宙页岩（Ali Pourmand，2012）标准值对样品稀土元素进行标准化处理，配分模式见图 8-23。

莺歌海海滩岩钙质软泥胶结物在澳大利亚后太古宙页岩标准化后的配分图解（图 8-23a）中，其配分特征与其他类型胶结物的配分特征具有明显的差别，原因是泥晶方解石中掺杂了较多的黏土矿物，对原始泥晶胶结物造成“污染”，无法准确反映海水 REE 的特征。

莺歌海微晶方解石配分曲线（图 8-23b）总体表现出轻稀土元素亏损、重稀土元素略富集的左倾特征，轻稀土元素段较陡，重稀土元素段较平缓，说明轻稀土元素分馏程度高、重稀土元素较为稳定。微晶方解石 $(La/Yb)_p$ 值为 0.17~0.61，平均值为 0.32，反映重稀土元素富集；δCe 值为 0.54~1.12，平均值为 0.77，显示为 Ce 负异常。

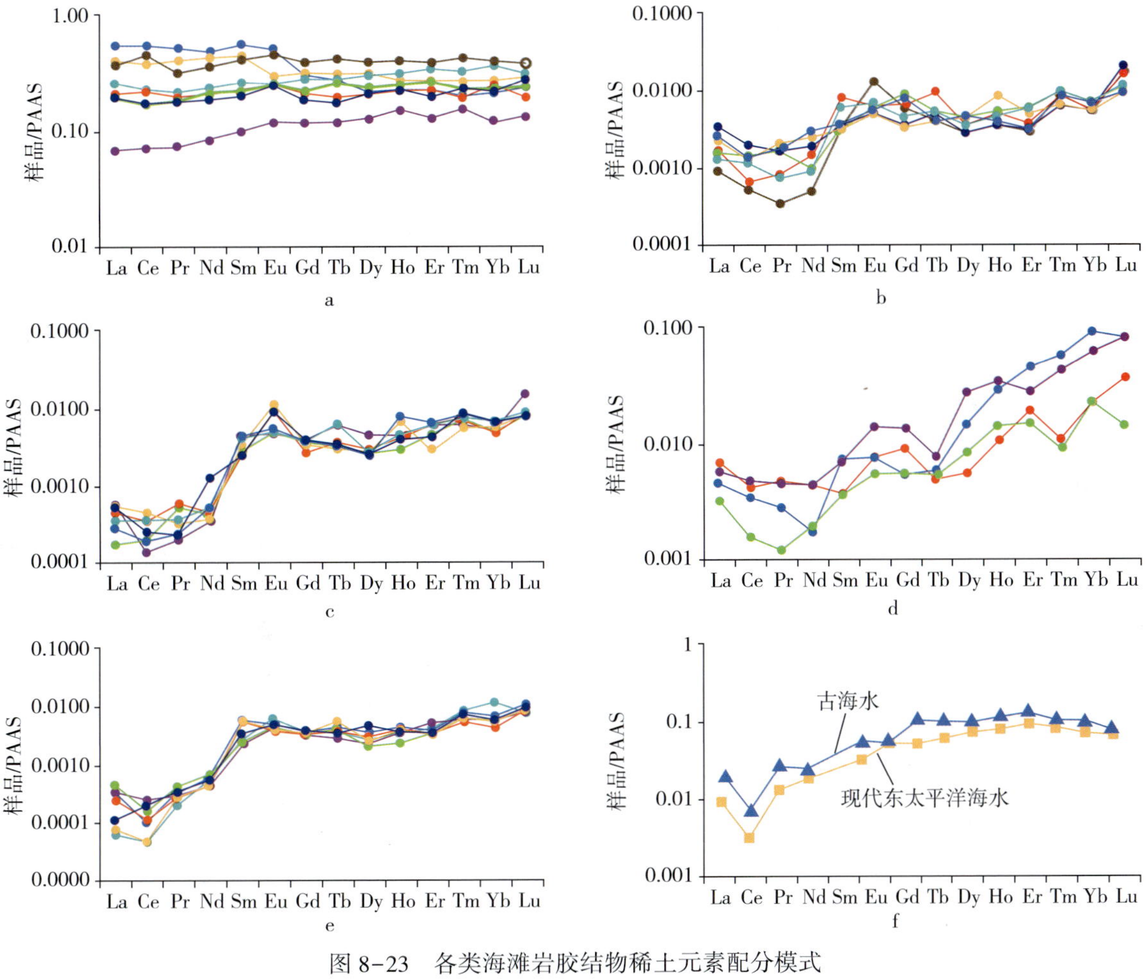

图 8-23　各类海滩岩胶结物稀土元素配分模式

a—莺歌海钙质软泥胶结物；b—莺歌海微晶方解石胶结物；c—莺歌海（柱状）纤维状文石；d—八所镇微晶方解石；e—高排村亮晶方解石；f—古海水和现代东太平洋海水

莺歌海柱状（纤维状）文石经澳大利亚后太古宙页岩标准化配分曲线（图 8-23c）表现出左倾特征，其配分特征与现代东太平洋海水和古海水的配分特征成比例对应。$(La/Yb)_p$ 值为 0.04~0.1，平均值为 0.07，反映重稀土元素富集；δCe 值为 0.36~1.02，平均值为 0.72，同样显示为 Ce

负异常。

八所镇微晶方解石配分曲线（图 8-23d）表现出轻稀土元素亏损、重稀土元素富集的左倾特征，δCe 值为 0.26~0.89，平均值为 0.49。与其他胶结物的配分曲线相比，此类型胶结物的配分曲线较为分散，并且重稀土元素段曲线较陡，与海水的配分特征相差较大。

高排村亮晶方解石（图 8-23e）具有与莺歌海海滩岩柱状（纤维状）文石相似的配分特征。$(La/Yb)_p$ 值为 0.01~0.08，平均值为 0.04，表现为轻稀土元素亏损、重稀土元素略富集的左倾特征，并且重结晶方解石所有样品稀土元素分布模式非常相似，各个元素的值也较为集中。δCe 值为 0.26~0.89，平均值为 0.49，显示为 Ce 负异常。高排村海滩岩重结晶方解石 $(La/Yb)_p$ 值与 δCe 异常值是全部海滩岩胶结物里面最低的，联系到高排村海滩岩重结晶方解石是大气淡水作用下的产物，说明在大气淡水作用的氧化环境下，能造成轻、重稀土元素的分馏，但其分馏程度不明显。值得注意的是，高排村海滩岩虽然受到后期淋滤作用的影响，REE 的总量有变化，但是 REE 的配分模式却没有受到影响，最后的配分曲线与现代东太平洋海水和古海水的配分曲线较为相似。

Webb 等（2009）对来自佛罗里达温德利礁岩的更新世基拉哥地层的石珊瑚骨骼进行了岩相学和地球化学分析，进而研究了大气淡水成岩过程中的 REE 的行为。大气淡水成岩中 REE 的保守行为表明，许多古老的灰岩也可能会保存在成岩过程中稳定的海水 REE 的特性，因而可以为地质历史时期的海洋化学性质提供有价值的指示（姜伟等，2016）。Nothdurft 等（2004）的研究结果也支持上述结论，如果不被陆源污染，也不发生高含量或者与海水 REE 含量相异的流体成岩蚀变，大多数灰岩可以记录其沉淀区域 REE 地球化学相关的重要信息。对比前人对珊瑚 REE 的研究成果，笔者认为海滩岩碳酸盐胶结物具有与珊瑚一致的反映古海水地球化学特征的意义，可以作为记录古海洋地球化学特征的良好载体。

杨守业等（1999）认为 Ce 是海洋环境中唯一具有氧化还原反应转变的稀土元素。因此，鉴于 ΣREE、δEu 和 $(La/Yb)_p$ 的不确定性，本书只利用 Ce 来判别当时沉积环境的氧化还原性。

在稀土元素中，Ce 具有最不稳定的 4f 亚层结构，Ce^{3+} 给出一个 4f 亚层电子而成为 Ce^{4+}，并转化为惰性气体氙的结构。特别地，在海水的 E_h 和 pH 范围内，Ce^{3+} 更容易转变为 Ce^{4+} 而水解，故海水中明显贫 Ce。Ce 负异常被成功地用来判别古海洋氧化还原条件的变化：δCe 值小于 1，表示 Ce 亏损，指示氧化条件；δCe 值大于 1，表示 Ce 富集，指示还原条件（Piper，1974；Elderfild and Greaves，1982；Liu，1988；German and Elderfield，1990；Holser，1997）。除去受到陆源碎屑污染的钙质软泥不予讨论外，东方八所地区海滩岩胶结物 δCe 平均值全部小于 1，指示氧化环境，与目前绝大部分学者认为海滩岩形成于潮间带的观点吻合。

六、古环境分析

古气候恢复方法有很多，主要包括孢粉植被法、自然伽马曲线法、元素比值法、碳氧同位素法、地磁磁化率法、沉积物岩性颜色法等。本书从地球化学角度出发，采用稀土元素和碳氧同位素特征分析，结合 AMS ^{14}C 测年分析手段，对东方地区第四纪碳酸盐岩古气候进行研究。

沉积岩中的某些常量元素、微量元素已被广泛用于古气候、古沉积环境的恢复，并取得了良好的效果。这是因为岩石中所含元素的特征，一方面受控于其本身的物理化学性质，另一方面又受到古气候和古环境的影响，而且一旦形成以后，后期成岩作用对其影响一般不明显（徐兆辉等，2010）。前面通过对胶结物的 δCe 值分析，得出东方八所地区海滩岩胶结物 δCe 平均值全部小于 1，指示氧化环境。

（一）碳、氧同位素反映的古气候特征

碳酸盐岩 C、O 同位素分析是古气候、古海洋环境研究的一种常用手段，研究表明，古代海相

碳酸盐岩的稳定同位素组成能近似地反映古海洋稳定同位素组成（Emrich and Fnhalt，1970）。因此，研究碳酸盐岩稳定同位素的组成，对于恢复海水的古温度、古盐度，了解海平面升降情况和古气候变化等全球事件具有十分重要的意义（Christoph et al.，2010；严兆彬等，2005）。

碳酸盐岩氧同位素值是古海水盐度和温度的一个重要指标，它一定程度上反映大陆冰川的增加或消融。冰期多伴随海平面下降、盐度升高，轻氧同位素被圈闭在冰盖中，造成海水中 $\delta^{18}O$ 增大；间冰期大规模的冰川消融使得轻氧同位素从冰盖中释放出来，海平面上升，盐度降低，使得海水中的 $\delta^{18}O$ 值降低。但是成岩作用和年代效应对 $\delta^{18}O$ 的影响较大（Keith and Weber，1964；Mackenzie，1975），随着年代的不断变老，岩石经受的成岩作用越来越强，其 $\delta^{18}O$ 值则越来越低，$\delta^{18}O$ 会出现绝对值越来越高的负值，这是灰岩在成岩作用过程中与同位素偏低的地表水或地下水发生同位素平衡的结果。通过对碳酸盐岩中氧同位素的校正，计算得出的温度可以近似地反映当时海水的古温度。

1. 古盐度

张秀莲（1985）通过对比古生代淡水灰岩、古生代海相灰岩以及咸水云化云质灰岩的 C、O 同位素值发现，3 种样品 $\delta^{18}O$ 值较为接近，受成岩作用改造分异严重，不具备指示古海水盐度的意义。相反，$\delta^{13}C$ 值在不同灰岩中显示了明显的差值，说明成岩作用对 C 同位素的置换较弱，故还大致保持了因岩石原始沉积环境不同（ 海相、淡水相 ）而造成的 $\delta^{13}C$ 值的差别。再者，研究区海滩岩形成于第四纪，且成岩作用程度不大，因此，通过海滩岩 $\delta^{13}C$ 值计算得出的古盐度值是可靠的。

Keith 和 Weber（1964）为区分侏罗纪及时代更新的海相灰岩和淡水灰岩，提出一个古盐度的计算公式：$Z=2.048\times(\delta^{13}C+50)+0.498\times(\delta^{18}O+50)$，式中，$\delta^{13}C$ 和 $\delta^{18}O$ 均用 PDB 作标准。当 Z 值大于 120 时为海相灰岩，当 Z 值小于 120 时为淡水灰岩。本地区海滩岩样品 Z 值（表 8-4）显示，除高排村埋藏海滩岩样品 Z 值为 118（低于 120）外，其余样品 Z 值均大于 120，且集中在 130 左右，显示为海相灰岩，高排村埋藏海滩岩样品 Z 值低于 120，与其受到明显大气淡水作用影响的特征吻合。

2. 古海水温度

张秀莲（1985）认为用氧同位素方法查明古水温的意义是非常大的，但是由于某些因素的阻碍，此种方法还不能大量应用，这些因素是：①海相灰岩的 $\delta^{18}O$ 值随地质时代不同而有较大的变化，时代越老，$\delta^{18}O$ 值越低，这种由于重结晶、白云石化等成岩作用而造成的原始沉积物中 $\delta^{18}O$ 值的变化，使利用 $\delta^{18}O$ 值测定古水温这一方法受到了局限，岩石时代越老，受成岩作用时间越长，氧同位素的交换作用亦越强烈，$\delta^{18}O$ 值就越小，计算出来的温度多不能代表原始沉积水体的温度。因此，根据中生代以前的样品 $\delta^{18}O$ 值计算出的古温度只有参考意义，在多数情况下，这一温度与成岩温度有关。②很多动植物，在与周围水体环境未达到平衡的情况下，也可以分泌沉淀出方解石，用这种方解石的 $\delta^{18}O$ 值计算当时的古水温显然是不行的，而要查明古相岩石在沉积时是否与周围水体平衡是不可能的。③古大洋水的 $\delta^{18}O$ 值尚不清楚，现在假定古大洋水的 $\delta^{18}O$ 值与现在大洋水的 $\delta^{18}O$ 值相同，也可能是错误的。④水中 $\delta^{18}O$ 值在很大程度上也取决于水体的盐度，淡化作用可以大幅度地降低 $\delta^{18}O$ 值，所以上述古盐度计算只限于正常盐度下形成的样品。

海滩岩形成于第四纪，距现今不过 5000a，第四纪海水的 $\delta^{18}O$ 值与现在大洋水的 $\delta^{18}O$ 值应该差别不大。并且海滩岩成岩过程迅速，成岩作用程度不深，位于潮间带的海滩岩受大气淡水作用较小。基于以上优势，可将海滩岩胶结物视作记录第四纪海水地球化学特征的良好载体。

Shachleton 等（1975）在前人的基础上提出了古温度计算公式：$t\,(℃)=16.9-4.38\times(\delta^{18}O_{方解石}-\delta^{18}O_{海水})+0.1\times(\delta^{18}O_{方解石}-\delta^{18}O_{海水})^2$，其中 t 为方解石形成时的古海水温度，$\delta^{18}O_{方解石}$ 为测定方解石的 $\delta^{18}O$ 值（PDB 标准），$\delta^{18}O_{海水}$ 为当时海水的 $\delta^{18}O$ 值（PDB 标准），第四纪古大洋水 $\delta^{18}O$ 仍为未知数，只能暂时假定与现代大洋水 $\delta^{18}O$ 值相同，即取 $\delta^{18}O_{海水}=0‰$（SMOW 标准）。将表中数据代入公式计算得出海南东方地区第四纪海水温度为 22.3~31.8℃，平均为 27℃。高排

村海滩岩的氧同位素受到大气淡水作用的影响，$\delta^{18}O$ 值偏低，原始海水化学信息受到干扰，不能反映古水温特征。

（二）海岸线变迁

海滩岩是在海岸带形成的特殊沉积岩，它的位置变化反映了海岸线的变迁。对上述 3 个地点全新世海滩岩的现今出露位置进行了地貌学分析，认为可分为两种类型。

1. 淤进型

凡是海滩岩已远离现今海岸线、出露在内陆的，均表明海岸线已向海方淤进，称为淤进型。东方地区的淤进型还可细分为沙堤堆积型。高排村海滩岩被高约 8m 的沙堤覆盖，所处高程为 0m 左右，与莺歌海和八所潮间带海滩岩所处高程相似，且出露地点距现今海岸线约 800m。通过对高排村海滩岩上部沙堤砂以及莺歌海海滩岩旁边的沙堤砂进行光释光测年分析，结果表明两地的沙堤均形成于距今 1800a 左右（图 8-1）。说明在 1800a 前，高排村海滩岩与莺歌海海滩岩均位于海滩边，此后在风砂作用下，高排村海滩岩被堆积形成的沙堤覆盖，随着海积作用不断进行，该处海岸线持续向海淤进。结合高排村沙堤砂的光释光年龄，通过计算，沙堤堆积型的淤进速度为 40cm/a。

2. 稳定型

全新世海滩岩现今仍在海岸线上，且无明显海蚀破坏迹象者称为稳定型。例如，莺歌海海滩岩、八所海滩岩等，海滩岩出露位置仍在现代海滩附近，仅其上有少量后期风积的沙堤覆盖，表明这些地方的海岸线长期比较稳定。

（三）海平面变化与海岸构造抬升

通过对东方地区海滩岩中的生物贝壳进行 AMS ^{14}C 测年分析可知，莺歌海海滩岩 AMS ^{14}C 年龄为 4802±36a B. P.，八所海滩岩 AMS ^{14}C 年龄为 3202±31a B. P.，高排村海滩岩 AMS ^{14}C 年龄为 4093±33a B. P.，样品 AMS ^{14}C 年龄测试在西安加速器质谱中心完成。对比不同地区海滩岩的年龄和地理位置可以发现：莺歌海海滩岩与八所镇海滩岩都位于现今的海滩上，年龄却相差 1600a；高排村海滩岩位于远离现代海岸线约 800m 的内陆沙丘下，其年龄也与其他两处海滩岩的年龄不同，并且通过野外测量，发现高排村海滩岩高程与海平面相当。由此得出一个结论：自 4800a 以来，东方地区海岸带未见明显差异性构造升降。

海滩岩是潮间带沉积物胶结而成的，因此一直被认为具有较好的古海平面指示意义。由海滩岩所反映的古海平面变化为相对海平面变化，即由全球海平面变化、区域构造升降以及局部海岸过程三者共同叠加后的结果（Woodroffe et al.，2005）。因此，在利用海滩岩研究古海平面变化时需要结合区域的构造活动背景来进行。在消除构造升降影响的前提下，通过观察莺歌海海滩岩发现：暴露于海滩上的海滩岩只是其一小部分，还有大部分连续的露头淹没在海水下面，说明海平面在 4802±36a B. P. 以后一段时间内曾出现缓慢下降，并恢复到现今的高度。当然，这期间海平面升降变化过程不得而知，制约对海平面变化研究的关键因素在于无法对淹没在现今海水之下的海滩岩进行观察并取样分析。通过对地表上的海滩岩进行观察，发现莺歌海潮上带最顶层海滩岩与现今海水平均高潮线的垂直高差为 40~60cm，指示 4800a 前海平面高度比现在的海平面稍高。海滩岩形成于潮间带是共识，但海滩岩形成于潮间带的具体哪个位置，是形成于平均高潮线附近，还是最大高潮线附近，现在无从得知，需要再进一步研究，当前只能根据海滩岩的出露位置判断出海平面的相对升降，不能计算出具体的升降数值。

第九章　结　　语

第一节　取得主要地质成果

一、地层方面

1）在综合前人工作成果基础上，经过此次区调工作剖面测制和路线地质调查，将研究区地层划分为10个正式岩石地层单位和2个非正式岩石地层单位，其中重新厘定2个岩石地层单位，新圈定4个岩石地层单位，建立和完善了研究区多重地层系统。

2）在研究区北部东方市八所镇高坡岭水库泄闸口发现一套中深变质岩，岩性为灰—深灰色细粒黑云母片麻岩，被华力西期—印支期侵入岩包围，并见中三叠世瘦岭细粒二云母正长花岗岩呈脉状顺片麻理侵入，结合该套地层与戈枕村组层型剖面中的岩石组合特征可对比，变质程度一致，均以中高级变质的片麻岩为主，将其归于戈枕村组。

3）在研究区中部感城镇双龙农场一带前人划归峨文岭组中解体出一套绢云母千枚岩夹条带状大理岩岩石组合，该套岩石为低级区域变质形成的一套绿片岩相碎屑岩，局部受后期构造岩浆事件影响，变质程度较高。根据岩石组合特征和碎屑锆石年龄，将其归属于青天峡组，形成时代为晚石炭世。

4）在研究区中部东方市感城镇不磨村东侧的不磨大岭前人划归为中元古界峨文岭组中发现一套灰白—灰黑色条带状泥微晶灰岩，该套灰岩与下伏中元古界峨文岭组片岩为断层接触，顶部直接出露地表，厚度约28.17m。不磨村灰岩呈条带状构造，具明显水平层理，可见钙质结核，局部受构造影响变形强烈，层理面呈波状弯曲，可见滑脱、阶步现象，有较多方解石细脉不规则穿插，顶部灰岩中的花岗质脉受构造应力作用已被拉开，状似“砾石”。通过对灰岩中花岗质砾石的锆石U-Pb法（LA-ICP-MS）测年，结果为231.8±4.7Ma，因此，该套灰岩形成时代应在晚三叠世之前。因其岩性单一，难于进行区域对比，暂建立一个非正式岩石地层单位。

5）在研究区东方市玉章村和鱼鳞洲一带原下白垩统鹿母湾组的长石石英杂砂岩中获得碎屑锆石U-Pb测年数据最新年龄为92Ma，同时该套地层岩石组合特征可与晚白垩世的报万组上部对比，均为紫红色砂砾岩、含砾砂岩和紫红色泥岩，沉积环境为冲积扇。根据其岩性组合特征和锆石年龄数据将该套地层重新厘定为报万组，时代为晚白垩世。

6）通过路线地质调查、剖面测制及钻探、槽探等工程施工，结合沉积物粒度、成分、分选性、磨圆度、碎屑锆石年龄峰值、重矿物、地球化学和沉积环境等特征分析结果，认为研究区内八所组为陆相冲积扇环境下沉积形成，其时代为中—晚更新世。区内前人划归为北海组的松散堆积物和八所组属同一套地层，将区内北海组归属于八所组。八所组沉积环境的重新厘定为海南岛西部建筑用砂提供了新的找矿方向。

7）对研究区海滩岩进行系统研究，于研究区北部罗带乡高排村一带海岸线向陆约800m的烟墩组沙堤下发现埋藏型海滩岩。通过对区内海滩岩的岩石学、岩石地球化学、同位素地球化学特征研究，发现了海滩岩胶结物的稀土元素、同位素分析对古气候研究的有效性，说明了海滩岩胶结物可作为古气候记录的载体，同时对研究区海岸带的古气候环境及海岸带变迁进行了探讨。综合对比莺歌海潮间带海滩岩和高排村埋藏型海滩岩，推断1800a以来，研究区南部莺歌海一带为稳定型海岸，研究区北部高排村一带为淤进型海岸。

8）通过钻探、浅井施工及地表调查，对研究区内第四系沉积物成分、结构、厚度和基岩分布情况有了详细了解，从而为研究区第四纪沉积作用及演化、海岸带的演化与变迁的进一步深入研究提供了重要的基础资料。

二、岩石方面

1）查明研究区侵入岩的岩石类型以正长花岗岩为主，其次为二长花岗岩，含少量花岗闪长岩等。根据岩体的地质特征及不同侵入体间的接触关系，结合花岗岩中锆石的LA-ICP-MS法测年结果（1432±17Ma至1384±9.1Ma、253.3±2.3Ma、251.7±1.8Ma、251.4±3.5Ma、245.1±2.8Ma、244.9±3.1Ma、103.3±1.4Ma），按“岩性+典型命名地+时代”的方法，共划分为7个侵入岩填图单位，归属于抱板期、华力西期—印支期和燕山期3个构造岩浆旋回，对其岩浆-构造演化背景进行了初步探讨。其中，新发现3个侵入岩填图单位，重新厘定1个侵入岩填图单位。

2）根据野外地质调查，发现前人划归晚二叠世的细中粒少斑（角闪）黑云二长花岗岩呈脉状侵入中三叠世瘦岭中细粒二云母正长花岗岩，且岩体中见有大小20cm×30cm的棱角状中三叠世尖峰岭粗中粒斑状黑云母正长花岗岩捕虏体。本次工作在乐东县尖峰镇红湖村北侧的采石场采集到新鲜的年龄样品，并运用高精度锆石U-Pb测年法（LA-ICP-MS），获得年龄103.3±1.4Ma。因此将研究区内细中粒少斑（角闪）黑云二长花岗岩的侵位时代厘定为早白垩世。

3）在研究区北部高坡岭水库一带新发现一套中生代的酸性火山岩，岩性为球粒流纹岩，出露面积约0.02km^2。该火山岩局部被中—晚更新统八所组红褐色含砾含黏土粗中砂覆盖，并与下伏的早三叠世高坡岭细中粒斑状黑云母二长花岗岩呈喷发不整合接触，其产状与花岗岩风化面平行。本次区调工作在研究区北部高坡岭水库采集到了球粒流纹岩年龄样品，运用高精度锆石U-Pb测年法（LA-ICP-MS），获得年龄98±2Ma。该套酸性火山岩可与岭壳村组中酸性、酸性火山岩系下部岩性对比，因此将该套火山岩归属于岭壳村组，其喷发时代为早白垩世晚期。该酸性火山岩为海南岛西部首次发现，为研究海南岛白垩纪火山作用提供了新的资料。

三、构造方面

1）以遥感解译为先导，结合野外实地观测，对研究区主要构造形迹开展了系统的调查研究，初步建立起研究区的断裂构造格架，初步查明了研究区新构造运动的表现、性质和特征。

2）通过野外实地观测，结合剖面测制和综合研究，查明研究区内韧性变形带的展布、变形特征。该韧性变形带分布于不磨村—双龙农场一带，一般倾向南东—东，倾角46°~62°；南端不磨经济场一带倾向逐渐转变为北东—北，倾角也逐渐变缓，为10°~15°。带内岩石侧向分带性明显，从边部往中心依次出现糜棱岩化带、初糜棱岩带、糜棱岩带和超糜棱岩带，各带之间为渐变过渡关系。

3）通过对研究区内海积阶地和河流阶地的调查研究，发现研究区全新世以来地壳经历了多次抬升。

四、环境地质与旅游地质

1）在野外调查的基础上，结合已有资料，初步查明了研究区主要环境地质问题类型及其分布。其类型有崩塌、海岸侵蚀、河岸侵蚀、红树林退化、矿山环境地质等。

2）对研究区旅游资源进行初步的调查，结合前人资料对已开发或具开发价值的景观进行详细描述和介绍。

第二节　存在的主要问题

1）研究区内的剥蚀堆积平原区人工改造强烈，八所组的岩相线多为大致界线。花岗岩风化较严重，露头多为花岗岩风化残积和风化土，给地质现象的观察和描述带来了困难，也影响了样品的采集。

2）研究区内戈枕村组、岭壳村组和不磨村灰岩出露面积小，岩性单一，无法深入研究。

3）研究区基岩区面积小且露头风化强烈，地表构造迹象极少，严重影响研究区构造研究。

参考文献

曹伯勋. 2008. 地貌学及第四纪地质学［M］. 武汉：中国地质大学出版社.

陈哲培，钟盛中，何圣华，等. 1997. 全国地层多重划分对比研究（46）海南省岩石地层［M］. 武汉：中国地质大学出版社.

冯兴雷，付修根，谭富文，等. 2012. 北羌塘盆地那底岗日剖面中上侏罗统碳酸盐岩稀土元素地球化学特征与沉积环境分析［J］. 新疆地质，30（2）：210~215.

海南省统计局，国家统计局海南调查总队. 2016. 海南统计年鉴 2016［M］. 北京：中国统计出版社.

韩吟文，马振东. 2003. 地球化学［M］. 北京：地质出版社.

胡俊杰，李琦，李娟，等. 2014. 羌塘盆地角木日地区二叠系碳酸盐岩元素地球化学特征及其对古沉积环境的指示［J］. 高校地质学报，20（4）：520~527.

胡忠贵，郑荣才，胡九珍，等. 2009. 川东—渝北地区黄龙组白云岩储层稀土元素地球化学特征［J］. 地质学报，83（6）：782~790.

黄华谷，邸鹏飞，陈多福. 2012. 巴颜喀拉盆地长石头山二叠纪—三叠纪碳酸盐岩丘的沉积岩石学和地球化学特征［J］. 沉积学报，30（1）：54~63.

黄文凯，陈鸿君，邱燕，等. 2015. 南华力西北部莺歌海盆地晚更新世三角洲地震地层反射特征［J］. 海洋地质前沿，31（8）：10~15.

姜伟，余克服，王英辉，等. 2016. 稀土元素地球化学在珊瑚礁环境记录中的研究进展［J］. 热带海洋学报，35（2）：62~74.

李昌年. 1992. 火成岩微量元素岩石学［M］. 武汉：中国地质大学出版社.

李献华，李武显，李正祥. 2007. 再论南岭燕山早期花岗岩的成因类型与构造意义［J］. 科学通报，52（9）：981~991.

李献华，周汉文，丁式江，等. 2000a. 海南岛洋中脊型变基性岩：古特提斯洋壳的残片？［J］. 科学通报，45（1）：84~88.

李献华，周汉文，丁式江，等. 2006b. 海南岛“邦溪—晨星蛇绿岩片”的时代及其构造意义——Sm-Nd 同位素制约［J］. 岩石学报，16（3）：425~432.

里丁. 1985. 沉积环境和相［M］. 北京：科学出版社.

梁定勇，李孙雄，魏昌欣，等. 2018. 海南岛西南部全新世海滩岩地球化学特征及其古气候意义［J］. 地层学杂志，42（1）：108~116.

刘海龄，阎贫，张伯友，等. 2004. 南海前新生代基底与东特提斯构造域［J］. 海洋地质与第四纪地质，24（1）：15~28.

刘妙容，王贵勇，李森，等. 2009. 海南岛海岸沙丘岩的特征，成因及其环境意义［J］. 中国沙漠，29（6）：1081~1085.

刘瑞华，张仲英. 1989. 海南岛的新构造运动特征［J］. 地震地质，9（2）：174~182.

刘瑞华，张仲英，韩中元. 1986. 海南岛西部砂地的成因探讨［J］. 热带地理，6（3）：256~263.

刘羿，彭子成，韦刚健，等. 2009. 海南岛近岸滨珊瑚稀土元素的年际变化与海平面等因素的相关性探讨［J］. 热带海洋学报，28（2）：55~61.

马大铨，黄香定，肖志发，等. 1997. 海南岛结晶基底——抱板群层序与时代［M］. 武汉：中国地质大学出版社.

毛建仁，叶海敏，Yutahashi，等. 2014. 中国东南沿海与西南日本白垩纪—古近纪火山-侵入岩带的地球动力学特征［J］. 资源调查与环境，35（3）：57~168.

邱家骧. 1985. 岩浆岩岩石学［M］. 北京：地质出版社.

曲淑琴. 2009. 地层学概论［M］. 北京：石油工业出版社.
沈立建，刘成林，王立成. 2015. 云南兰坪盆地云龙组上段稀土、微量元素地球化学特征及其环境意义［J］. 地质学报，89（11）：2036~2045.
孙金龙，徐辉龙. 2009. 中国的海滩岩研究与进展［J］. 热带海洋学报，28（2）：103~108.
孙涛，周新民，陈培荣，等. 2003. 南岭东段中生代强过铝花岗岩成因及其大地构造意义［J］. 中国科学（D辑），33（12）：1209~1218.
唐立梅，陈汉林，董传万，等. 2013. 海南岛中三叠世造山后伸展作用：双峰式侵入岩的年代学及地球化学制约［J］. 中国科学：地球科学，43（3）：433~445.
陶奎元，毛建仁，杨祝良，等. 1998. 中国东南部中生代岩石构造组合和复合动力学过程的记录［J］. 地学前缘，5（4）：183~191.
田明中，程捷. 2009. 第四纪地质学与地貌学［M］. 北京：地质出版社.
田正隆，戴英，龙爱民，等. 2005. 南沙群岛海域沉积物稀土元素地球化学研究［J］. 热带海洋学报，24（1）：8~14.
汪啸风，马大铨，蒋大海，等. 1991a. 海南岛地质（二）岩浆岩［M］. 北京：地质出版社.
汪啸风，马大铨，蒋大海，等. 1991b. 海南岛地质（三）构造地质［M］. 北京：地质出版社.
汪啸风，马大铨，蒋大海，等. 1992. 海南岛地质（一）地层古生物［M］. 北京：地质出版社.
王建华. 1991. 海南岛天涯海角和莺歌海海滩岩的特征与沉积、成岩环境［J］. 热带海洋，4：1.
王建华. 1997. 华南海岸沙丘岩的特征及其海滩岩的区别［J］. 沉积学报，15（1）：104~111.
王为，吴正. 2009. 华南海岸沙丘岩形成与全新世环境变化的关系［J］. 地理学报，64（9）：1126~1133.
王小林，金之钧，胡文瑄，等. 2009. 塔里木盆地下古生界白云石微区 REE 配分特征及其成因研究［J］. 中国科学：D 辑，(6)：721~733.
王益友，郭文莹，张国栋. 2006. 几种地化标志在金湖凹陷阜宁群沉积环境中的应用［J］. 统计大学学报，33（1）：51~60.
王中刚，于学元，赵振华. 1986. 国外稀土元素地球化学的进展［J］. 矿物岩石地球化学通报，89（11）：2036~2045.
吴正. 1996. 海南昌江海尾海岸沙丘岩的发现［J］. 科学通报，41（4）：346~348.
武汉地质学院岩石教研室. 1980. 岩浆岩岩石学［M］. 北京：地质出版社.
谢才富. 2002. 同构造花岗岩的一种显微构造标记［J］. 岩石矿物学杂志，21（2）：179~185.
谢才富. 2007. 海南岛华力西期同逆冲侵入岩组合的厘定及其构造意义［D］. 南京大学.
谢才富，朱金初，丁式江，等. 2004. 海南岛晚二叠世—中三叠世镁铁质—超镁铁质侵入岩：后碰撞阶段岩石圈减薄的证据［C］. 2004 年全国岩石学与地球动力学研讨会，289~290.
谢才富，朱金初，丁式江，等. 2006. 琼中华力西期钾玄武质侵入岩的厘定及其构造意义［J］. 科学通报，51（16）：1944~1951.
谢才富，朱金初，赵子杰，等. 2005. 三亚榴霓辉石正长岩的锆石 SHRIMP U-Pb 年龄：对海南岛华力西—印支期构造演化的制约［J］. 高校地质学报，11（1）：47~57.
熊小辉，肖加飞. 2011. 沉积环境的地球化学示踪［J］. 地球与环境，39（3）：60~64.
许德如，梁新权，陈广浩，等. 2001. 海南岛中元古代花岗岩地球化学及成因研究［J］. 大地构造与成矿学，25（4）：420~433.
薛万俊，等. 1983. 南海北部沿岸第四纪地层划分. 南海地质研究（二）［J］. 第四纪海洋地质，1~14.
严兆彬，郭福生，潘家永，等. 2005. 碳酸盐岩 C、O、Sr 同位素组成在古气候、古海洋环境研究中的应用［J］. 东华理工学院学报，(2)：125~129.
颜家安. 2006. 海南岛第四纪古生物及生态环境演变［J］. 古地理学报，8（1）：103~115.
杨守业，李从先. 1999. REE 示踪沉积物物源研究进展［J］. 地球科学进展，14（2）：164~167.
袁海军，李孙雄，黄武轩，等. 2018. 海南岛东方地区第四系原八所组地层归属再讨论［J］. 地层学杂志，42（1）：100~107.
袁建平，余龙师，邓广强，等. 2006. 海南岛地貌分区和分类［J］. 海南大学学报自然科学版，24（2）：364~370.

张仁杰，马国干，蒋大海，等. 1991. 海南岛前寒武纪地质［M］. 武汉：中国地质大学出版社.
张秀莲. 1985. 碳酸盐岩中氧，碳稳定同位素与古盐度，古水温的关系［J］. 沉积学报，3（4）：17~30.
张仲英，刘瑞华. 1987. 海南岛沿海的全新世［J］. 地理科学，7（2）：129~138.
张仲英，刘瑞华，韩中元. 1987. 海南岛沿海的第四纪地层［J］. 热带地理，7（1）：54~64.
赵希涛，彭贵，张景文. 1979. 海南岛沿海全新世地层与海面变化的初步研究［J］. 地质科学，1（4）：350~358.
钟长汀，邓晋福，万渝生，等. 2007. 华北克拉通北缘中段古元古代造山作用的岩浆记录：S 型花岗岩地球化学特征及锆石 SHRIMP 年龄［J］. 地球化学，36（6）：633~637.
周新民. 2003. 对华南花岗岩研究的若干思考［J］. 高校地质学报，9（4）：556~565.
周云，梁新权，梁细荣，等. 2015. 海南白垩纪六罗村组火山岩的年代学、地球化学特征及其大地构造意义［J］. 大地构造与成矿学，39（5）：903~918.
周佐民，谢才富，徐倩，等. 2011. 海南岛中三叠世正长岩—花岗岩套的地质地球化学特征与构造意义［J］. 地质论评，57（4）：515~529.
朱晓敏，等. 2008. 沉积岩石学［M］. 北京：石油工业出版社.
Akagi T, Hashimoto Y, Fu F F, et al. 2004. Variation of the distribution coefficients of rare earth elements in modern coral-lattices: species and site dependencies [J]. Geochimica et Cosmochimica Acta, 68 (10), 2265~2273.
Banner J L, Hanson G N, Meyers W J. 1988. Rare earth element and Nd isotopic variations in regionally extensive dolomites from the Burlington-Keokuk Formation (Mississippian): Implications for REE mobility during carbonate diagenesis [J]. Journal of Sedimentary Research, 58 (3).
Batchelor R A. Bowden P. 1985. Petrogenetic interpretation of granitoid rock series using multi-cationic parameters [J]. Chem geol, 48: 43~55.
Derry L A, Kaufman A J, Jacobsen S B. 1992. Sedimentary cycling and environmental change in the Late Proterozoic: Evidence from stable and radiogenic isotopes [J]. Geochimica et Cosmochimica Acta, 56 (3): 1317~1329.
Eklund O, Konopelko D, Rutanen H, et al. 1998. 1. 8Ga Svecofennian post-collisional shoshonitic magmatism in the Fennoscandian shield [J]. Lithos, 45: 87~108.
Harris N B W, Pearce J A, Tindle A G. 1986. Geochemacal characteristics of collision-zone magmatism [J]. Geological Society, London, Special Publications 19 (1): 67~81.
Kaufman A J, Jacobsen S B, Knoll A H. 1993. The Vendian record of Sr and C isotopic variations in seawater: Implications for tectonics and paleoclimate [J]. Earth and Planetary Science Letters, 120 (3): 409~430.
Keith M L, Weber J N. 1964. Carbon and oxygen isotopic composition of selected limestones and fossils [J]. Geochimica et Cosmochimica Acta, 28 (10): 1787~1816.
Küster D, Harms U. 1998. Post-collisional potassic granitoids from the southern and northwestern parts of the Neoproterozoic East African Orogen: a review [J]. Lithos, 45: 177~196.
Liégeois J P. 1998. Preface-Some words on the post-collisional magmatism. Lithos, 45: XV~XVII.
Liégeois J P, Naves J, Hertogen J, et al. 1998. Contrasting origin of post-collisional high-K calc-alkaline and shoshonitic versus alkaline and peralkaline granitiods: The use of sliding normalization [J]. Lithos, 45: 1~28.
López-Moro F J, López-Plaza M. 2004. Monzonitic series from the Variscan Tormes Dome (Central Iberian Zone): petrogenetic evolution from monzogabbro to granite magmas [J]. Lithos, 72: 19~44.
Nothdurft L D, Webb G E, Kamber B S. 2004. Rare earth element geochemistry of Late Devonian reefal carbonates, Canning Basin, Western Australia: Confirmation of a seawater REE proxy in ancient limestones [J]. Geochimica et Cosmochimica Acta, 68 (2): 263~283.
Qing H, Veizer J. 1994. Oxygen and carbon isotopic composition of Ordovician brachiopods: Implications for coeval seawater [J]. Geochimica et Cosmochimica Acta, 58 (20): 4429~4442.
Shields G, Stille P. 2001. Diagenetic constraints on the use of cerium anomalies as palaeoseawater redox proxies: An isotopic and REE study of Cambrian phosphorites [J]. Chemical Geology, 175 (1): 29~48.
Sylvester P J. 1998. Post-collisional strongly peraluminous granites [J]. Lithos, 45 (1-4): 29~44.
Väisänen M, Mänttäri I, Kriegsman L M, et al. 2000. Tectonic setting of post-collisional magmatism in the Palaeoproterozoic Svecofennian orogen, SW Finland. Lithos, 54: 63~81.

Venturelli G, Thorpe R S, Dal Piaz G V, et al. 1984. Petrogenesis of calc-alkaline, shoshonitic and associated ultrapotassic Oligocene volcanic rocks from the North-western Alps, Italy. Contrib Mineral Petrol, 86: 209~220.
Webb G E, Nothdurft L D, Kamber B S, et al. 2019. Rare earth element geochemistry of scleractinian coral skeleton during meteoric diagenesis: A sequence through neomorphism of aragonite to calcite [J]. Sedimentology, 56 (5): 1433~1463.
Woodroffe S A, Horton B P. 2005. Holocene sea-level changes in the Indo-Pacific [J]. Journal of Asian Earth Sciences, 25 (1): 29~43.

主要参考资料

地质部南海地质调查指挥部综合研究大队. 1981. 南海北部沿岸第四纪地质地貌调查报告.

广东省地矿局. 1988. 广东省区域地质志.

海南地质局. 1964. 东方县沿海一带水文地质报告.

海南省地质调查院. 2006. 海南岛生态环境地质综合研究报告.

海南省地质调查院，广州海洋地质调查局. 2008. 海南省东方市感城港浅海区锆钛砂矿预查报告.

海南省地质调查院. 2007. 1：25 万东方幅区域地质调查报告.

海南省地质调查院. 2012. 海南省区域地质志.

海南省地质调查院. 2000. 1：5 万昌洒市幅、文昌县幅、清澜港幅、铜鼓咀幅区域地质调查报告.

海南省地质调查院. 2016. 1：5 万铺前市幅、景心角幅、三江市幅、翁田市幅、大致坡幅区域地质调查报告.

海南省地质调查院. 2015. 海南省地热志.

海南省地质矿产勘查开发局. 2001. 年海南省矿产成矿系列及成矿预测.

海南省地质矿产勘查开发局. 1990. 1：5 东方幅、玉道幅区域地质调查报告.

海南省地质矿产勘查开发局. 1991. 1：5 万尖峰岭、乐东县幅区域地质调查报告.

海南省地质矿产勘查开发局. 1989. 1：5 万长流、海口、白莲、灵山幅区域地质调查报告.

海南省地质综合勘察院. 2011. 西南部沿海陆地锆钛砂矿佛罗矿区普查报告.

海南省地质综合勘察院. 2012. 乐东龙沐湾国际旅游度假区热矿水资源评价报告.

海南省地质综合勘察院. 2014. 乐东县尖峰镇岭头马鞍岭建筑用花岗岩矿区地质勘查报告.

海南省有色探矿技术研究院. 2007. 海南省乐东县红门岭钼多金属矿区 V1 矿带详查报告.

江西地矿局物化探大队. 1988. 海南岛 1：20 万水系沉积物测量结果.

宜昌地质矿产研究所，海南省地质调查院. 2004. 1：25 万乐东县、陵水县幅区域地质调查报告.